von Wichert-Nick
Vom Gründer zum CEO

# Vom Gründer zum CEO

Lerne zu führen und schaffe
ein Unternehmen, das abhebt!

von

Dr. Dorothea von Wichert-Nick

Verlag Franz Vahlen München

Mit ihrem Unternehmen Volate begleitet Dr. Dorothea von Wichert-Nick Gründer auf dem Weg zum CEO und hilft ihnen, alle notwendigen Führungskompetenzen zu erlernen und implementieren. Das Ziel: Die Gründer, ihre Teams und ihre Unternehmen zum Fliegen bringen.

Vor Volate hat Dorothea von Wichert-Nick über 20 Jahre lang als Geschäftsführerin, CEO und COO gründergeführte Wachstumsunternehmen zum Erfolg gebracht.

ISBN Print: 978 3 8006 6516 7
ISBN E-PDF: 978 3 8006 6517 4
ISBN ePub: 978 3 8006 6534 1

© 2021 Verlag Franz Vahlen GmbH
Wilhelmstr. 9, 80801 München

Satz: Fotosatz Buck
Zweikirchener Str. 7, 84036 Kumhausen

Druck und Bindung: Beltz Grafische Betriebe GmbH
Am Fliegerhorst 8, 99947 Bad Langensalza

Umschlaggestaltung: Zeichen & Wunder, München

Bildnachweis: Thomas Dashuber

Gedruckt auf säurefreiem, alterungsbeständigem Papier
(hergestellt aus chlorfrei gebleichtem Zellstoff)

# INHALTSVERZEICHNIS

**DU WILLST ABHEBEN** . . . . . . . . . . . . . . . . . . . . . . . . . . . . . . . . . . . . . . 7

**GRÜNDER ODER CEO? ENTSCHEIDE DICH!** . . . . . . . . . . . . . . . . . . . . . 13
    Check-in . . . . . . . . . . . . . . . . . . . . . . . . . . . . . . . . . . . . . . . . . . . . . 14
    Gründer oder CEO: Bewusste Entscheidung treffen . . . . . . . . . . . . . . . 16
    Lebenszyklus: Führen durch die Lebensphasen . . . . . . . . . . . . . . . . . 26
    Growth Leader: Haltung für Wachstum . . . . . . . . . . . . . . . . . . . . . . . 36
    Wegbegleiter: Dein Unterstützerteam . . . . . . . . . . . . . . . . . . . . . . . . 42
    Check-out . . . . . . . . . . . . . . . . . . . . . . . . . . . . . . . . . . . . . . . . . . . 48

**SELBSTFÜHRUNG: WERDE ZUM GROWTH LEADER** . . . . . . . . . . . . . . . 51
    Check-in . . . . . . . . . . . . . . . . . . . . . . . . . . . . . . . . . . . . . . . . . . . . . 52
    Die Basis: Verstehe deinen Startpunkt . . . . . . . . . . . . . . . . . . . . . . . . 54
    Großer Traum: Der Weg zu deinem Warum . . . . . . . . . . . . . . . . . . . . 60
    Offenes Herz: Schatten verstehen, Bremsen lösen . . . . . . . . . . . . . . . 66
    Starker Rücken: Resilienz und Energiemanagement . . . . . . . . . . . . . . 72
    Wachstums-Mindset: Dein Entwicklungsplan . . . . . . . . . . . . . . . . . . . 79
    Check-out . . . . . . . . . . . . . . . . . . . . . . . . . . . . . . . . . . . . . . . . . . . 83

**MENSCHENFÜHRUNG: SELBSTVERANTWORTUNG SCHAFFEN** . . . . . . . 85
    Check-in . . . . . . . . . . . . . . . . . . . . . . . . . . . . . . . . . . . . . . . . . . . . . 87
    Die Basis: Vertrauen, Motivation und Engagement . . . . . . . . . . . . . . . 89
    Zuhören: Mutter aller Führungskompetenzen . . . . . . . . . . . . . . . . . . 97
    Verantwortung: Übergeben und Loslassen . . . . . . . . . . . . . . . . . . . . . 99
    Feedback: Dünger für persönliches Wachstum . . . . . . . . . . . . . . . . . . 106
    Coaching: Anstoß zur Selbstentwicklung . . . . . . . . . . . . . . . . . . . . . . 110
    1:1-Meetings: Produktive bilaterale Meetings . . . . . . . . . . . . . . . . . . 116
    Check-out . . . . . . . . . . . . . . . . . . . . . . . . . . . . . . . . . . . . . . . . . . . 119

**TEAMFÜHRUNG: HOCHLEISTUNGS-FÜHRUNGSTEAM** . . . . . . . . . . . . . 123
    Check-in . . . . . . . . . . . . . . . . . . . . . . . . . . . . . . . . . . . . . . . . . . . . . 125
    Die Basis: Hochleistungsteam schaffen . . . . . . . . . . . . . . . . . . . . . . . 127
    Konzeption: Team zusammenstellen . . . . . . . . . . . . . . . . . . . . . . . . . 133
    Kick-off: Gemeinsam durchstarten . . . . . . . . . . . . . . . . . . . . . . . . . . 139
    Kooperation: Zielorientierte Arbeit, gute Meetings . . . . . . . . . . . . . . . 151
    Kontinuierliche Verbesserung: Retrospektiven . . . . . . . . . . . . . . . . . . 160
    Konfliktmanagement: Konflikte produktiv bewältigen . . . . . . . . . . . . . 164
    Check-out . . . . . . . . . . . . . . . . . . . . . . . . . . . . . . . . . . . . . . . . . . . 172

Inhaltsverzeichnis

**GROSSER TRAUM: ORIENTIERUNG GEBEN** .......................... 175
    Check-in ................................................................. 177
    Wertversprechen für das Traumteam .............................. 179
    Mission: Warum es euch gibt ........................................ 188
    Vision: Lebendiges Bild, mutiges Ziel ............................. 190
    Verankern: Den großen Traum leben ............................. 192
    Check-out ............................................................... 194

**WACHSTUMSKULTUR: DIE UNSICHTBARE MACHT** .................. 197
    Check-in ................................................................. 198
    Die Basis: Kulturen verstehen und erkennen .................... 200
    8 Tugenden einer Wachstumskultur ............................... 205
    Kulturführung: Kulturgestaltung in 6 Zügen ..................... 232
    Check-out ............................................................... 247

**IM HÖHENFLUG ANKOMMEN** ....................................... 251

**GROWTH LEADER UND IHRE UNTERNEHMEN** ...................... 255
    Erfolgreich durchgestartet .......................................... 256
    Auf in den Höhenflug ................................................ 258
    Die Adlerperspektive ................................................ 260

**DANKSAGUNG** ........................................................ 263

**TIPPS ZUR VERTIEFUNG** ............................................ 265

**QUELLEN** .............................................................. 267

**STICHWORTVERZEICHNIS** .......................................... 269

# DU WILLST ABHEBEN

## Du willst abheben

Als Gründerin oder Gründer hast du einem großen Traum. Du willst ein Unternehmen schaffen, das Impact hat und die Welt jeden Tag ein Stück besser macht. Das Unternehmen, für das du schon immer arbeiten wolltest und das sowohl eure Kunden als auch eure Kollegen begeistert. Und vor allem willst du dein Unternehmen zum Fliegen bringen.

Das ist dein großer Traum, der dich mit allen Lesern dieses Buches eint. Dabei könnt ihr in ganz unterschiedlichen Situationen sein:

- Du stehst noch ganz am Anfang, es gibt erste Kollegen. Du überlegst, wie du von Anfang an so führen kannst, dass ihr nachhaltig wachst, ohne euch zu verbrennen. Und du fragst dich, wie sich deine Rolle mit dem Wachstum verändert und wie du dich bereits jetzt darauf einstellen kannst.
- Ihr stellt nach den ersten rasanten Erfolgen fest, dass euch das Unternehmen über den Kopf wächst. Wie verbreitert ihr jetzt die Verantwortung, schafft ein starkes Führungsteam und gebt die Orientierung, auf die euer Team so sehr drängt?
- Ihr seid schon mehrere Jahre erfolgreich unterwegs. Und doch hängt noch immer alles an dir. Von wegen unternehmerischer Freiheit! Deine große Frage: Wie mache ich mein Unternehmen unabhängig von mir? Wie führe ich, damit das gelingt?

Egal wo du stehst, du weißt, dass du dein Unternehmen nur dann langfristig zum Fliegen bringst, wenn du neue Wege in der Führung einschlägst.

**Führung!** Was ein großes Wort!

Beim Aufbau deines Unternehmens hast du bereits unglaublich viel Neues gelernt: Technik, Finanzen, Marketing, Vertrieb, ... All das war irgendwie machbar.

> **Growth Leader Live: Erfolgsfaktor Führung**
>
> Führungsthemen werden immer noch sehr oft diskreditiert als zu fuzzy und soft, und trotzdem sind sie vermutlich der wichtigster Erfolgsfaktor einer wachsenden Organisation.
>
> *Christoph Braun, Acton*

Aber das Führungsthema ist schwammig geblieben. Ein unendliches Thema, zu dem du viele Fragen hast, aber nicht weißt, wo du die richtigen Antworten findest:

- Was heißt Führung eigentlich?
- Was für ein Mindset brauche ich, um gut zu führen?
- Wie schaffe ich es, mein Team zu motivieren, Verantwortung zu übergeben und nachzuhalten?
- Wie entwickle ich meine Kollegen und mache sie unabhängig von mir?
- Wie werden wir ein starkes Gründer- und Führungsteam, das an seinen Konflikten wächst?

- Wie richte ich mein Team auf ein gemeinsames Ziel hin aus?
- Was macht eine Unternehmenskultur aus, die Wachstum fördert? Wie kann ich sie aktiv entwickeln?
- Wie bleibe ich bei all dem selber in der Balance?

Viele Fragen, die in der Quintessenz auf die eine große Frage hinauslaufen:

*Wie werde ich vom Gründer, der als Macher ein Produkt schafft und es erfolgreich auf dem Markt platziert, zum CEO, der als Führungskraft eine Organisation schafft, die langfristig am Markt erfolgreich ist?*

**Vom Gründer zum CEO.** Der Weg vom Gründer zum CEO ist eine Transformation, die nicht mal eben von einem Tag auf den anderen passiert. Es ist eine Lernreise, die du jederzeit beginnen kannst. Je früher desto besser. Das Buch „Vom Gründer zum CEO" ist dein Begleiter für diese Reise. Es

- hilft dir, dich bewusst für den Weg vom Gründer zum CEO zu entscheiden,
- bringt eine einfach nachvollziehbare Struktur in das scheinbar unendliche Thema Führung,
- stellt dir die essenziellen Führungskonzepte und -instrumente vor, pragmatisch und alltagstauglich,
- hilft dir, deine Lernreise zu reflektieren.

Es gibt dir damit alles mit, was du in Sachen Führung brauchst, um vom Gründer zum CEO zu werden.

Das Buch basiert auf mehr als zwei Jahrzehnten Erfahrung als Geschäftsführerin, CEO und COO von gründergeführten Wachstumsunternehmen und der Arbeit als Coach und Beraterin von Startups und Wachstumsunternehmen.

Dein wertvollstes Gut ist deine Zeit. Daher hält sich „Vom Gründer zum CEO" auch nicht lange mit wilden Organisationstheorien auf oder nudelt die eine coole Leadership-These auf hunderten von Seiten durch. Alle vorgestellten Konzepte und Tools sind durch die Praxis rundgeschliffen, wie Kiesel im Fluss. Sie werden Schritt für Schritt erklärt, sind einfach zu verstehen und direkt einsetzbar. Aus der Praxis für die Praxis.

**Die Führungskompetenzen.** Deine Transformation startet mit der Grundsatzfrage: Gründer oder CEO? Es lohnt sich, diese Entscheidung bewusst zu treffen. Denn eine klare Entscheidung gibt dir die Kraft und die Ausdauer, die du für diese Reise brauchst.

Die folgenden fünf Kapitel führen dich an die wichtigsten Führungskompetenzen heran, die du auf dem Weg vom Gründer zum CEO brauchst: Selbstführung, Menschenführung, Teamführung, die Entwicklung eures Großen Traums und eure Wachstumskultur. Diese fünf Kompetenzen werden dich und dein Unternehmen zum Fliegen bringen, wie die Flügel einen Adler.

## Du willst abheben

Die Führungskompetenzen

Der Rumpf des Adlers bist du selber. Ein wichtiger Teil deiner Lernreise ist die *Selbstführung*. Werde damit zum Growth Leader, der einen großen Traum, ein offenes Herz, einen starken Rücken und ein Wachstums-Mindset hat.

Die beiden Flügel stehen für die direkte Führung „Leading the team" und die Institutionalisierung „Leading the Business".

Direkt führst du Menschen und Teams. Du gibst ihnen Verantwortung und unterstützt sie in ihrer Entwicklung. Denn nur, wenn du Menschen und Teams aufbaust, kannst du deine Verantwortung loslassen. Die Instrumente: *Menschenführung* und *Teamführung*.

Im Rahmen der Institutionalisierung überträgst du all das, was dir als Unternehmer wichtig ist, auf das Unternehmen: Deine Mission, Vision, Arbeitsprinzipien und Werte. Damit machst du das Unternehmen zunehmend unabhängig von dir. Die Instrumente: Euer *Großer Traum* und eine starke *Wachstumskultur*.

Auf all diese Themen geht dieses Buch ein. Nachdem du die Grundsatzfrage „Gründer oder CEO?" für dich geklärt hast, kannst du das Buch in einem Rutsch weiterlesen. Du kannst es aber auch als Leadership-Handbuch nutzen und dir jedes Kapitel einzeln vornehmen, je nachdem, was du grade brauchst.

**Optimale Lernerfahrung.** Das Buch ist so gestaltet, dass es deine Lernerfahrung optimiert und dich möglichst schnell ins Handeln bringt. Dabei folgt es der „10+20+70"-Formel des effektiven Lernens.

- ▶ 10 % deines Wissens gewinnst du aus formalen Lernerfahrungen. Aus Trainings, digitalen Formaten oder eben Büchern, wie diesem. Wenn du dieses Buch liest, bist du also schon mal einen Schritt weiter. Aber eben nur einen.
- ▶ 20 % deiner Lernerfahrung ziehst du aus der Beobachtung von Menschen. In diesem Buch teilen inspirierende Growth Leader und ihre Investoren ihre Erfahrungen mit dem Weg vom Gründer zum CEO.
- ▶ 70 % deiner Kompetenz gewinnst du aus der konkreten Erfahrung. Du überlegst, was du erreichen willst, löst schwierige Aufgaben, reflektierst dein Vorgehen und wirst immer besser.

**Lernen von Growth Leadern.** Damit du sehen kannst, wie andere Gründer mit den Herausforderungen der Führung umgehen, habe ich Gespräche mit Menschen geführt, die diesen Weg bereits erfolgreich gehen oder die als Investoren erfolgreiche Gründer und Gründerinnen auf diesem Weg begleiten. Alle Gesprächspartner stehen für echte Growth Leadership. Ihre Erfahrungen und Anregungen findest du in den „Growth Leader Live"-Boxen. Dabei reflektieren die Gesprächspartner unterschiedliche Erfahrungen:

- **Erfolgreich durchgestartet**: Philipp Westermeyer (OMR/Ramp 106), Maria Sievert (inveox), Lutz Wiechert (Feld M), Dominik Haupt (Norisk), Manuel Hinz (Cross-Engage), Alex Mahr und Jan Sedlacek (Stryber) berichten von ihren Erfahrungen mit der laufenden Institutionalisierung. Ihre Unternehmen haben zwischen 60-120 Mitarbeiter.

- **Der Weg zum Höhenflug**: Gero Decker (Signavio), Klaus Eberhardt (iteratec), Fritz Trott (Zenjob), Fabian Spielberger (Pepper.com) und Christoph Behn (Better Ventures, ex Kartenmacherei) sind bereits einen Schritt weiter. Sie haben nachhaltig wachstumsstarke Unternehmen zwischen 250 und 400 Mitarbeitern aufgebaut.

- **Die Adlerperspektive**: Florian Heinemann (Project A), Christoph Braun (Acton), Tim Schumacher (Sedo, TS Ventures), Martin Giese (Expreneurs) und Dorothee Seedorf (Advisor) begleiten als Investoren viele Gründer und haben einen klaren Blick darauf, was echte Growth Leader ausmacht und wie sie ihr Unternehmen zum Fliegen bekommen.

Am meisten lernst du, wenn du die vorgestellten Führungskonzepte und -instrumente direkt im Alltag einsetzt und reflektierst, wie sie funktionieren. Um diesen Schritt zu unterstützen, gibt es zu jedem Thema Fragen zur Selbstreflektion. Vielleicht magst du sogar ein physisches oder virtuelles Entwicklungsjournal führen, in dem du deine Entwicklung dokumentierst. Nutze dazu gerne auch die Arbeitsmaterialien, die du über die Website zum Buch unter www.vom-gruender-zum-ceo.de erhältst. Hier findest du auch weitere Lernangebote wie z. B. Workshops zu den Führungsthemen.

Noch aktiver gestaltest du deinen Lernweg, wenn du dir Lernpartner suchst. Lest dieses Buch gemeinsam im Gründer- oder Führungsteam und überlegt, wie ihr eure Führung auf das nächste Level bringt. Oder such dir einen kleinen Kreis von gleichgesinnten Gründerinnen oder Gründern, tauscht euch regelmäßig über eure Erfahrungen aus und nehmt euch gegenseitig zur Umsetzung in die Pflicht.

Was auch immer du tust: Starte so bald wie möglich. Denn mit dem Führen ist es wie mit allen anderen Themen auch: Um Meister zu werden, braucht es 10.000 Stunden der Übung.

**Den Erfolg ernten.** Wenn du es schaffst, dein Unternehmen konsequent mit den hier vorstellten Führungsansätzen zu führen, wirst du nicht nur zum CEO, sondern zum Growth Leader, der sein Unternehmen in den Höhenflug führt.

## Du willst abheben

Du lernst loszulassen und in die Balance zu kommen und machst dein Unternehmen damit unabhängig von dir. Du schaffst ein Unternehmen,

- in dem alle gemeinsam Verantwortung übernehmen, inspiriert von eurem gemeinsamen großen Traum und getragen von einer starken Wachstumskultur, die jeder sofort spürt.
- das wächst, weil jeder Mensch, der mit deinem Unternehmen arbeitet, über sich hinauswächst. Kollegen, Kunden und du selbst.
- das auch ohne den immensen Kraftaufwand der ersten Jahre abhebt und immer höher fliegt.

Das bringt uns zurück zum Adler, dem wunderbaren Zielbild echter Growth Leadership:

Der Adler ist König der Lüfte und fürchtet sich vor keinem Gegner. Er ist ein wendiger Flieger voller Leichtigkeit. Elegant nutzt er die Thermik, um mit minimaler Energie höher und höher zu fliegen. Adler vereinen den großen Überblick mit einem scharfen Blick für das Wesentliche. Sie stehen für Lebenskraft, Klarheit, Mut und Freiheit.

Mit diesem Bild des Adlers im Kopf ist dieses Buch entstanden. Ich wünsche dir viel Erfolg und Freude auf dem Weg in den Höhenflug!

# GRÜNDER ODER CEO? ENTSCHEIDE DICH!

......................................

*Woher weiß man, ob man das Zeug hat, der langfristige CEO eines Unternehmens zu sein? Unserer Erfahrung nach braucht es zwei Eigenschaften:*

*1. Führung*

*2. Sehnsucht – nicht unbedingt die Sehnsucht, CEO zu werden, sondern die brennende, unbändige Sehnsucht, etwas Großartiges zu schaffen und die Bereitschaft, alles zu tun, was dafür notwendig ist.*

Ben Horowitz in „Why we prefer founding CEOs"

### Gründer oder CEO? Entscheide dich!

Mit eurem Team habt ihr ein tolles Unternehmen aufgebaut. Kunden und Kollegen sind begeistert. Der nächste Wachstumsschritt steht an. Und doch stimmt irgendetwas nicht mehr. Du fragst du dich, ob das alles so weitergehen kann. Ob das für dich noch passt. Dabei wolltet ihr doch gemeinsam etwas Großartiges schaffen, die Welt verändern, und nicht einfach auf halbem Wege stehen bleiben.

Vielleicht bist es nicht einmal du, der dich hinterfragt, sondern euer Investor. Der redet immer öfter von der notwendigen Professionalisierung, versucht rauszubekommen, wie lange du das noch machen willst. Oder er steht sogar schon mit Vorschlägen für deinen Nachfolger auf der Matte. Spätestens das ist der Moment, in dem du dich mit deiner Rolle als oberster Führungskraft des Unternehmens auseinandersetzt.

Oder du stellst dir diese Frage schon ganz am Anfang deiner Reise. Quasi mit der Gründung. Denn gute Gründer sind Visionäre. Du hast eine lebendige Vorstellung von der Zukunft und machst dir Gedanken, wie deine Rolle aussieht, wenn das Unternehmen groß geworden ist.

Egal, wo du jetzt stehst: Wenn du dieses Buch in der Hand hast, ist dir klar, dass sich deine Rolle ändert, wenn dein Unternehmen wächst. Und zwar grundsätzlich. Vom Gründer, der im Unternehmen arbeitet, der Macher und Entscheider ist, hin zum CEO, der am Unternehmen arbeitet, die nötigen Strukturen schafft und das Team dann machen lässt.

Eine große Reise beginnt. Vom Gründer zum CEO. Aber was heißt das eigentlich? Was kommt jetzt auf dich zu? Was brauchst du für diese Rolle? Willst du sie überhaupt? Das sind alles Fragen, die du sinnvollerweise vor der großen Reise beantwortest. Denn nur, wenn du sie alle positiv beantworten kannst, gehst du den Weg mit dem ganzen Herzen.

### Check-in

> Am besten kannst du dich auf die Entscheidung „Gründer oder CEO" einstimmen, wenn du dir die folgenden Fragen stellst:
>
> ▶ Was ist für mich der Unterschied zwischen einem Gründer und einem CEO?
>
> ▶ Warum stelle ich mir die Frage jetzt? Was hat sie ausgelöst?
>
> ▶ Was heißt es für mich, ein Unternehmen zu führen? Welche Aufgaben gehören dazu?
>
> ▶ Mit welcher Haltung führe ich mein Unternehmen? Wie denke ich über Menschen nach?
>
> ▶ Wie hat sich meine Führung bisher entwickelt?
>
> ▶ Mit welchen Führungsthemen habe ich in den verschiedenen Phasen des Unternehmensaufbaus bisher gekämpft?
>
> ▶ Wie lasse ich mich auf diesem Weg unterstützen? Wer begleitet mich?

# Check-in

> Es gibt eine ganze Reihe von Aufbruchssignalen, die zeigen, dass es Zeit für dich ist, eine bewusste Entscheidung zu treffen. Willst du Gründer bleiben oder CEO werden? Was bringt dein Unternehmen dazu, weiter zu wachsen? Schau dir diese Liste nicht nur alleine an, sondern diskutiere sich mit vertrauten Kollegen oder lieben Menschen aus deinem Familien- und Freundeskreis.

**Aufbruchssignale „Vom Gründer zu CEO"**

*Bewerte die Signale auf einer Skala von 1: keine bis 5: große Herausforderung*

| | |
|---|---|
| Ich treffe jede wichtige Entscheidung und bin der Wachstumsengpass. | ☐ |
| Mein Generalisten-Wissen ist am Anschlag. Wir brauchen mehr Expertise. | ☐ |
| Ich habe mehr als 25 direkte Mitarbeiter. Das funktioniert nicht mehr. | ☐ |
| Ich mache viel zu viel selber. Ich gehe unter! | ☐ |
| Meine Investoren fragen immer öfter, was ich für die Zukunft plane. | ☐ |
| Ich habe das Gefühl, mit meiner Führungskompetenz am Anschlag zu sein. | ☐ |
| Ich lösche nur noch Feuer, Reaktion statt Aktion. | ☐ |
| Mit der Größe des Unternehmens steigen die Risiken, alles hängt an mir. | ☐ |
| Mein Team beklagt sich über mein konstantes Mikromanagement. | ☐ |
| Ständig wollen alle was von mir, keiner entscheidet selber. | ☐ |

Je mehr Fragen du mit 3 und mehr Punkten bewertet, desto klarer ist das Signal: Es ist Zeit, dich ganz bewusst für deinen weiteren Weg zu entscheiden. Willst du Gründer bleiben oder CEO werden? Was musst du lernen und wann? In welcher Haltung gehst du den Weg und von wem lässt du dich unterstützen?

## Ausblick auf das Kapitel

Mit diesem Kapitel findest du die Antworten auf diese Fragen. Und das sind die Themenfelder, die wir dafür betrachten:

**Gründer oder CEO?** Im ersten Abschnitt schauen wir uns die beiden „Jobs" an. Was macht einen Gründer aus? Was einen CEO? Kannst du überhaupt eine Entscheidung zwischen diesen Jobs treffen? Lohnt es sich? Kann man CEO lernen? Und was genau muss man da lernen? Auf Basis dieser Überlegungen triffst du deine Entscheidung.

**Lebenszyklus.** Wenn du eine Reise startest, willst du wissen, was auf dich zukommt. In diesem Abschnitt schauen wir die verschiedenen Phasen des Unternehmensaufbaus und deine schrittweise Entwicklung vom Gründer zum CEO an. Denn auf diesem Weg sind zwar einige Führungskompetenzen zu lernen, zum Glück aber nicht alle gleichzeitig.

## Gründer oder CEO? Entscheide dich!

**Growth Leader.** Einen guten CEO machen nicht nur die richtigen Führungskompetenzen aus, sondern auch das richtige Mindset. Du willst ein großartiges Unternehmen bauen, das langfristig existiert und über sich hinauswächst? Das gelingt am besten mit der Haltung eines „Growth Leaders". Als Growth Leader hast du einen großen Traum, einen starken Rücken, ein offenes Herz und ein Wachstums-Mindset.

**Wegbegleiter.** Für den erfolgreichen Weg vom Gründer zum CEO fehlt jetzt nur noch eines: Das richtige Unterstützer-Team. Denn auch die größten Helden sind nie alleine unterwegs. Sie haben Gefährten, einen treuen Begleiter und einen Meister. Mit diesen Wegbegleitern steht deiner Reise nichts mehr im Wege.

## Gründer oder CEO: Bewusste Entscheidung treffen

> *„Als CEOs ist es nicht unser Job, den Menschen zu sagen, was sie tun sollen, sondern die Voraussetzungen dafür zu schaffen, dass dieses Team entsteht."*
>
> *Jerry Colonna, Gründer und CEO reboot.io*[1]

Gründer oder CEO? Kurze Frage, große Wirkung. Worum geht es bei diesen beiden Rollen eigentlich? Kann ich mich überhaupt entscheiden, CEO zu werden? Ist das ein Job, den ich lernen kann (und will)? Lohnt sich dieser Weg?

Die Antwort auf die letzten drei Fragen ist in allen Fällen: Ja!

Ja, du kannst dich bewusst entscheiden, vom Gründer zum CEO zu werden. Und es ist gut, wenn du das tust und dich entsprechend vorbereitest.

Ja, es lohnt sich, diesen Weg zu gehen. Unternehmen, die von Gründer-CEOs geführt werden, sind meist erfolgreicher als solche, die von professionellen CEOs geführt werden.

Ja, du kannst diesen Job lernen. Kein Mensch wurde als Gründer oder CEO geboren. Andere haben es auch geschafft, ein guter CEO zu werden, wieso nicht du? Du gehst doch auch sonst mutig neue Wege!

Ok, natürlich hast du dieses Buch in die Hand genommen, weil du das Gefühl hast, dass dieser Schritt machbar und erfüllend ist. Aber das Gefühl zu haben und sich bewusst zu entscheiden sind zwei Paar Schuhe. Und diese große Entscheidung willst du bewusst treffen. Daher schauen wir uns diese drei großen Fragen jetzt genau an.

### Gründer oder CEO: Kann ich mich bewusst dafür entscheiden?

Der typische Gründer ist vor allem ein Macher. Er schafft ein Produkt, das den Markt erfolgreich erobert.

## Gründer oder CEO: Bewusste Entscheidung treffen

**Du wirst Gründer**, weil du eine phantastische Idee hast, die du unbedingt zum Leben bringen willst. Du bist unkonventionell, willst es allen zeigen. Du liebst es, neue Produkte und Technologien zu entwickeln. Du liebst die Spannung, zu sehen, ob eure Ideen funktionieren und von den Kunden angenommen werden. Du bist mittendrin im Team, bist sein Herz und Hirn. Du willst die Dinge bewegen, am besten selber. Das gibt dir ein Gefühl der Wirksamkeit. Dafür arbeitest du dich tief in die unterschiedlichsten Themenfelder ein: Marketing, Finanzierung, Operations, was es eben gerade braucht. Gründer sind oft Generalisten, die ihre Befriedigung aus ihrer direkten Wirkung ziehen.

Der typische CEO ist dagegen vor allem Führungskraft. Er schafft eine Organisation, die langfristig am Markt erfolgreich ist.

**Du wirst CEO**, wenn du ein bestehendes Unternehmen skalieren willst. Auch als CEO hast du eine begeisternde Vision für dein Unternehmen, und machst sie mit einer starken Strategie greifbar. Dein Fokus ist aber nicht das Produkt, sondern die gesamte Organisation. Du liebst es, die richtigen Menschen für das Team zu finden und in die Verantwortung zu bringen. Du zeigst ihnen, was euer großer Traum ist, und gehst ihnen dann aus dem Weg. Denn als guter CEO machst du die Dinge nicht selber. Deine maximale Wirksamkeit erlebst du, wenn das Team im Alltag ohne dich läuft. Dann hast du ein Umfeld geschaffen, in dem jeder sein Bestes gibt. Auch als CEO hast du einen guten Überblick über die verschiedenen Funktionen. Der Experte bist du aber nicht. Das sind deine Kollegen. Du bist ihr Coach, du hinterfragst sie und hilfst ihnen damit, über sich hinauszuwachsen.

Als CEO kannst du glücklich werden, wenn du möglichst vielen der folgenden 10 Punkte zustimmst.

### Ich möchte gerne CEO werden, weil ich …

- etwas wirklich Großartiges schaffen will und dafür alles einsetze. ☐
- erleben will, wie aus meiner Idee ein Unternehmen wird, das langfristig erfolgreich ist und sich immer wieder neu erfindet. ☐
- es spannend finde, nicht nur ein Produkt, sondern auch eine funktionierende Organisation zu bauen. ☐
- nicht alles selber machen muss, um zu spüren, dass ich etwas leiste. ☐
- gerne meine Wirksamkeit steigere, indem ich Menschen führe. ☐
- mich freue, wenn ich Menschen dazu bringe, etwas zu tun, was sie nicht glaubten schaffen zu können. ☐
- gerne Menschen zu High Performance-Teams zusammenschweiße. ☐
- es liebe, operative Verantwortung abzugeben, um mich auf das Big Picture zu konzentrieren. ☐
- Lust habe, neue Führungskompetenzen zu lernen und anzuwenden. ☐
- es liebe, meine Komfortzonen immer wieder zu verlassen und über mich selber hinauszuwachsen. ☐

## Gründer oder CEO? Entscheide dich!

Wie oft konntest du „Ja" sagen? Macht diese Liste Lust auf mehr? Hast du dich bereits entscheiden, den Weg vom Gründer zum CEO zu gehen?

Oder bist du noch nicht ganz überzeugt? Willkommen im Club! So geht es vielen Gründern. Sie sehen zwar die Chancen, haben aber das Gefühl, dass sie dann ein anderer Mensch werden müssen. Und tief im Bauch haben sie die Sorge, dass sie CEO einfach nicht lernen können. Lass uns daher auch noch die beiden anderen Fragen anschauen.

> **Growth Leader Live: Gründer vs. CEO**
>
> Ein CEO ist jemand, der in der Lage ist, die Unternehmensentwicklung, die sich hoffentlich auf einem guten Pfad befindet, aufzunehmen, zu professionalisieren und konsequent weiterzuentwickeln. Bis man in eine Personenunabhängigkeit reinkommt. Das ist der Kern des guten CEO. Wie bei Steve Jobs und Tim Cook. Der eine baut auf, der andere übernimmt und führt das weiter. Ein guter CEO macht das Unternehmen unabhängig von Einzelpersonen. Das hat verschiedene Dimensionen: Die Personen, die er einstellt, die Prozesse, Systeme und eben die Kultur, die etabliert wird und die stärker ist als die einzelne Person.
>
> *Florian Heinemann, Project A*
>
> Als Gründer bist du alleine, vielleicht in einem zwei, drei Mann-Team unterwegs. Da redet man nicht über Führung. Am Anfang hast du nur eine Idee und rennst wie ein Besessener los. Du guckst nicht links und rechts und tust alles, damit dein Traum wahr wird.
>
> Das ändert sich, wenn die Firma wächst. Natürlich kannst du dich vom ersten Tag an CEO nennen. Doch du bist es erst, wenn das Ding irgendwie zum Fliegen gekommen ist. In der Regel auch profitabel, zumindest werden Einnahmen generiert. Das ist nicht mehr nur „Jugend forscht", sondern schon ein Business. Dann sind auch schon Teams für Querschnittsthemen wie Finanzen, Vertrieb, Marketing und Personal da, die du organisieren musst. Du musst Rollen definieren, Strukturen finden und Prozesse etablieren. Das ist für mich ein wesentlicher Bestandteil von CEO-Arbeit.
>
> *Klaus Eberhardt, iteratec*
>
> Der Gründer stellt sicher, dass alles, was geschehen muss, geschieht. Dabei macht er vieles selber und hält den Laden zusammen. Der Schritt zum CEO bedeutet, dass die Dinge funktionieren, dass er aber nicht mehr bei allem involviert ist. Jetzt funktioniert das Business auch ohne ihn, manchmal sogar, ohne dass er es erfährt. Als CEO läuft deine Organisation robust und du orchestrierst sie.
>
> *Martin Giese, Expreneurs & Autor von „Startup Finanzierung"*

## Warum lohnt es sich, den Weg zu gehen?

Der Weg vom Gründer zum CEO lohnt sich aus zwei Gründen, die eng miteinander verbunden sind. Erstens sind Unternehmen, die von Gründer-CEOs geführt werden, langfristig erfolgreicher. Zweitens erntest du nur dann alle Früchte, wenn du dein Unternehmen langfristig führst.

## Gründer oder CEO: Bewusste Entscheidung treffen

Hinter fast allen großen Unternehmenserfolgen der letzten Jahre stehen Gründer-CEOs: Drew Houston (Dropbox), Michael Dell (Dell), Jeff Bezos (Amazon), Diane Greene (VMWare), Steve Jobs (Apple), Robert Gentz und David Schneider (Zalando) oder Ralf Dommermuth (United Internet). Und das ist nur ein kleiner Ausschnitt einer langen Liste.

Auch viele Studien zeigen, dass Unternehmen, die langfristig von Gründer-CEOs geführt werden, nachhaltig erfolgreicher sind als Unternehmen, die von professionellen CEOs geführt werden:[2]

- Sie sind effektivere Innovatoren: Sie haben mehr Patente und schaffen erfolgreichere Innovationen.
- Sie generieren sie mehr Chancen im Markt und haben einen größeren Markterfolg.
- Sie realisieren besonders oft langfristig profitables Wachstum.
- Das Resultat sind signifikant höhere Unternehmensbewertungen und eine bessere Aktienperformance.

**Unternehmergeist**: Das ist der große Unterschied zwischen Gründer-CEOs und professionellen CEOs. Gute Investoren wissen das. Der legendäre Investor Ben Horowitz hat seine Gedanken in „Why we prefer Founder CEOs"[3] wunderbar zusammengefasst. Für ihn bringt ein Gründer-CEO drei Dinge mit: Umfassendes Wissen, moralische Instanz und eine totale, langfristige Verpflichtung.

Als Gründer-CEO ist dein Unternehmen dein Lebenszweck. Du willst mit Herzblut etwas Großartiges schaffen. Etwas, das über dich hinauswächst. Diese Sehnsucht ist deine dauerhafte, innere Motivation. Du verstehst die Dynamik deines Unternehmens besser als jeder professionelle Manager, denn du hast es selber aufgebaut. Mit der tiefen Kenntnis deines Unternehmens und deiner Langfristperspektive entscheidest du dich mutig für die richtigen unternehmerischen Risiken. Du bist die moralische Instanz eurer unternehmerischen Kultur. Um dich herum sammelst du Menschen, die ähnlich ticken und feuerst euer Wachstum damit noch weiter an.

> **Growth Leader Live: Erfolgshebel Gründer-CEO**
>
> Unternehmen, bei denen die Gründer die Transformation zum CEO hinbekommen, sind typischerweise erfolgreicher. Da muss man nur Weltunternehmen wie Amazon, Facebook oder Spotify anschauen. Alles Unternehmen, in denen die Gründer diese Transformation hinbekommen haben. Gerade im Technologiebereich gibt es nur wenige Unternehmen, bei denen die Gründer sehr früh raus gegangen sind. Auch in Deutschland sind bei den ganz großen Unternehmen die Gründer noch dabei: United Internet, Zalando. Nach solchen Gründern sucht man als Investor. Menschen, die den Weg vom „Ich habe eine Vision" bis hin zum „Ich führe diese Vision 20 Jahre zur Realität und wachse mit meinem Team immer weiter über mich hinaus". Das ist der perfekte Gründer.
>
> *Tim Schumacher, TS Ventures, ex Sedo*

## Gründer oder CEO? Entscheide dich!

Egal, ob du Gründer oder CEO bist: Dein Unternehmergeist ist der „unfaire" Wettbewerbsvorteil deines Unternehmens. Die Macht des Unternehmertums ist kein neues Phänomen, und schon gar nicht eines, das im Silicon Valley erfunden wurde. Das Herz der deutschen Industrie sind Familienunternehmen. Siemens, Porsche, Trumpf, Bahlsen, ... Erdacht von visionären Gründern, gebaut von Unternehmern.

**Wertmaximierung.** Wenn du den ganzen Weg gehst, schaffst du nicht nur etwas Großartiges, sondern kannst dein Unternehmen zum Zeitpunkt seiner optimalen Bewertung verlassen. Dann, wenn es aufgrund eines erstklassigen Führungsteams und einer starken Kultur nicht mehr von deiner Person abhängt. Du gewinnst die unternehmerische und ein ganz anderes Level der finanziellen Freiheit. Es lohnt sich also, den Weg vom Gründer zum CEO zu gehen. Für dich, dein Unternehmen und eure Investoren.

Und doch verlassen die meisten Gründer ihr Unternehmen, bevor es wirklich abhebt. In „The Founder's Dilemma"[4] zeigt Noam Wassermann, dass drei Jahren nach Gründung nur noch 50 % der Gründer im Unternehmen sind, ein Jahr später nur noch 40 %. Nur 25 % der Gründer bringen ihr Unternehmen bis zum Börsengang oder zu einem großen Verkauf.[5]

Viele Gründer entscheiden sich selber, zu gehen. Oft werden sie aber auch von den Investoren gedrängt, ihren Posten zu verlassen. Was besonders schmerzlich ist, denn sie werden gezwungen, ihr Baby aufzugeben. Aber warum, wenn doch eigentlich alles dafür spricht, dass Gründer-CEOs erfolgreichere Unternehmen schaffen?

*„Ganz einfach: Weil ein Gründer kein guter CEO sein kann. Weil man entweder Gründer ist oder CEO. Das ist ein Naturgesetz!"*

Wie bitte!?! Wir haben doch gerade das genaue Gegenteil erfahren! Wir sehen die vielen guten Beispiele. Wie passt das denn zusammen?

**Limitierende Glaubenssätze.** Tatsächlich sind das die größten limitierenden Glaubenssätze der Gründerszene. Glaubenssätze, die zur selbsterfüllenden Prophezeiung werden. Wer als Gründer überzeugt ist, dass er „CEO" einfach nicht kann, wird sich kaum auf den Weg machen. Ein Investor, der glaubt, dass man entweder Gründer oder CEO ist, wird nicht lange fackeln und die Gründerin durch eine professionelle CEO ersetzen, sobald diese an ihre Grenzen gerät.

> ### Growth Leader Live: Blockade lösen, Führung lernen
>
> Es gibt nur wenige Gründer, die es schaffen, sich vom Gründer in einen sehr guten CEO zu verwandeln. Das sind zwei sehr unterschiedliche Persönlichkeitsprofile und Spaß muss es ja auch machen. Ein gutes Beispiel ist Robert Gentz von Zalando. Vor fünf, sechs, sieben Jahren hat er noch gesagt: „Ich gehe irgendwann raus, das wird mir alles zu groß". Irgendwann hat er aber gemerkt, wie cool es ist, eine große Plattform zu steuern. Und auf dem Weg dahin hat er seine Rolle mehrfach adaptiert.
>
> Für den Weg von Gründer zum CEO brauchst du zwei wichtige Kompetenzen: Selbstreflektion und die Fähigkeit, anderen Leuten sehr stark zu vertrauen. Das können viele Gründer nicht. Ihr Kontrollbedürfnis ist zu ausgeprägt.
>
> *Florian Heinemann, Project A*

## Gründer oder CEO: Bewusste Entscheidung treffen

> Viele Leute haben eine natürliche Komfortzone, was die Größe des Unternehmens angeht. Die wissen intuitiv, dass sie nicht weiterwachsen wollen und dann wachsen sie auch nicht weiter. Es gibt Unternehmen, die funktionieren supertoll mit 5 oder 10 Leuten und Gründer, die sagen: „15 Leute kann ich führen, das ist meine Komfortzone, dann ist Schluss". Dann gibt es Gründer, da ist bei 50 Schluss. Ich persönlich habe bislang nur Unternehmen mit 200, 300 Leuten geführt.
>
> Es gibt aber auch Leute, die lösen diese Blockaden im Kopf auf und entwickeln sich weiter. Ich habe mich bei Sedo damals auch weiterentwickelt. Es gibt da kein richtig oder falsch. Jeder muss das machen, was er für richtig hält. Es gibt Leute, die lesen viel, andere nehmen sich gerne Coaches, wieder andere machen das mit sich selber aus. Es gibt die unterschiedlichsten Varianten. Und immer wieder erlebt man, dass die Gründer mit der Zeit sehr stark wachsen.
>
> *Tim Schumacher, TS Ventures, ex Sedo*

Und was ist mit all den Beispielen erfolgreicher Gründer-CEOs? *„Meine Güte! Das sind halt Ausnahmen ..."* Genau so funktionieren limitierende Glaubenssätze! Und damit werden unglaublich viele Potenziale auf der Straße gelassen. Das darf und muss nicht so sein. Wir sind davon überzeugt, dass dieser Weg möglich ist. Deshalb ist es unsere Mission, Gründern zu helfen, gute CEOs zu werden.

**Alles Notwendige tun.** Ein guter Gründer-CEO bringt laut Ben Horowitz zwei Dinge mit: Führungskompetenz und die brennende Sehnsucht, etwas Großes zu schaffen und dafür alles zu tun, was notwendig ist.[6]

Gründer, die sagen, sie „seien nur Gründer und keine CEOs", hadern mit beidem: Sie können (noch) nicht führen, begeben sich aber auch nicht auf die Lernreise. Sie tun eben nicht alles Notwendige, um die Transformation zu schaffen. Das ist absolut ok. Keiner muss diesen Weg gehen. Aber es ist eine persönliche, freie Entscheidung und kein Naturgesetz.

Das gleiche gilt für die Investorenseite: Sie sehen das Führungsdefizit. Doch auch sie gehen oft nicht den steinigen Weg und helfen „ihren" Gründern, gute Führungskräfte zu werden. Stattdessen ersetzen sie sie durch jemanden, der das mutmaßlich schon kann. Lieber der Spatz in der Hand, als die Taube auf dem Dach. Oder wieso investiert kaum ein Investor in die Führungskompetenz seiner Gründer und Gründerinnen, während es viel Unterstützung für all die operativen Themen gibt? Vielleicht weil auch ihnen nicht klar ist, dass man Führen lernen kann. Und damit sind wir bei der letzten kritischen Frage deiner Entscheidung für den Weg vom Gründer zum CEO.

## Gründer oder CEO? Entscheide dich!

### Kann ich lernen, zu führen wie ein CEO?

Aber natürlich kannst du das! Warum denn nicht? Als du dein Unternehmen gegründet hast, konntest du die meisten Sachen, die du brauchtest, doch auch nicht. Finanzierung, Teamaufbau, Marketing, Entwicklung, ... Überleg mal, was du inzwischen alles gelernt hast! Denk an all die Hürden, die du mit Bravour genommen hast!

Woran liegt es, dass du glaubst, gerade Führung nicht lernen zu können? Hier ein paar Gründe, aus denen viele mit dem Thema Führung hadern.

- **Führung ist schwammig.** Alle Themen, die du bisher bewältigt hast, haben klare Regeln und direkte Ergebnisse: Ein Marketingplan, ein Produkt, eure Finanzierung. Führung wirkt dagegen unklar und unkonkret. Aber ist das so? Die Ergebnisse guter Führung sind kristallklar: Euer Unternehmen läuft rund und wächst, ihr begeistert Kollegen und Kunden. Fangt mal an, diese Dinge zu messen. Dann wird gute Führung ganz schnell greifbar.

- **Führung wird mystifiziert.** Top-Führungskräfte werden als unerreichbare Helden dargestellt. Es gibt unendlich viele Bücher, die die unterschiedlichsten Facetten in epischer Länge beleuchten. Wo fängst du an? Wer sagt dir, was wirklich wichtig ist? Eigentlich ist es gar nicht so kompliziert. Schon mit wenigen Grundlagen zur „Funktionsweise" von Menschen und einer Handvoll effektiver Führungsinstrumente kannst du durchstarten. Und dich dann immer weiterentwickeln.

- **Führung ist persönlich.** Gute Führung hat viel mit dir und deiner Haltung zu tun. Du musst dich selber hinterfragen. Damit verlässt du deine persönliche Komfortzone. Du erlebst dich als Mensch mit Schwächen und blinden Flecken, nicht mehr als den strahlenden Helden. Aber es lohnt sich: Wenn du das tust, führst du nicht nur besser, sondern du nutzt auch dein volles Potenzial.

> **Growth Leader Live: Die Lernreise**
>
> Meine Rolle hat sich über die letzten elf Jahre unglaublich gewandelt. Ich sage immer, meine Rolle wandelt sich so alle drei bis sechs Monate.
>
> *Gero Decker, Signavio*
>
> Wichtig ist, dass sich die Gründer bewusst machen, dass es diese Reise gibt, dass es unterschiedliche Fähigkeiten braucht und dass sie immer wieder aus ihrer Komfortzone rauskommen müssen, wenn sie erfolgreich werden möchten. Sich bewusst werden: Es wird sich immer verändern.
>
> *Tim Schumacher, TS Ventures, ex Sedo*

Sprich: Führung ist machbar, wenn auch nicht von einem auf den anderen Tag. Es gibt keinen geborenen CEO. Auch für die erfolgreichen Gründer-CEOs war das Thema Führung eine lange Lernreise, auf der sich ihre Rolle ständig änderte. Der Erfolg kam, als sie die Haltung des allwissenden Machers aufgaben und zum Lernenden wurden, der den richtigen Rahmen schafft und sein Team dazu inspiriert, über sich selbst hinauszuwachsen.

## Gründer oder CEO: Bewusste Entscheidung treffen

### Growth Leader Live: Vom Gründer zu CEO[7]

Brian O'Kelley ist ein Serial Founder wie er im Buche steht. Schon im Studium gründete er sein erstes Unternehmen. In den folgenden Jahren war er Mitgründer von drei weiteren Unternehmen. Immer mit dem gleichen Ergebnis: Er wurde gefeuert. Zu dominant, zu impulsiv, Kontroll-Freak, Mikromanager. Quasi unmöglich, mit ihm zusammenzuarbeiten. Seine vorletzte Station war Right Media, eine Werbeplattform. Hier baute er als CTO die Plattform auf. 2007 wurde er wieder gefeuert, verlor alle seine Optionen. Nur einen Monat bevor das Unternehmen für 850 Mio. $ an Yahoo ging. Brian tobte!

Aus Rache gründete er noch im gleichen Jahr AppNexus. Diesmal wollte er allen beweisen: Ich kann als CEO ein Unternehmen führen und damit etwas Großartiges schaffen. Und tatsächlich begann er zu führen. Zunächst einmal sich selbst. Mit einem Coach arbeitete er seine Schwächen auf, hörte verstärkt auf seine Berater. Nun stand er sich selbst nicht mehr im Wege. Er lernte anderen zu vertrauen und Verantwortung zu übergeben. Er baute ein Team, das seine Schwächen ausglich und seine Stärken ergänzte.

Alles lief super, tolles Wachstum. Schnell waren 500 Mitarbeiter aufgebaut. Dann zeigte ein Kulturreview, das Brian und sein Mitgründer das Unternehmen noch immer als „dynamische, hoch-motivierte, egozentrische Gründer" führten. Eben nicht als CEO. Und wieder wurde Brian gefeuert.

Doch diesmal von sich selbst. In einem Firmenmeeting erklärte er dem entsetzten Team: Ich feuere mich. Stand auf und ging. Atemloses Schweigen. Kurze Zeit später betrat er wieder den Raum: „Ab jetzt bin ich nur noch CEO".

Das war der finale Schritt vom Gründer zum CEO. Er stieß er eine weitreichende Strategie- und Kulturinitiative an und gab dem Unternehmen eine Vision, die weit über das „Wir werden zum Einhorn" reichte. Endlich konnte das Unternehmen abheben. 2018 wurde es für 1,6 Mrd. $ an AT&T verkauft. Mission erfüllt. Etwas Großartiges geschaffen und wirklich CEO geworden.

Brian O'Kelley über sich selbst:

*„The process turned me from being an ego-driven founder (…) into a leader whose job was to motivate and inspire people."*

Die Geschichte von Brian O'Kelly zeigt die fünf Führungskompetenzen, die du auf dem Weg vom Gründer zum CEO lernst. Diese Kompetenzen werden dich in den Höhenflug tragen, wie die Flügel einen Adler.

**Selbstführung.** Der Rumpf des Adlers bist du selber. Ein wichtiger Teil deiner Lernreise besteht darin, dich selber führen zu lernen. Was sind deine Stärken und Schwächen? Wie erleben dich andere? Was ist dein großer Traum? Wie erhältst du deine Energie? Nur wenn du dich selber gut kennst und schätzt, kannst du auch andere Menschen führen.

Die beiden Flügel sind die direkte Führung auf der einen Seite und deine Institutionalisierung auf der anderen Seite.

**Direkte Führung.** Bei der direkten Führung geht es darum, dass du Menschen und Teams gezielt in die Verantwortung führst und sie in ihrer Entwicklung unterstützt. Denn nur wenn du Menschen und Teams aufbaust, kannst du deine Verantwortung abgeben.

### Gründer oder CEO? Entscheide dich!

- **Menschenführung**: Bereits in den frühen Phasen des Unternehmensaufbaus führst du Menschen. Du übergibst einzelnen Menschen Verantwortung und hilfst ihnen, sich zu entwickeln. Das ist die Menschenführung. Du kannst Menschen führen, wenn du verstehst, was sie motiviert und wenn du ihnen gut zuhörst. Das ist die Basis der eigentlichen Führungsarbeit: Du überträgst deinen Kollegen Verantwortung, gibst ihnen Feedback und entwickelst sie über Coaching weiter. Ein wesentlicher Rahmen für diese Führungsarbeit sind die 1:1-Meetings mit deinen Kollegen.

- **Teamführung**: Direkte Führung übernimmst du auch bei der Steuerung des Gründer- und später des Führungsteams. Wenn du dieses Team zu einem Hochleistungsteam machst, erhöht sich eure Erfolgschance signifikant. Die Führung von Teams ist eine oft unterschätze Führungskompetenz. Du startest mit der Konzeption des Teams und der Auswahl der richtigen Teammitglieder. Aus diesen Menschen formst du ein echtes Team, das eng und vertrauensvoll zusammenarbeitet. Du führst es durch die verschiedenen Phasen seiner Entwicklung und hilfst den Teammitgliedern, die unvermeidlichen Konflikte zu lösen. Und das alles in einem Klima des gemeinsamen Lernens.

**Institutionalisierung.** Ziel der Institutionalisierung ist es, all das, was dich als Unternehmer ausmacht, auf das Unternehmen zu übertragen: Deine Mission, Vision, Arbeitsprinzipien und Werte. Idealerweise machst du das so gut, dass dein Unternehmen auch dann in deinem Sinne weiterläuft, wenn du nicht mehr dabei bist. Relevant wird die Institutionalisierung, wenn dein direkter Kontakt mit dem Team aufgrund der Größe deines Unternehmens abnimmt. Das ist typischerweise ab einer Größenordnung von 15–25 Kollegen pro Mitgründer der Fall.

- **Großer Traum**: Der große Traum vereint eure Mission und Vision. Mit ihm gebt ihr eurem Team die notwendige Orientierung. Nur wenn alle wissen, warum es euch gibt und wohin ihr wollt, kann das Team Verantwortung übernehmen und die richtigen Entscheidungen treffen. Ohne diese Orientierung läuft alles auf dich zu.

- **Wachstumskultur**: Als CEO bist du eure Kultur und eure Kultur institutionalisiert dich. Deine Werte und Verhaltensweisen sind die deines Unternehmens. Im Guten wie im Schlechten. Die fünfte Führungskompetenz ist daher die Schaffung einer Wachstumskultur. Mit den acht Tugenden einer Wachstumskultur etabliert ihr ein Klima der Verantwortung und des persönlichen Wachstums und fördert damit das wirtschaftliche Wachstum eures Unternehmens. Kultur ist gestaltbar: Definiert eure Zielkultur, lebt die Werte und Tugenden vor, holt die richtigen Menschen ins Team und stellt sicher, dass alle Systeme und Strukturen eure Zielkultur unterstützen.

Ziel dieses Buchs ist es, das unendliche, schwammige Thema Führung greifbar und lernbar zu machen. Es unterstützt dich bei der Entwicklung aller fünf Führungskompetenzen. Du bekommst eine Einführung in die Grundkonzepte der Führung und lernst die wesentlichen Führungsinstrumente. Pragmatisch und mit vielen Fragen zur Selbstreflektion.

# Gründer oder CEO: Bewusste Entscheidung treffen

Natürlich lernst du Führung nicht nur aus dem Buch. Übe, experimentiere und vertiefe dein Wissen! Such dir einen Mentor oder Coach, mit dem du deine Überlegungen und Erfahrungen reflektieren kannst. Vertiefe deine Lernerfahrung mit Büchern, Podcasts und Trainings. Tausche dich mit Menschen aus, die in einer vergleichbaren Situation sind. Reflektiert das Thema Führung regelmäßig in der Gründer- oder Führungsrunde und lass dich auch von deinem Team unterstützen – denn deine Teammitglieder sind die Kunden deiner Entwicklung vom Gründer zum CEO. Und eure Kunden bittet ihr ja auch regelmäßig um Feedback.

## Entscheide dich JETZT!

Du hast die drei großen Fragen in Ruhe angeschaut und beantwortet:

- Ja, du kannst lernen, vom Gründer zum CEO zu werden.
- Ja, es ist ein Weg, der sich lohnt.
- Ja, es ist eine Entscheidung, die du treffen kannst.

Mit diesen drei Antworten hast du eine fundierte Basis für deine Entscheidung. Du kannst sie jederzeit treffen. Auch wenn du noch ganz am Anfang stehst. Je früher, desto besser. Denn dann hast du mehr Zeit, all das zu lernen, was dich zu einem begeisternden Gründer-CEO macht.

Deshalb: Entscheide dich JETZT, ganz bewusst. Sprich es laut aus!

> **Mein CEO-Versprechen**
>
> Ich will vom Gründer zum CEO werden.
>
> Ich will alles lernen, was dafür notwendig ist.
>
> Ich will über mich hinauswachsen und etwas Großartiges schaffen.

Wow! Wie geht es dir jetzt? Was macht diese Entscheidung mit dir? Fühlst du dich erleichtert? Herzlichen Glückwunsch! Ein toller Schritt! Genieße die neue Klarheit und stoße auf dich und deine große Entscheidung an!

Und breche dann zu deinem Abenteuer auf.

Gründer oder CEO? Entscheide dich!

## Lebenszyklus: Führen durch die Lebensphasen

> *„Es gibt mindestens einen Punkt in der Geschichte eines Unternehmens, an dem man sich dramatisch verändern muss, um auf die nächste Leistungsstufe aufzusteigen. Verpasst man diesen Moment, beginnt man zu sinken."*
>
> Andy Grove, Intel

Du willst alles lernen, was für den Weg vom Gründer zum CEO notwendig ist. Und du willst über dich hinauswachsen und etwas Großartiges schaffen. Dir ist klar, dass das ein langer Weg ist. Vom Entscheider und Macher, der mitten im Team ist und am liebsten selber anpackt, hin zum Organisator und Strategen, der den Rahmen schafft, und der glücklich ist, wenn das Team so gut läuft, dass er im Alltag nicht mehr gebraucht wird.

Zum Glück musst du diesen Schritt nicht auf einmal gehen. Wann aber beginnt diese Transformation? Was sind deine Stationen auf der Reise? Was musst du als nächstes lernen? Antworten auf diese Fragen gibt dir die Auseinandersetzung mit dem Lebenszyklus von Unternehmen.

Ein Unternehmen durchläuft verschiedene Lebensphasen, mit jeweils prädizierbaren Aufgaben, Verhaltensweisen und Herausforderungen. Jede Phase des Lebenszyklus stellt andere Anforderungen an die Führung des Unternehmens. Und damit an dich. Für viele Gründer ist das Verständnis des Lebenszyklus Augenöffner, Erleichterung und neu gewonnene Handlungsfreiheit zugleich. Du verstehst viele eurer Probleme besser. Du bist erleichtert, nicht allein mit deinen Erfahrungen zu sein, andere erleben das ja auch. Und wenn die ihre Unternehmen zum Fliegen bringen können, warum nicht auch du?!

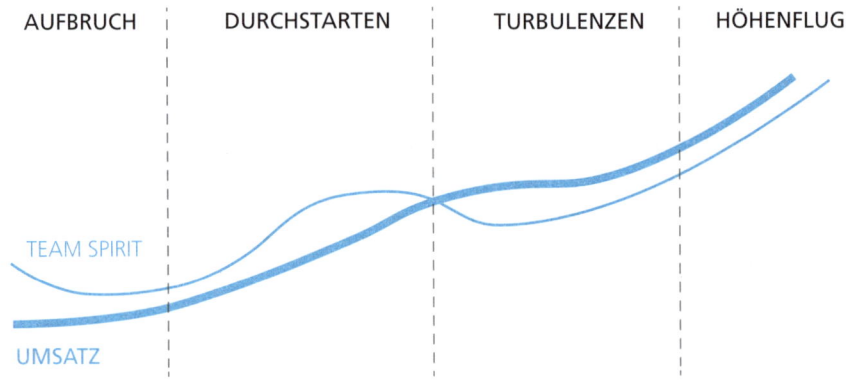

Lebenszyklus von Unternehmen

Die nächsten Abschnitte führen dich durch die verschiedenen Phasen des Lebenszyklus und zeigen dir, was diese Phasen für die fünf Bereiche der Führung bedeuten: Selbstführung, Menschenführung, Führungsteam, großer Traum und Wachstumskultur.

## Lebenszyklus: Führen durch die Lebensphasen

> **Growth Leader Live: Lebenszyklus verstehen**
>
> Gerade für Leute, die noch nie mitbekommen haben, wie so eine Organisation aufwächst, ist es sehr hilfreich, sich mit dem Lebenszyklus auseinanderzusetzen. Die verschiedenen Phasen zu verstehen: Was sind die Red Flags? Wie ändert sich meine Rolle als CEO? Mir hat es geholfen, rechtzeitig zu verstehen: Wann ist der nächste Schritt? Was musst du jetzt machen?
>
> Die ersten zwei Jahre waren wir in der Aufbruchsphase. Mit dem ersten riesengroßen Account-Gewinn wurden wir in die Durchstarte-Phase katapultiert. Das waren weitere zwei Jahre. Da habe ich eher an einzelne Leute delegiert. Seit gut einem Jahr sind wir in der Turbulenzen-Phase. Das Management-Team ist im Aufbau, wir verstärken uns an vielen Stellen mit besseren Leuten.
>
> *Manuel Hinz, CrossEngage*

## Aufbruch: Den richtigen Markt finden

Der Lebenszyklus beginnt mit dem Aufbruch. Viel Arbeit, wenig Geld. Ihr seid begeistert von eurer innovativen Idee. Ihr schuftet Tag und Nacht, entwickelt euer Angebot, findet den richtigen Produkt-Markt-Fit. Es gibt nur ein Ziel: Möglichst schnell raus aus dieser Phase! Bevor euch eure Ressourcen ausgehen: Euer Geld, eure Energie und eure Zeit.

Um das zu erreichen, arbeitet ihr mit einem kleinen, unglaublich engagierten Team. Die Zusammenarbeit ist eng und intensiv. Strukturen gibt es kaum. Alles ist ein Experiment und ad hoc. Als Gründer seid ihr gleichzeitig Kultur, Strategie und Führung. Die Stimmung in Team ist anfangs euphorisch, durchläuft während der Entwicklung des Geschäftsmodells einige Hochs und Tiefs, hellt sich aber in dem Maß auf, in dem ihr erste Kunden gewinnt und wiedergewinnt.

> **Growth Leader Live: Aufbruch**
>
> Die Anfangszeit war für uns als Gründer besonders turbulent. Von Arbeitsalltag im Sinne einer berechenbaren Konstante kann man kaum sprechen – das erste Jahr nach der Gründung ist vielmehr ein stetiges Auf und Ab, sowohl geschäftlich als auch emotional. Heute denkt man, der Durchbruch ist nah – am nächsten Tag hat man das Gefühl, man fängt wieder ganz von vorn an. Das ist sehr herausfordernd, aber man wächst auch schnell dabei.
>
> *Maria Sievert, inveox*

Der Aufbruch ist eine besonders kritische Lebenszyklus-Phase. 80 % der Gründungen kommen nie über diese Phase hinweg.

**Deine Führungsrolle.** In dieser Phase bist du noch völlig in deinem Gründer-Element: Macher und Entscheider. Ihr arbeitet eng mit dem Team zusammen. Als Gründer habt ihr alles unter Kontrolle und trefft die Entscheidungen. Und das ist auch gut so, denn ihr lauft im ständigen Krisenmanagement. Wenn ihr zu früh die Kontrolle abgebt, besteht die Gefahr, dass alles aus dem Ruder läuft.

## Gründer oder CEO? Entscheide dich!

Und das bedeutet der Aufbruch für die Führung:

- **Selbstführung.** Setze dich frühzeitig mit deinen Stärken und Schwächen auseinander. Denn nur so könnt ihr euch im Team optimal aufstellen. Und gehe sorgfältig mit deiner Energie um. Du willst ja nicht auspowern, bevor der große Spaß kommt.
- **Menschenführung.** Selbst wenn ihr nur im Gründerteam arbeitet: Fangt schon jetzt an, die drei Grundlagen der Menschenführung zu verinnerlichen: Zuhören, Verantwortung übergeben, Feedback. Damit wird auch eure Zusammenarbeit im Gründerteam besser.
- **Teamführung.** Wahrscheinlich seid ihr als Gründerteam gestartet. Ihr werdet produktiver, wenn ihr euch wirklich gut kennt und tiefes Vertrauen aufbaut. Was ist euch wichtig? Was wollt ihr gemeinsam erreichen? Was sind eure Stärken? Was geht gar nicht? Reflektiert eure Zusammenarbeit und werdet ein Hochleistungsteam.
- **Großer Traum.** Der große Traum ist die natürliche Energiequelle der Aufbruchsphase. Kein Thema, um das ihr euch explizit kümmern müsst.
- **Wachstumskultur.** Mit der Gründung legt ihr die Grundlagen eurer Kultur. Denn mit euren Werten seid ihr Gründer eure Kultur. Die typischer Gründerkultur hat fast alle Tugenden, die eine starke Wachstumskultur ausmachen. Nur ist euch das noch nicht bewusst. Macht euch jetzt schon Gedanken, wie eine begeisternde Kultur für euch aussieht. Viele Gründer haben explizit „das Unternehmen geschaffen, in dem ich gerne arbeiten würde".

## Durchstarten: Den Vertrieb auf Hochtouren bringen

Ihr startet durch, wenn ihr regelmäßig Kunden gewinnt, haltet und wiedergewinnt. Euer Fokus ist jetzt der Vertrieb. Booster zuschalten, möglichst schnell den Markt penetrieren, Momentum aufbauen.

Viele Gründer drehen jetzt so richtig auf. Totaler Enthusiasmus. Ihr seid die Größten und zeigt es der ganzen Welt. Ihr lasst keine Chance aus. Jeder Kunde wird mitgenommen, neue Geschäftsmodelle werden gestartet. Und all das weitgehend ohne Strukturen und Prozesse. „Wenn alle anpacken, kriegen wir das schon hin." In dieser Phase werden die großen Unternehmenslegenden geschrieben: Ein kleines Team räumt den Markt ab. David gegen Goliath. Es ist eine Zeit der Energie und des Spaßes. Die Stimmung in Team ist super. Party pur.

Leider nicht dauerhaft. Schon bald überrollt euch der Erfolg. Ihr hatte Wachstum geplant, aber keine Ahnung, was das wirklich heißt. Irgendwann überschreitet die Menge der Aufträge die Kapazität eures Teams. Ihr löscht ein Feuer nach dem anderen. Die Aufgaben schmeißt du hektisch über den Zaun. Das Team wartet nur noch passiv darauf, dass du deine nächsten Anweisungen gibst. Da diese immer zu knapp ausfallen, macht dein Team seinen Job nicht so gut, wie es sich alle wünschen. Und schon startet ein Teufelskreis. Unter dem Druck des ständigen ad hoc und immer neuer Prioritäten sinkt die Stimmung. Überlastung und Frustration.

> **Growth Leader Live: Durchstarten**
>
> Die Langfristperspektive geht in diesem ad hoc oft verloren. Erst wenn man klar signalisiert, dass etwas fehlt und auch die Investoren Druck machen, beginnt man daran zu arbeiten. Das ist aber oft sehr, sehr spät, eigentlich zu spät.
>
> Im Start-up-Umfeld arbeitet man noch extrem agil in Kleinstteams, die dann rapide wachsen. Die Gründer kriegen den Shift oft nicht mit oder können schlecht loslassen. Eben bin ich noch Teil des Teams, ich gebe jede kleinste Strategie vor. Jetzt muss ich mich rausnehmen, mich sozusagen auf den Berggipfel setzen, um zu gucken, wie laufen meine Teams, wie verzahnt sich das? Auf welchen nächsten Gipfel will ich? Welche Themen oder Aspekte sind mir jetzt wichtig, wo ich entweder reingrätsche, oder wo ich den Leuten helfe, die versuchen, auf den Berg zu kommen, auf dem ich schon sitze.
>
> *Dorothee Seedorf, Advisor*
>
> In der ersten Wachstumsphase haben wir zigtausend Baustellen aufgemacht. Es hat sich immer hart angefühlt, das einzugrenzen, denn „Hey, das macht Umsatz". Nun ist unser Ziel: Wieder Fokus haben. In den letzten zwei Jahren haben wir viele der Baustellen wieder zugemacht. Aber der fehlende Fokus hat uns auch Wachstum gekostet.
>
> *Fabian Spielberger, Pepper.com*

Ihr habt jetzt zwei Möglichkeiten: Entweder geht ihr die Herausforderungen der Skalierung an und macht das Unternehmen mit nachhaltigen Strukturen unabhängig von euch. Oder ihr kehrt zur Größe zurück, die ihr hattet, als alles noch rund lief. Als „kleiner Gigant" schafft euer Team ein einzigartiges Angebot. Eure Wahl, beides ist möglich und völlig ok.

**Deine Führungsrolle.** Das Team wächst rasant. Du kannst nicht mehr alles selber machen. Deine Führungsaufgaben in dieser Phase: Ausrichtung, Verantwortungsübergabe und Aufstellen der Grundstrukturen.

Deine Schlüsselkompetenz: Nachhaltig Verantwortung übergeben und loslassen. Die Voraussetzung dafür: Ihr richtet euer Unternehmen proaktiv aus, seid immer einen Schritt voraus. Wohin wollen wir? Was brauchen wir als nächstes? Stellt sicher, dass jeder im Unternehmen weiß, wohin die Reise geht und was euch wichtig ist. Und macht euch eure Ausrichtung auch immer wieder selber klar, denn in der Euphorie des Durchstartens ist die Versuchung groß, viel zu viel Neues anzustoßen.

Wenn du eure Marschrichtung kennst, kannst du deinem Team Verantwortung übergeben und loslassen. Lerne das so früh wie möglich. Denn bald schon übersteigt die Teamgröße deine persönliche Führungsspanne, ihr zieht eine erste Zwischenebene ein. Ohne eine Kultur der Verantwortungsübergabe potenziert sich dann das Desaster.

## Gründer oder CEO? Entscheide dich!

> **Growth Leader Live: Loslassen und Verantwortung übergeben**
>
> Ich weiß es noch wie heute: Christian und ich hatten bis auf 30 Mitarbeiter vorgedacht. An dieser Wachstumsschwelle haben wir uns gefragt „Wow, was machen wir jetzt"? Wir waren gerade umgezogen. Im alten Office saßen zehn Leute wie auf der Hühnerstange. Und dann kamen wir hierher, hatten verteilte Offices, es waren nicht mehr alle Leute in Rufweite. Mit dem wachsenden Team reduzierte sich die Zeit für den Einzelnen. Da mussten wir uns ganz neu reindenken und neue Lösungen finden. Die Kernfrage: „Wie kriegt man das gelöst, damit man sich selbst nicht kaputt macht?"
>
> *Dominik Haupt, norisk Group*
>
> Das mit dem Loslassen und der Führung ging relativ früh los, so bei 15 bis 20. Eine ganze Zeit lang hat es funktioniert, dass ich vorgelebt habe, wie ich im Projekt arbeite. Und das hat dann jeder mitbekommen. Das war die Orientierung. Dann gibt es die Größe, wo das nicht mehr funktioniert, weil ich mit zu vielen Leuten zu wenig Kontakt habe.
>
> *Lutz Wiechert, Feld M*

Und das heißt die Durchstarte-Phase für die fünf Führungskompetenzen:

- **Selbstführung**: Die Phase des Durchstartens ist Emotionalität pur: Von der Unsicherheit des Aufbruchs direkt in die Wachstums-Euphorie. Die dann oft in Hybris umschlägt: *„Alles was ich in die Hand nehme, wird zu Gold"*. Bleibe selbstkritisch: Bin ich noch im Lot? Habe ich einen klaren Kopf? Sehe ich auch die Gefahren?

- **Menschenführung**: Mit der Übergabe von Verantwortung gibst du immer mehr operative Tätigkeiten ab. Dafür geht mehr Zeit in die Führung einzelner Menschen. Stellt sicher, dass eure Kollegen genau wissen, was ihr Job ist. Nehmt euch die Zeit, die Rollen und Verantwortlichkeiten zu definieren. Nur dann zeigen alle ihre volle Leistungsfähigkeit und wachsen an ihren Aufgaben. Lerne, wie du deine Kollegen coachst und gute 1:1-Meetings machst.

- **Teamführung**: Es ist unglaublich viel zu tun, alle sind am Anschlag. Im Gründerteam seht ihr euch immer seltener. Jeder arbeitet auf den eigenen Baustellen, im eigenen Silo. Nehmt euch bei aller Hektik Zeit für die strategische Arbeit und die Reflektion eurer Zusammenarbeit: Wo stehen wir? Wo entstehen gerade Konflikte? Was ist unser Fokus? Sichert das tiefe Vertrauen ineinander, sonst schleichen sich jetzt die Konflikte ein, die euer Team später auseinanderreißen.

- **Großer Traum**: Für große Visionen habt ihr gerade keine Zeit. Ihr Gründer wisst ja eh, was ihr wollt. Eure Kollegen leider immer weniger. Und das macht es ihnen schwer, Verantwortung zu übernehmen: Wie sollen sie Entscheidungen treffen, wenn das Ziel unklar ist? Wenn ihr euch über die fehlende Eigenverantwortung eures Teams ärgert: Hinterfragt kritisch, ob euer Team überhaupt weiß, wofür es Verantwortung übernehmen soll.

- **Wachstumskultur**: Vor lauter Aktionismus kommt eure Kultur unter die Räder. Zwei Dinge helfen jetzt. Erstens: Genau zuhören. Wie erlebt das Team die Zeit? Gibt es erste Warnsignale? Zweitens: Das eigene Verhalten reflektieren. Lebe ich unsere Werte noch vor? Wo verhalten wir uns im Eifer des Gefechts anders, als wir es eigentlich wollen? Wie korrigieren wir das?

## Turbulenzen: Die Skalierung meistern

Eigentlich hattet ihr gedacht, mit dem Markteintritt das Schlimmste überstanden zu haben. Nun werdet ihr eines Besseren belehrt. Was zunächst nach einzelnen Stolpersteinen aussah, wächst sich zu den Turbulenzen der Skalierung aus: Die Kunden werden anspruchsvoller, die Qualität hakt, Umsätze stagnieren, die Zufriedenheit sinkt, fehlende Strukturen produzieren Reibungsverluste. Und keiner fühlt sich verantwortlich.

Der Auslöser: Euer Unternehmen ist über sich hinausgewachsen. Zu schnell für die rudimentären Strukturen und Prozesse, die den Durchsatz jetzt nicht mehr verkraften. Die Turbulenzen sind die zweite Gefahrenzone des Lebenszyklus. Je länger ihr in dieser Phase bleibt, desto größer ist die Gefahr, dass ihr wichtige Kollegen und Kunden, die strategische Orientierung und eure ganze Energie verliert. Eure wichtigste Aufgabe in dieser Phase: Raus aus dem ad hoc und das Unternehmen neu erfinden. Organisatorisch und strategisch.

Schafft jetzt die Basis für nachhaltiges, starkes Wachstum: Stärkt eure Infrastruktur, etabliert klare Strukturen und effektive Prozesse. Und erhöht mit all diesen Maßnahmen euren Durchsatz.

### Growth Leader Live: Turbulenzen

Am Anfang haben wir einen Riesenfehler gemacht: Wir wurden Sklave unserer eigenen Firma. Wir hatten ein Hamsterrad gebaut, in dem wir zwei Gründer ständig laufen mussten, damit die Organisation funktioniert. Für gut drei Jahre waren wir selber die größten Wachstumsverhinderer unseres Unternehmens. Das war schon heftig, festzustellen: Ich selber bin das Problem.

Die Frage, die wir lösen mussten: „Wie schaffen wir es, uns wegzurationalisieren oder uns auszutauschen?" Wir haben komplett umgedacht, neue Strukturen geschaffen, abgegeben. Und dabei intensiv über unsere Rolle und unser Selbstverständnis nachgedacht: Wie möchte ich sein? Wie möchte ich arbeiten und in welchem Umfeld? Das war für uns der größte und der spannendste Wandel.

*Dominik Haupt, norisk Group*

Das ist schon eine der schwierigsten Herausforderungen, eine 50-Personen-Organisation über eine 100-Mitarbeiter- zu einer 200-Personen-Organisation umzubauen. Das ist eine laufende Transformation, das kann nicht jeder. Vor allem in der Phase zwischen 50 zu 100 Kollegen kommt der Schritt vom „Ich bin überall dran, entscheide und mache" zum „I let go".

*Christoph Braun, Acton*

## Gründer oder CEO? Entscheide dich!

Die Turbulenzen sind eine Phase des Aufs und Abs. Wenn ihr sie diszipliniert bewältigt, werdet ihr bald in den Höhenflug kommen. Und dann könnt ihr viel höher fliegen, als ihr euch das je erträumt habt.

**Deine Führungsrolle.** Spätestens jetzt wirst du vom Gründer zum CEO. In der Vergangenheit lief alles über deinen Tisch. Die Grenze der direkten Führung ist erreicht, wenn euer Team größer ist als die „Anzahl der Gründer" mal die „maximale Führungsspanne von 15–25 Kollegen".

Statt selber zu machen, gibst du künftig vor allem die grundsätzliche Ausrichtung vor und hältst nach, ob sie umgesetzt wird. Die meisten Detail-Entscheidungen werden jetzt von euren Führungskräften getroffen.

Und das sind deine fünf wichtigsten Aufgaben in dieser Phase:

- Die Institutionalisierung über Strukturen und Prozesse.
- Die Förderung einer Wachstumskultur.
- Mit dem großen Traum eine begeisternde Perspektive schaffen.
- Das Führungsteam etablieren und zur Höchstleistung bringen.
- Alle über eine umfassende Kommunikation an Bord halten.

Mit der Institutionalisierung macht ihr explizit, was vorher einfach passiert ist: Verantwortlichkeiten, Strukturen, Prozesse. Lohnenswerte Arbeit, die dazu führt, dass alle ohne übermäßigem Abstimmungsbedarf Hand in Hand arbeiten können. Auch wenn das nicht dein Lieblingsthema ist: Nur wenn du als Gründer und CEO dieses Thema sichtbar und glaubwürdig unterstützt, wird es von der Organisation angenommen.

> **Growth Leader Live: Gründer institutionalisieren**
>
> Speziell an dieser Phase ist es, dass wir uns ständig fragen, wie wir uns selber überflüssig machen können. Also: Wie schaffen wir es, uns selber als Gründer durch Institutionen oder Prinzipien abzulösen, damit das Unternehmen auch ohne uns erfolgreich agieren kann. Das finden wir zurzeit eigentlich das Prägendste.
>
> *Alex Mahr & Jan Sedlacek, Stryber*

Eine große Herausforderung der Institutionalisierung ist die Balance zwischen Struktur und Flexibilität. Ihr wollt ja keine Bürokratie werden. Schafft eine starke Kultur, die mit gemeinsamen Werten das Verhalten eures Teams steuert und euch damit viele Regeln erspart. Auch das ist eine zentrale Aufgabe für dich: Als „Chief of Culture" die Entwicklung einer Wachstumskultur forcieren.

In der Durchstarte-Phase seid ihr wahrscheinlich in alle möglichen Richtungen gewachsen. Jetzt solltet ihr euch wieder fokussieren. Reflektiert, was eure Kunden wirklich wollen. Schärft euren großen Traum, hinterlegt ihn mit einer überzeugenden Strategie und klaren operativen Zielen und richtet euer Team auf gemeinsame Prioritäten aus.

Eure Professionalisierung stärkt ihr, indem ihr euer Team mit neuen Kompetenzen stärkt. Ergänzt euer Team mit erfahrenen Führungskräften von außen. Marketing, Vertrieb, Technik und Operations sind die Funktionen, die in dieser Phase oft neu ins Team geholt werden. Passt dabei aber auf, dass diese Menschen wirklich ins Unternehmen und zu eurer Kultur passen. Oft werden jetzt Konzernleute geholt, die von der besonderen Dynamik eurer Entwicklungsphase völlig überfordert sind und eurem Unternehmen damit schaden. Nehmt euch die Zeit, sie ins Team zu integrieren und mit klaren Prioritäten zu führen. Dann profitieren alle.

Schließlich geht in dieser Zeit der Veränderung nichts über eine umfangreiche Kommunikation. Das Team, aber auch die Kunden und Investoren müssen verstehen, was gerade passiert. Da die direkte Kommunikation nicht mehr funktioniert, musst du neue Wege finden. Kommuniziere viel und in möglichst vielen Formaten. Stell sicher, dass jeder weiß, wohin eure Reise geht.

Und das bedeuten die Turbulenzen für die fünf Führungskompetenzen:

- **Selbstführung.** Gehe den Schritt vom Gründer zum CEO ganz bewusst. Mach dir das Für und Wider klar und entscheide dich. Sprich auch mit dem Team darüber, dass ihr in eine neue Entwicklungsphase kommt und was das bedeutet. Ein guter Start in diese neue Phase ist ein umfassender Review deiner Führungskompetenz. Erhebe mit einem 360-Grad-Feedback, wo du als Führungskraft stehst und korrigiere, wo nötig.

- **Menschenführung.** Direkt führst du jetzt vor allem sehr erfahrene Menschen, Experten und Führungskräfte, die in ihren Gebieten oft mehr wissen als du. Stell sicher, dass sie alles haben, was sie brauchen, um ihren Job exzellent zu machen. Sei ihr Sparringspartner und Coach, übe deine Coaching Skills und optimiere deine 1:1-Meetings.

- **Führungsteam.** Ihr erweitert das Gründerteam zum Führungsteam. Neue Manager kommen in den inneren Kreis der Führung. Vielleicht verlässt auch der eine oder andere Mitgründer die Runde. Dein Job ist es, dieses Team zum Hochleistungs-Führungsteam zu machen. Schafft ein Klima des Respekts und Vertrauens, definiert gemeinsam die Ziele und Verantwortung des Teams, erarbeitet eure Strategie und formt eure Kultur. Stellt sicher, dass alle im Unternehmen wissen, wo ihr steht und an was ihr arbeitet. Und gewinnt über die sukzessive Lösung der großen Herausforderungen dieser Phase das Vertrauen des Teams.

- **Großer Traum.** Der Ruf: „Wir brauchen eine Vision!" zeigt, dass ihr das Team in der ersten Wachstumsphase abgehängt habt, vielleicht sogar euch selbst. Nehmt das ernst, denn ein gemeinsamer großer Traum ist für alle ein wichtiger Motivator. Klärt euren großen Traum und macht ihn für alle greifbar. Und übersetzt diesen Traum in eine klare Strategie und operative Ziele.

- **Wachstumskultur.** In der Turbulenzphase wird eure Kultur zu einem zentralen Führungsinstrument. Denn sie institutionalisiert dich. Startet mit einem Review der aktuellen Kultur: Was passt? Wo haben sich Verhaltensweisen eingeschlichen, die ihr nicht wollt? Macht euch eure Werte bewusst und lebe sie gemeinsam mit dem Führungsteam vor. Überprüft auch, ob eure neuen Strukturen mit eurer Zielkultur harmonieren. Prägt eure Wachstumskultur jetzt ganz bewusst.

## Gründer oder CEO? Entscheide dich!

### Höhenflug: Nachhaltiges Wachstum

Endlich ist es so weit: Ihr seid im Höhenflug angekommen und erlebt den kollektiven Flow. Ihr geht völlig in eurer Tätigkeit auf, leistet Unglaubliches und hofft, dass diese Zeit nie vorüber geht. Euer gemeinsames, begeisterndes Ziel reißt alle mit: Kollegen, Kunden und Investoren. Jeder setzt seine Fähigkeiten optimal ein und erreicht Höchstleistungen. Alle tragen Verantwortung. Teamgeist und Leidenschaft sind spürbar. Das Unternehmen läuft fast wie von selbst und führt den Markt. Jetzt wachst ihr wirklich über euch hinaus, jeder Einzelne *und* das Unternehmen.

Wenn ihr den Höhenflug erreicht, gehört ihr zu den wenigen Teams, die nachhaltig wachsen und echten Impact schaffen. Nie zuvor war euer Unternehmen so viel wert. Euer Unternehmen steht auf eigenen Beinen. Du gewinnst damit eine ganz neue unternehmerische und finanzielle Freiheit.

> **Growth Leader Live: Unternehmerische Freiheit im Höhenflug**
>
> Inzwischen habe ich nur noch einen sehr, sehr indirekten Einfluss auf die meisten Dinge. Ich muss ja ins Tagesgeschäft, wenn man ganz ehrlich ist, nicht mehr eingebunden sein. Die Dinge sind alle so gebaut, dass es ohne mich existieren und funktionieren kann.
>
> *Gero Decker, Signavio*

Im Höhenflug sind sechs zentrale Wachstumshebel optimal eingestellt:

- **Kunde.** Ihr seid die Nummer eins im Kopf eurer Kunden und habt den Wettbewerb abgehängt. Ihr versteht eure Kunden wie eure besten Freunde. Ihr löst echte Probleme und bietet eine Erfahrung für alle Sinne. Die Belohnung: Ihr gewinnt replizierbar neue Kunden, meist über begeisterte Empfehlungen eurer Bestandskunden.
- **Strategie.** Gemeinsamen mit euren Kunden und Kollegen teilt ihr einen inspirierenden großen Traum, der weit über euch hinaus geht. Greifbar wird er durch eine klare Strategie und robuste Planungen. Alle im Team kennen ihre Ziele und Prioritäten. Und alle wissen, was ihre Verantwortung ist und hauen dafür voll rein.
- **Führung.** Ihr habt den Generationenwechsel geschafft. Du bist vom Gründer zum CEO geworden. Im Führungsteam arbeiten starke Führungspersönlichkeiten vertrauens- und respektvoll zusammen. In eurer Wachstumskultur sind Vertrauen und Verantwortung gelebte Praxis. Ihr habe ein klares Führungsleitbild und unterstützt die Führungsentwicklung eurer Kollegen.
- **Team.** Die Stimmung ist phantastisch. Ihr seid ein Magnet für die Besten und habt die richtigen Menschen im Team. Klare Ziele und Verantwortlichkeiten motivieren alle zu Höchstleistungen. Jeder sieht seinen Impact und fühlt sich als Mensch wahrgenommen. Ihr entwickelt den ganzen Menschen, denn ihr wisst, dass euer Unternehmen nur wächst, wenn alle wachsen.

▸ **Umsetzung.** Umsetzung ist alles. Exzellente Kundenerfahrungen leben von der Wiederholbarkeit. Ihr habt ein effektives System von Strukturen und Prozessen, die ihr mit kreativer, persönlicher Note ergänzt. Entscheidungen werden möglichst kundennah getroffen. Den gemeinsamen Zielen sind alle verpflichtet, Prioritäten werden rigoros verfolgt und klare KPIs zeigen, wo ihr steht. Das schafft Fokus und Erfolgsgefühle. Aus euren Fehlern lernt ihr konsequent. Ihr hat die richtige Balance zwischen Stabilität und Agilität und erzeugt damit ein unglaubliches Innovationstempo.

▸ **Finanzen.** Eure ambitionierten Wachstumsziele erreicht ihr eigentlich immer. Eure Kosten habt ihr im Griff. Wo sinnvoll möglich, wird automatisiert. Ihr habt euer Ziel erreicht: Das Geschäftsmodell skaliert, die Marge steigt. Und ihr könnt mit einem soliden Cashflow entspannt die nächsten Wachstumsrunden finanzieren.

**Deine Führungsrolle.** Im Höhenflug wird deine Rolle noch übergreifender. Jetzt bist du vor allem Organisationsentwickler, Chef-Innovator und Kulturwächter. Du stellst sicher, dass euer Unternehmen den ständigen Wandel bewältigt, der mit eurem Wachstum zu neuen Höhen einhergeht.

Im Höhenflug wachst ihr immer weiter. Damit müsst ihr eure Organisation immer wieder an die neuen Größenverhältnisse anpassen. Deine Aufgabe ist es, den richtigen Zeitpunkt wahrzunehmen und dann gemeinsam mit dem Führungsteam die notwendigen Anpassungen zu forcieren.

Die größte Gefahr im Höhenflug ist eure Selbstzufriedenheit. Nutze deinen Unternehmergeist, um euer Unternehmen immer wieder herauszufordern. „Disrupt yourself" ist dein neues Motto. Als CEO bist du viel im Markt unterwegs, sprichst mit Kunden, kennst die Wettbewerber. Halte neugierig Ausschau nach den schwachen Signalen der nächsten Welle und helfe deinem Team, sie optimal zu nutzen.

Euer Team wächst schnell, ihr gewinnt erfahrene Manager, die aus anderen Unternehmen kommen. Stell sicher, dass eure Wachstumskultur durch diese neuen Einflüsse nicht geschwächt wird. Achtet darauf, dass alle Menschen im Team, aber auch alle eure Strukturen zu eurer Kultur passen und sie so stärken.

Ihr bleibt im Höhenflug, wenn ihr euch immer wieder den neuen Bedingungen anpasst. Mit all deinen Aufgaben sorgst du dafür, dass euer Unternehmen diesen Wandel annimmt und positiv für sich gestaltet. Natürlich lernst du als auch Führungskraft noch immer dazu. Auch deine Entwicklung stoppt nicht. Aber die Grundlagen sind in dieser Phase gelegt. Jetzt kannst du aus deiner vollen Kraft schöpfen.

**Selbstreflektion**

▸ In welcher Lebensphase seid ihr? Mit welchen Herausforderungen kämpft ihr?
▸ Wie bringt ihr euch in den Höhenflug?
▸ Welche Führungsaufgaben stehen jetzt für euch im Vordergrund?

Gründer oder CEO? Entscheide dich!

# Growth Leader: Haltung für Wachstum

> *„Die Good-to-Great-Führungskräfte wollten nie überlebensgroße Helden werden. Sie haben nie danach gestrebt, auf ein Podest gestellt oder zu unerreichbaren Ikonen zu werden. Sie waren scheinbar gewöhnliche Menschen, die im Stillen außergewöhnliche Ergebnisse erzielen"*
>
> *Jim Collins*

Du hast dich entscheiden, vom Gründer zum CEO zu werden und du verstehst, wie sich deine Führungsaufgaben im Zeitverlauf entwickeln. Noch ist das aber erst mal „nur" eine grobe Rollen- und Aufgabenbeschreibung. Und diese Beschreibung sagt nichts über das Ziel und die Haltung, mit der du diese Rolle ausfüllen willst.

Die Menschen, mit denen wir arbeiten, verbinden mit dem Schritt vom Gründer zum CEO weit mehr als nur einen Job. Sie wollen:

- mit ihrem Team die nächste Stufe des Wachstums erreichen,
- aus einem guten ein großartiges Unternehmen machen und
- ihr Unternehmen langfristig unabhängig von sich machen.

Oft haben sie realisiert, dass sie mit ihrem bisherigen Führungsstil das Wachstum eher bremsen als befeuern. Teilweise haben sie auch schon eine Phase der Stagnation erlebt.

## Built to Stay oder Built to Sell?

Wie aber sieht eine Führung aus, die ein begeisterndes Umfeld schafft und das Unternehmen gleichzeitig unabhängig von dir macht?

**Built to Stay.** Hierzu gibt es viele Untersuchungen. Allen voran die Studien von Jim Collins.[8] Ihre Quintessenz: Großartige Unternehmen werden von Unternehmern geschaffen, die den Menschen ins Zentrum stellen und ein Unternehmen bauen, das für sich steht – nicht für den Unternehmer. Sie schaffen ein Umfeld, in dem die Menschen ihre Potenziale freisetzen und wachsen können. Mit vereinter Kraft setzen sie ein Schwungrad in Gang, das langsam startet, kontinuierlich Momentum aufbaut und immer schneller wird. Das Ergebnis: Nachhaltiges, organisches Wachstum. Sowohl für jeden Einzelnen, als auch für das gesamte Unternehmen.

Einmal angestoßen, fällt es dir als CEO immer leichter, die Dynamik des Schwungrades aufrecht zu erhalten. Du sorgst für die richtigen Rahmenbedingungen und machst das Unternehmen unabhängig von dir.

Solche Unternehmen sind Wachstumsführer: Geschaffen, um zu bleiben.

**Built to Sell.** Das ist nicht die einzige Möglichkeit, Unternehmen zum Wachsen zu bringen. Es gibt auch Unternehmen, die eher aufgepumpt werden, als selber zu wachsen. Wachstum entsteht in ihnen anorganisch, Kunden und Unternehmensteile werden mit viel Kapital und hohen Marketingausgaben zugekauft. In der Hoffnung, dass der Motor irgendwann zündet und dann von selber läuft. Die Unternehmer dahinter wirken oft wie Sisyphos. Von sich und ihrer Bauernschläue überzeugt, glauben sie, mit den richtigen Tricks alle zu überlisten. Der Preis: Der Stein kann nur unter größtem Krafteinsatz nach oben gebracht werden. Kaum losgelassen, rollt er wieder nach unten. Solche Sisyphos-Unternehmer schaffen selten nachhaltige, innovative Geschäftsmodelle. Oft sind es Kopien echter Innovatoren. Geschaffen, um möglichst schnell zu hohen Bewertungen verkauft zu werden. Es ist völlig ok, wenn das dein Ziel ist. Nur lohnt es sich für dich dann nicht, hier weiterzulesen.

> **Growth Leader Live: Built to Sell vs. Built to Stay**
>
> Ich war ja Teil der Generation, die glaubte, es sei das Beste, man gründet eine Firma, verkauft sie schnell weiter und ist dann reich. Wir waren sehr von Studi-VZ und ähnlichen Exits geprägt. Da dachte man: „Okay, das ist der Blueprint für das Unternehmer-Sein". Auch ich habe das anfangs angestrebt. Mit unseren ersten beiden Firmen waren wir in einem sehr technologischen, schwer verteidigbaren Markt unterwegs und hatten VCs mit an Bord. Damit hatten wir kaum die Möglichkeit, langfristig zu denken. Damals habe ich nie gedacht: „Diese Firma baue ich langfristig auf ".
>
> Mit OMR ist das völlig anders. Das ist eine Firma, die aus sich selbst heraus profitabel ist. Wir sind in verschiedenen Themen Marktführer, das lässt sich langfristig verteidigen. Jetzt denke ich: „Ich baue etwas auf, was ich nicht verkaufen muss. Ich kann ein Familienunternehmen aufbauen, mit einer Familie von Führungskräften und Leuten, die da mitwachsen". Das ist eine viel bessere Challenge. Wie sind auch nicht mehr die Verkäufer. Uns geht es so gut, dass wir andere kaufen können. Das ist ein ganz neues Mindset. Ich hätte es früher nicht für möglich gehalten, in so eine Situation zu kommen. Mit Fleiß, guten Ideen und gutem Management können wir jetzt einen Familienbetrieb bauen, in dem mal 300, 400 Leute arbeiten. Diesmal ziehen wir nicht weiter und bauen das nächste auf. Das ist eine andere, vielleicht eine nachhaltigere Perspektive.
>
> *Philipp Westermeyer, OMR/Ramp 106*

## Was dich zum Growth Leader macht

Wenn du dein Unternehmen zum Wachstumsführer machen willst, musst du selber zum Growth Leader werden. Growth Leader teilen vier wesentliche Eigenschaften. Sie haben

- einen großen Traum, den sie zum Fliegen bringen wollen,
- ein offenes Herz für sich und die Menschen,
- einen starken Rücken, der sie klar, integer und resilient macht,
- ein Wachstums-Mindset, das sie über sich hinauswachsen lässt.

Diese vier Eigenschaften bringt der Growth Leader in sein Unternehmen ein und macht es damit zum Wachstumsführer.

## Gründer oder CEO? Entscheide dich!

Wachstumsführer sind außergewöhnliche Unternehmen mit einem großen Traum. Aufgrund ihres starken Rückens kommen sie gestärkt aus den schlimmsten Krisen. Mit ihrem offenen Herz sind sie ein Magnet für die Besten und Lieblingspartner ihrer Kunden. Es sind lernende Organisationen, die immer weiter über sich hinauswachsen.

Das ist kein Zufall. Denn Unternehmen sind immer der Spiegel ihrer Gründer bzw. ihres Führungsteams. Wachstumsführer wirst du mit deinem Unternehmen daher nur, wenn du das Mindset eines Growth Leaders hast.

In den nächsten Abschnitten steigen wir einen Schritt tiefer in die Eigenschaften eines Growth Leaders ein und zeigen, was das für dich bedeutet.

## Großer Traum

Als Growth Leader weißt du, wo du mit deinem Leben hinwillst und kennst dein eigenes Warum. Deine Sehnsucht ist die Superkraft des großen Traums. Du hast einen eigenen großen Traum, aus dem du den großen Traum eures Unternehmens ableitest, eure Mission und Vision.

> **Growth Leader Live: Immer einen Schritt voraus**
>
> Als echter Leader bist du selber Suchender, musst aber gleichzeitig immer einen Schritt voran sein, um glaubhaft zu bleiben. Das ist glaube ich das, was echte Leadership ist. Jemand der weiß, wo es hingeht, der ein bisschen weiter gucken kann, als wir und sich dennoch immer hinterfragt.
>
> *Christoph Braun, Acton*

Du weißt, dass du euren großen Traum nicht alleine erreichen kannst. Daher sammelst du ein Team gleichgesinnter Kunden und Kollegen um dich, dein Traumteam. Du siehst die Menschen hinter den Kunden und Kollegen und begeisterst sie mit einem einzigartigen, auf ihre ganz besonderen Bedürfnisse abgestimmten Wertversprechen. *„Wie helfen wir unseren Kunden, zentrale Probleme zu lösen."* und *„Wir bauen das Unternehmen, für das wir gerne arbeiten."* sind die zwei wichtigsten Antreiber für die Gründung deines Unternehmens.

Euren großen Traum verwirklicht ihr mit hohem Leistungsanspruch und Erfolgswillen. Er gibt Orientierung und ist die Messlatte all eurer Entscheidungen. Damit ist euer großer Traum ein zentrales Führungsinstrument. Ihr kommuniziert euren Traum mit einer begeisternden Mission und Vision. Ihr habt eine klare Strategie und ambitionierte Ziele. Eure Erwartungen sind transparent und nachvollziehbar. Da alle im Team wissen, wohin die Reise geht, können sie unabhängig von konkreten Anweisungen Verantwortung übernehmen und Entscheidungen treffen.

Wachsende Unternehmen stehen nie still, Wandel ist ihr Alltag. Als Growth Leader kennst du die Herausforderungen der Wachstumsphasen und adressierst sie zum richtigen Zeitpunkt. Damit hilfst du deinem Team, den Wandel zu verstehen und schaffst so Sicherheit in der Unsicherheit.

## Offenes Herz

Growth Leader sind demütige Menschen, keine Superhelden. Du reflektierst dich selber intensiv und schätzt dich so, wie du bist, mit all deinen Stärken und Schwächen. Dir ist klar, dass du nicht alles kannst und holst dir aktiv Unterstützung. Mit dem offenen Herzen für dich hast du auch ein offenes Herz für andere. Du gehst authentisch und empathisch auf Menschen zu und schätzt sie in ihrer Vielfalt.

> **Growth Leader Live: Echtes Interesse an Menschen**
>
> Was zeigt, dass jemand das Zeug hat, den Weg zu machen? Ein wichtiges Element ist ein echtes Interesse an Menschen. Es sind Menschen, die in der Gesprächsführung dadurch auffallen, dass sie empathisch zuhören, die verbindlich sind und die nächsten Schritte immer umsetzen. Es sind Leute, denen ihre Unternehmenskultur wichtig ist. Auch ihr Recruiting-Ansatz zeigt viel: Welche Fragen stellen sie? Worauf achten sie? Wie binden sie ihr Team in die Entscheidungen ein? All das sagt viel über ihr Verständnis der Rollen, Mitsprache und Prioritäten.
>
> *Martin Giese, Expreneurs & Autor „Startup Finanzierung"*

Vertrauen ist die Superkraft des offenen Herzens. Als Growth Leader begegnest du allen auf Augenhöhe. Du siehst die ganzen Menschen und ihre Potenziale und nimmst dir Zeit, die Menschen in deinem Team kennenzulernen. Dir ist klar, dass Menschen nur dann wachsen und ihr Bestes geben, wenn sie sich sicher fühlen. Sicherheit und Vertrauen schaffst du mit tragfähigen Beziehungen und klaren Strukturen, Transparenz und Offenheit. Um das zu erreichen, stellst du sicher, dass Probleme und Konflikte jederzeit offen angesprochen werden.

> **Growth Leader Live: Empathie und Selbstreflexion**
>
> Selbstreflektion ist für Gründer sehr wichtig. Gründer sind tendenziell sehr selbstbewusst und von sich überzeugt. Das braucht es, um zu gründen. Um zu führen, brauchst du aber auch Distanz und Coolness. Du solltest deine eigene Meinung nicht überschätzen. Eine gesunde Selbstreflexion ist hilfreich und Enabler für Empathie und ein deutlich besseres Verständnis anderer Menschen. Neben der Empathie braucht es Bescheidenheit und ein bisschen was Dienendes. Sich nicht nur als Fädenzieher oder Marionettenspieler zu sehen, sondern als Enabler oder Catalyst. Man muss weniger sichtbar sein können und auch nicht unbedingt den Credit für alles kriegen.
>
> *Martin Giese, Expreneurs & Autor von „Startup Finanzierung"*

Wie ein Dirigent führst du „mit dem Rücken zum Publikum": Der Applaus gilt deinem Team, nicht dir als Individuum. Damit zeigst du Respekt und Wertschätzung. Du vertraust der Leistungsfähigkeit und -bereitschaft deiner Kollegen und weißt, dass die besten Ergebnisse in Teams mit einem vielfältigen Mindset erarbeitet werden. Teamleistung steht bei dir immer vor Einzelleistung. Du unterstützt die Entwicklung von Hochleistungsteams, in denen Menschen gemeinsam Probleme lösen und miteinander lernen. Mit einem starken, diversen Leadership Team lebst

## Gründer oder CEO? Entscheide dich!

du die unternehmensübergreifende Arbeit tagtäglich vor. Jede Herausforderung, die ihr gemeinsam bewältigt, stärkt euren Teamgeist.

All das wird von einer Kultur getragen, die von Respekt und Wertschätzung, tiefer Verbundenheit, radikaler Aufrichtigkeit und authentischer Vielfalt geprägt ist.

### Starker Rücken

Growth Leader sind integer und klar. Resilienz ist die Superkraft des starken Rückens. Krisen bringen dich nicht aus dem Takt, deine Ziele verfolgst du hartnäckig. Du gibst auch dann nicht auf, wenn dein Ziel nur unter größter Anstrengung zu erreichen ist. Selbst in schwierigen Situationen bleibst du gelassen und gibst dem Team Sicherheit. Und du schaffst eine Organisation, die in kritischen Situationen flexibel reagiert, ohne den großen Traum aus den Augen zu verlieren.

> **Growth Leader Live: Gelassenheit**
>
> Gelassenheit ist eine wichtige Haltung. Wir haben schon so viel gesehen, dass wir uns selber und unsere eigene Meinung nicht mehr zu wichtig nehmen. Wir können gut identifizieren, wenn etwas schlecht ist. Und versuchen dann, das zu verhindern oder zu vermeiden. Damit sind wir schon auf einem recht guten Weg. Ein Problem von vielen Unternehmern ist es, dass sie sich selber zu wichtig nehmen. Sie haben das Gefühl, der Erfolg ist ihr Verdienst und deswegen kannst du es besonders gut und hast auch mehr zu sagen und mehr zu entscheiden. Das Gefühl haben wir nicht. Und ich glaube, das hilft enorm.
>
> *Alex Mahr & Jan Sedlacek, Stryber*

Als Energiequelle deines Teams stellst du sicher, dass dir die eigene Energie nicht ausgeht. Du kennst die Gefahren der Erschöpfung und vermeidest die Gefahrenzone. Basis dafür ist dein eigenes Energiemanagement. Du achtest sorgfältig darauf, in der Balance zu bleiben. Dafür füllst du deine Energiebooster und schließt, wo möglich, deine Energielecks.

Deine Orientierung ziehst du aus einem klaren Wertekompass. Deine Werte lebst du diszipliniert vor und forderst deren Einhaltung glaubwürdig ein. Du misst alle mit einem einheitlichen Maßstab: Dich, deine Kollegen und Kunden. Die Verletzung von Werten und Prinzipien verfolgst du kompromisslos.

Als Growth Leader glaubst du an die Menschen in deinem Team. Den Rücken deiner Kollegen stärkst du, indem du lernst, loszulassen und nachhaltig Verantwortung zu übergeben. Mit jeder Herausforderung, die sie bewältigen, wächst ihr Vertrauen in sich und damit ihre Fähigkeit, noch größere Herausforderungen zu bewältigen. Du hilfst deinen Teams Konflikte produktiv und im Konsens zu bewältigen. Mit definierten Zielen, einem klaren Rahmen und einer guten Taktung bringt ihr das Unternehmen gemeinsam nach vorne.

### Growth Leader: Haltung für Wachstum

> **Growth Leader Live: Verantwortung übertragen**
>
> Der ideale Leadership-Typ ist bei uns einer, der uns glaubhaft vermitteln kann, wirklich Verantwortung auf mehrere Schultern zu verteilen.
>
> *Christoph Braun, Acton*
>
> Das Wichtigste: Abgeben und delegieren können! Ich glaube, die meisten First-Time-CEOs scheitern daran, dass sie zu lange nicht abgeben.
>
> *Manuel Hinz, CrossEngage*

## Wachstums-Mindset

Growth Leader wissen, dass fachliches und persönliches Wachstum Voraussetzung für das Wachstum ihres Unternehmens ist. Daher investieren sie nachhaltig in ihre eigene und in die Entwicklung aller Kollegen.

Selbstreflektion ist die Superkraft des Wachstums-Mindsets. Du hast eine gute Selbstwahrnehmung: Du kennst deinen Traum, deine Werte, deine Stärken und ihre Schattenseiten, deine Energiebooster und -lecks. Du lernst aus Feedback, dass du oft und mit großer Offenheit einholst. Daraus leitest du deinen persönlichen Entwicklungsplan ab, den du genauso konsequent verfolgst wie eure Unternehmensziele. Mit Führungsthemen setzt du dich intensiv auseinander. Du orientierst dich an den Besten und entwickelst daraus deinen eigenen Weg. Damit übernimmst du Verantwortung für dich und wirst zum Vorbild für dein Team.

Du nimmst dir viel Zeit dafür, andere in ihrer Entwicklung zu unterstützen. In der individuellen Führung legst du viel Wert auf Feedback und Coaching. In den Teams nutzt ihr Retrospektiven, um eure Teamleistung zu reflektieren und euch weiter zu verbessern.

> **Growth Leader Live: Selbstreflektion und Lernen**
>
> Es gibt den Typ Leader, der denkt laufend über seine Organisation nach, ist im besten Sinne latent unsicher und deshalb dramatisch besser als viele andere. In seiner Organisation wird er sicherlich nicht als unsicher wahrgenommen, aber das ist einer, der Unsicherheiten zugibt, und der auch nach Coaching fragt.
>
> *Christoph Braun, Acton*
>
> Viele wollen eine große Firma bauen. Aber den meisten ist unklar: Wie sehr muss ich mich verändern, damit ich da hinkomme? Der ständige Wandel, das ständige Infragestellen der eigenen Arbeitsweise. Ist mir das wirklich bewusst?
>
> *Christoph Behn, Better Ventures, ex Kartenmacherei*

## Gründer oder CEO? Entscheide dich!

> Das tagtägliche Lernen ist einer der Gründe, warum ich mache, was ich mache. Wir sind in einem Bereich, wo man lernen kann und wo jeden Tag etwas anderes passiert. Wir kommen nicht mit dem Anspruch, „Ich bin allwissend, ich mache 20 Jahre E-Commerce und habe alles gesehen", sondern mit der Haltung: „Ich komme heute in die Arbeit und ich werde etwas Neues lernen". Damit hat man die Chance, wirklich etwas Neues zu lernen. Das ist für uns ganz entscheidend. Wir haben einfach viel Spaß dabei, zu lernen. Und immer weiterzukommen.
>
> *Dominik Haupt, norisk Group*

Konstantes Lernen ist auch eine zentrale Tugend eurer Wachstumskultur. Ihr seid auf allen Ebenen eine lernende Organisation. Als Unternehmen reflektiert ihr eure Erfolge genauso mit Herzblut wie eure Misserfolge: Was ist da passiert? Was können wir für die Zukunft lernen? Ihr lernt demütig von den Besten: Was machen unsere Konkurrenten und andere Industrien besser? Und ihr überlegt euch, was euch die neuesten Trends sagen: Was müsst ihr lernen, um auch in Zukunft noch außerordentlich zu sein und über euch hinauszuwachsen?

Wenn du mit deinem großen Traum, einem offenen Herzen, einem starken Rücken und einem Wachstums-Mindset zum Growth Leader wirst, dann schaffst du auch ein Unternehmen, das diese Eigenschaften hat.

Dann ist deine Transformation die Basis für die Transformation deines Unternehmens. Denn Unternehmen sind immer der Spiegel ihrer Führung, ihres Gründers oder CEO.

**Selbstreflektion**

- ▶ Welche Eigenschaften eines Growth Leaders lebst du bereits?
- ▶ Wo siehst du das größte Entwicklungspotenzial?
- ▶ Wie überträgst du das auf dein Unternehmen?

## Wegbegleiter: Dein Unterstützerteam

> *Hilf mir, es selbst zu tun. Zeige mir, wie es geht. Tu es nicht für mich. Ich kann und will es allein tun.*
>
> *Maria Montessori*

Du hast dich für den Weg vom Gründer zum CEO entschieden und willst ein echter Growth Leader werden. Du hast eine erste Idee der bevorstehenden Reise. Ein großes Abenteuer steht bevor, du wirst immer wieder Neuland betreten und eigene Grenzen überschreiten.

Da geht es dir wie allen Helden in den großen Epen. Gleich, ob Frodo im „Herr der Ringe" oder Luke Skywalker in „Star Wars": Der Held der Geschichte ist ein ganz normaler Sterblicher. Mal mutig, mal verzagt und auch mal müde von der großen Last. Deshalb unternimmt keiner dieser Helden seine Abenteuer allein.

Im Gegenteil: Alle werden erfolgreich, weil sie das perfekte Unterstützerteam um sich versammeln:

- Einen Kreis von Gefährten, die ihnen helfen, die vielen Kämpfe zu gewinnen. Mal an ihrer Seite, oft aber auch unabhängig von ihnen.
- Einen treuen Begleiter, der jederzeit zu ihnen steht und ihnen die Last abnimmt, wenn es mal zu viel wird.
- Einen Meister, der ihnen als Mentor und Coach hilft, ihre Lage zu reflektieren und die richtigen Entscheidungen zu treffen.

> **Growth Leader Live: Sich helfen lassen**
>
> Am Anfang habe ich versucht, alle Probleme selber zu lösen. Mein Motto damals: Niemals Schwäche zeigen, niemandem sagen, wo es hakt oder drückt. Inzwischen mache ich das genaue Gegenteil. Ich rede komplett offen über meine Probleme. Wenn irgendjemand anderes das weiß, was soll er denn schon damit machen? Aber vielleicht hat er oder sie schon mal das gleiche Problem gehabt und kann mir guten Input geben. Vielleicht sind wir an einer ähnlichen Stelle in der Journey und könnten uns gerade gut austauschen.
>
> Es war für mich ein super Learning, viel offener mit meinen Problemen umzugehen. Auslöser dafür war ein befreundeter Unternehmer. Der hat immer offen über seine Probleme geredet. Das hat mich zuerst irritiert: „Krass, dass du das alles so erzählst." Seine Antwort: „Ja, aber vielleicht kannst du mir helfen und ich sehe keinen Nachteil darin, dass du es weißt". Da dachte ich mir „Eigentlich eine ziemlich gute, pragmatische Herangehensweise."
>
> *Fabian Spielberger, Pepper.com*

Alle diese Unterstützer teilen den großen Traum der Helden. Gleichzeitig ergänzen sie sich durch ihre unterschiedlichen Talente und Perspektiven.

Wie sieht dein Unterstützer-Team aus? Wer begleitet und ergänzt dich? Lass uns das am Beispiel von „Herr der Ringe" anschauen.

## Die Gefährten: Das Führungsteam und Gründer-Netzwerke

Die zentrale Komponente deines Unterstützer-Netzwerks ist das Gründer- oder Führungsteam. Es besteht aus den wichtigsten Vertretern deines Unternehmens und bildet dein Unternehmen im Kleinen ab.

Bei „Herr der Ringe" sind das die Gefährten, Vertreter der verschiedenen Völker, die Frodo bei seiner großen Mission unterstützen. Neben Frodo und Sam gehören den Gefährten zwei weitere Hobbits an, der Zwerg Gimli, die zwei Menschen Aragorn und Boromir sowie Legolas, der Elbe. Immer wieder dabei ist auch Gandalf, der Zauberer, den wir noch als großen Meister kennenlernen.

## Gründer oder CEO? Entscheide dich!

Die Gefährten unterstützen Frodo bei der Erfüllung seiner Mission anfangs direkt, zunehmend aber auf ihren eigenen Wegen. Sie führen die Kriege an, die sich rund um die Mission ergeben und halten Frodo damit den Rücken frei. Genauso ist es bei deinem Führungsteam: Ihr schlagt gemeinsame Schlachten, aber jeder hat auch einen eigenen Verantwortungsbereich.

Wie bei den Gefährten in „Herr der Ringe" ist das Führungsteam besonders erfolgreich, wenn es aus einem bunten Mix unterschiedlicher Charaktere mit vielfältigen Vorerfahrungen und Kompetenzen besteht. Und das bei aller Unterschiedlichkeit doch fest aufeinander eingeschworen ist. Zumindest nach einer gewissen Anlaufzeit. Auch im „Herr der Ringe" gelingt das nicht sofort. Es braucht erst die Erfahrung gemeinsam bewältigter Abenteuer, um wirklich zum Team zu werden. Aber am Ende begegnen sich alle mit großer Wertschätzung und gewinnen gemeinsam.

> **Growth Leader Live: Austausch unter Gründern**
>
> Menschen, die den Weg vom Gründer zum CEO gehen wollen, müssen sich aktiv mit diesem Thema beschäftigen. Und sich dabei auch helfen lassen. Es gibt Leute, die lesen gerne Sachen darüber, Bücher oder Blogbeiträge oder auch Podcasts. Es gibt Leute, die reden gerne darüber, die holen sich einen Coach. Es gibt ja auch viele Selbsthilfegruppen. Ich zum Beispiel war bei der EO – Entrepreneurs Organisation. Da finden sich immer acht Unternehmer zusammen und tauschen sich alle vier Wochen im geschützten Raum intensiv über ihre Themen aus. Das war enorm hilfreich. Da kamen auch immer wieder Themen wie Führung und Gründerkonflikte zur Debatte. In jedem Fall ist es zentral, sich damit zu beschäftigen.
>
> *Tim Schumacher, TS Ventures, ex Sedo*

Erfolgreiche Gründer haben neben ihrem Führungskreis noch eine zweite Gruppe an Gefährten: Gründer und CEOs, die vergleichbare Situationen erleben. Den regelmäßigen Austausch mit ihnen erleben viele Gründer als unglaublich bereichernd. In einer Runde Gleichgesinnter kannst du offen über deine Herausforderungen sprechen und von den Erfahrungen der anderen profitieren. Du erlebst, dass du mit deinen Problemen nicht allein bist.

## Treuer Begleiter: Deine rechte Hand

Dein engster Unterstützer ist der „treue Begleiter", so wie Sam für Frodo. Sam weicht auf der langen Reise nicht von Frodos Seite. Er unterstützt tatkräftig und muntert Frodo in Zeiten des Zweifels immer wieder auf. Durch die gemeinsamen Erlebnisse versteht er Frodo besonders gut.

Dein treuer Begleiter ist ein loyaler Partner, mit dem du über alle Herausforderungen und Probleme reden kannst. In deinem Unternehmen ist das z. B. deine Stabschefin, dein Programm-Manager oder deine Strategin. Auch ein starker Assistent kann diese Rolle haben. Auf jeden Fall ist es ein Kollege, mit dem du besonders vertrauensvoll zusammenarbeitest.

## Wegbegleiter: Dein Unterstützerteam

Typische Aufgabenfelder dieser Rolle sind die Steuerung der strategischen Projekte, der Zielsetzungsprozesse und der Zusammenarbeit im Führungsteam. Sprich, alles rund um die Vorbereitung und Unterstützung deiner Führungsaufgaben. Er oder sie ist gleichzeitig Taktgeber und Nachhalter. Wenn du aus einer Phase kommst, in der du alles selber gemacht hast, wird sich das ungewohnt luxuriös anfühlen. Aber mit einer guten Strategin oder einem starken Programm-Manager an deiner Seite gewinnst du neue Freiräume für die zentralen Unternehmeraufgaben – ein echter Hebel für deine persönliche Effizienz und Effektivität.

> **Growth Leader Live: Deine rechte Hand**
>
> Es gibt verschiedene CEO-Typen. Die meisten haben eher einen Execution-Fokus. Aber das bin ich nicht. Zum Ausgleich haben wir mir einen VP Operations an die Seite gestellt, der das unternehmensweite Programmmanagement macht. Er koordiniert die Initiativen, stellt sicher, dass ein Alignment über die Company hinweg stattfindet, dass das gegenseitige Challenging stattfindet. Er bereitet alle Board- und Annual Meetings vor. Drei-Jahresstrategie, Annual Work Plan, usw. Dafür brauchst du einen Taktgeber, der alle immer wieder erinnert: „Wir wollten das machen, und das, und das. Wo ist der Fortschritt?".
>
> *Gero Decker, Signavio*

Mit deinem treuen Begleiter solltest du blind über die Bande spielen können. Er oder sie sollte ein vergleichbares Mindset haben, gleichzeitig aber deine Schwächen kompensieren. Du arbeitest gerne am großen Ganzen, stößt viele Projekte an? Dann sollte dein Partner das Nachhalten der Projekte lieben. Du vertiefst dich gerne in Details? Dann such dir eine Partnerin für das große Ganze. Toll ist ein Begleiter, der einen frischen Blick auf dein Unternehmen hat und sich nicht scheut, kritische Punkte anzusprechen und schlechte Nachrichten zu überbringen.

Die Rolle der Stabschefin oder des Programm-Managers dient immer auch der Nachwuchsförderung. Mit dieser Rolle gibst du jungen Kollegen die Chance, die Arbeit der Unternehmensführung direkt mitzuerleben.

## Dein Meister: Den richtigen Coach oder Mentor finden

> *Ein Coach ist jemand, der dir sagt, was du nicht hören willst, der dich sehen lässt, was du nicht sehen willst, damit du der sein kannst, von dem du immer wusstest, dass du es sein kannst.*
>
> *Jonathan Rosenberg, Google*

Eine besonders wichtige Rolle kommt in den Epen dem Mentor oder Meister des Helden zu. In „Herr der Ringe" ist das der Zauberer Gandalf. Der Meister ist ein weiser Freund, der dem Helden mit seinem Wissen und seiner Erfahrung zur Seite steht. Er hilft dem Helden, neue Situationen zu verstehen, warnt vor Gefahren und hilft ihm, eigene Lösungen zu finden. Viele Erfahrungen, die für den Helden noch

## Gründer oder CEO? Entscheide dich!

neu sind, konnte dieser Mensch in seinem Leben schon machen und kann sie aufgrund seines profunden Wissens einordnen.

> **Growth Leader Live: Coach und Mentor**
>
> Nach sechseinhalb Jahren haben wir erstmalig Investoren an Bord geholt. Das war sehr heilsam. Bis dahin waren nur wir Gründer da, da drehten wir uns ein bisschen im Kreis. Mit den Investoren kam Léo Apotheker, ex-CEO von SAP, als Chairman an Bord. Das war grandios. Wir haben uns nicht mehr mit Firlefanz aufgehalten, sondern uns auf die wichtigen Dinge konzentriert. Es ist eine Riesenerleichterung, Leute zu haben, die nicht im Daily Doing gefangen sind, sondern von außen draufgucken, viel Erfahrung mit reinbringen und viele andere Firmen gesehen haben. Damit haben wir jetzt einen Frame of Reference.
>
> *Gero Decker, Signavio*
>
> Ein hilfreiches Tool auf dem Weg zur Selbstreflexion sind Mentoren und Vertraute, mit denen man Dinge besprechen kann. Das ist keine Reise, die man alleine gehen muss. Idealerweise hat man einen Lebenspartner, der einen erdet und Feedback gibt. Es lohnt sich auch, nach Mentoren zu suchen, die eine ähnliche Reise gemacht haben, die vielleicht etwas erfahrener sind, oder Menschen, denen man sich anvertrauen kann. Das ist das beste Ventil. Wenn man die Chance hat, geeignete Mentoren zu finden, dann ist man schon relativ robust unterwegs.
>
> *Martin Giese, Expreneurs & Autor von „Startup Finanzierung"*

Auch viele der legendären Gründer und Startup CEOs hatten einen starken Mentor und Coach an ihrer Seite. In ihrem Buch *„Trillion Dollar Coach"* beschreiben Eric Schmidt und seine Google-Mitstreiter Jonathan Rosenberg und Alan Eagle die Arbeit ihres langjährigen Coaches Bill Campbell, der neben ihnen auch Menschen wie Larry Page, Steve Jobs, Jeff Bezos, Ben Horowitz und Sheryl Sandberg begleitete.

Bill Campbell war ursprünglich Football Trainer. Executive Coach wurde er, nachdem er selber lange Startups und etablierte Unternehmen geführt hatte. Die Herausforderungen seiner Mentees kannte er damit aus eigener Anschauung. Seine persönlichen Erfahrungen hatte er in Führungsprinzipien übersetzt, die er seinen Coachees weitergab. Mit seinen Coachees hatte er tiefe Vertrauensbeziehungen. Er unterstützte ihr persönliches Wachstum, ermutigte sie und half ihnen, starke Führungsteams aufzubauen. Coach Bill, wie er liebevoll genannt wurde, zeigt die fünf Eigenschaften exzellenter Coaches. Ein guter Coach oder Mentor

- ▶ sollte den Weg bereits selber gegangen sein und genau wissen, wie es dir geht. Er oder sie hat nicht nur Erfolge erlebt, sondern auch kritische Situationen bewältigt. Denn in schwierigen Situationen lernt man besonders intensiv. Dabei war er mehr Leader als Manager. Er bringt Menschen in die Verantwortung und damit zum Wachsen.

- ▶ bietet konkrete Tools und übergreifende Denkmodelle. Mit konkreten Tools kannst du schnell und pragmatisch erste Erfolge erzielen. Mit übergreifenden Führungsmodellen kannst du dein Unternehmen kreativ weiterentwickeln und einzigartig gestalten. Sei skeptisch gegenüber Coaches, die ein einheitliches

## Wegbegleiter: Dein Unterstützerteam

System vorschlagen. Das ist wie beim Benchmarking: Einheitssysteme schaffen Einheitsunternehmen. Das ist nicht das, was du willst.

- agiert als Coach, nicht als Berater. Natürlich wäre eine gute Berater-Fee großartig, die all deine Probleme löst. Aber wenn du deine eigenen Lösungen entwickelst, wächst du schneller. Dann geht dir die neue Führungshaltung in Fleisch und Blut über.
- adressiert nicht nur dein persönliches Wachstum, sondern auch das Zusammenwachsen des Führungsteams und das Unternehmenswachstum. Das eine funktioniert nicht ohne das andere. Die Skalierung eures Unternehmens ist vor allem eine Führungsaufgabe und hat mit deiner persönlichen Haltung zu tun. Suche dir einen Coach, der alle drei Ebenen versteht und integriert arbeitet.
- fordert dich heraus und hält nach, ob du deine Ziele verfolgst. Dein Coach passt auf, dass du neben den dringenden auch die wichtigen Dinge erledigst. Er erinnert dich hartnäckig an deine Entscheidungen und stellt damit deine Rechenschaft sicher.

Mit einem erfahrenen Mentor oder Coach an deiner Seite gehst du den Weg vom Gründer zum CEO schneller und sicherer als alleine. Arbeite direkt mit ihm oder ihr zusammen, lass dich aber auch bei der Arbeit mit dem Führungsteam unterstützen. In vielen Teammeetings kann dich dein Coach durch die Übernahme der Moderation entlasten.

Nimm dir die Zeit, den richtigen Mentor oder Coach zu finden und arbeite dann langfristig mit ihm oder ihr zusammen. Nur dann lernt ihr euch wirklich kennen und baut das notwendige Vertrauen auf. Coach Bill hat das Google-Management über 15 Jahre begleitet. Mit Eric Schmidt tauschte er sich wöchentlich aus. Er war auch Teilnehmer in dessen Teammeetings. Dort sicherte er den Kommunikationsfluss, identifizierte Konflikte und sah zu, dass die gemeinsamen Entscheidungen auch wirklich realisiert wurden.

Wenn du nach deiner Entscheidung für den Weg vom Gründer zum CEO nun auch noch dein Gefährten-Team aufgestellt hast, bist du bereit für die große Reise in den Höhenflug.

---

### Selbstreflektion

- Wie sieht dein Unterstützer-Team aus? Wer sind deine Gefährten? Wer ist dein treuer Begleiter? Wer ist dein Mentor oder Coach?
- Was ist dein nächster Schritt, um dein Unterstützer-Team aufzustellen?

Gründer oder CEO? Entscheide dich!

## Check-out

Die Reise vom Aufbruch bis in den Höhenflug zeigt:

**Führung ist eine kontinuierliche Entwicklung.** Jeder kann vom Gründer zum CEO werden. Voraussetzung: Führung und der unbedingte Willen, diesen Weg zu gehen. Du kannst dich jederzeit für diesen Weg entscheiden. Je früher, desto besser. Denn Meisterschaft passiert nicht einfach so. Auch die Meisterschaft der Führung braucht ihre 10.000 Übungsstunden. Nicht irgendwie, sondern bewusst und reflektiert. Übe früh im kleinen Rahmen, um dich dann im großen Team sicher zu fühlen. Finde deinen eigenen Stil. Lerne nicht alleine: Schaffe dir ein starkes Unterstützer-Team: Unterstützt euch im Führungsteam, suche dir einen treuen Begleiter, und tausch dich mit Menschen aus, die diesen Weg bereits gegangen sind. Hilfreich ist immer auch ein Mentor oder Coach.

**Führung macht wirksam.** Viele Gründer sehen sich als Macher. Sie lieben es, ihre Wirksamkeit direkt zu erleben. Führung ist für sie erst mal zu soft, zu wenig greifbar. Wenn du Menschen entwickelst und Teams zu Hochleistung führst, ist der Effekt zwar nicht sofort sichtbar, aber du potenzierst deine Wirksamkeit. Und das wirst du auch bald spüren: Unternehmen, die von Gründer-CEOs geführt werden, sind signifikant erfolgreicher als die von professionellen CEOs geführten.

**Führung ist machbar.** Dass es endlos viel Führungsliteratur gibt, heißt nicht, dass das Thema endlos ist. Führungskompetenz ist lernbar. Wie jede andere Kompetenz auch. Je bewusster du übst, desto schneller wirst du darin Meister. Du brauchst nur wenige Grundkonzepte und Führungstools, um gut zu führen. Dieses Buch stattet dich mit den wesentlichen Konzepten und Tools aus. Für alle Bereiche der Führung: Selbstführung, Menschenführung, Teamführung, den großen Traum und eure Wachstumskultur.

**Wachse über dich hinaus, werde zum Growth Leader!** Ohne die richtige Haltung ist „CEO" nur ein Job. Schaffe das Unternehmen deiner Träume. Ein Unternehmen, das alle begeistert. Dich, deine Kollegen, eure Kunden und Investoren. Als Growth Leader bringst du dein Unternehmen mit einem großen Traum, einem offenen Herzen, einem starken Rücken und deinem Wachstums-Mindset dazu, in den Höhenflug zu kommen. Und du schaffst einen Wachstumsführer, der über sich hinauswächst, weil jeder Einzelne wächst und sein Bestes gibt.

### Deine Rolle als CEO

- Entscheide dich bewusst, vom Gründer zum CEO zu werden. So bewusst, wie du dich für die Gründung deines Unternehmens entschieden hast.
- Du kannst dich jederzeit für diesen Schritt entscheiden. Je früher, desto besser. Dann hast du mehr Zeit, die verschiedenen Führungskompetenzen zu lernen und optimieren.
- Reflektiere, was das für dich heißt und plane die Entwicklung deiner Führungskompetenz. Dieses Buch ist dein Wegbegleiter.

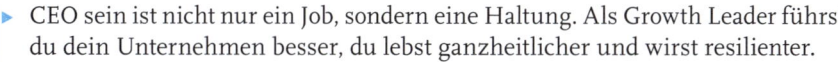

- CEO sein ist nicht nur ein Job, sondern eine Haltung. Als Growth Leader führst du dein Unternehmen besser, du lebst ganzheitlicher und wirst resilienter.
- Verpflichte dich öffentlich zu diesem Schritt. Lass dich von deinem Team und deinem Umfeld unterstützen. Das macht alles einfacher.
- Suche dir frühzeitig das richtige Unterstützer-Team. Kein Held geht seinen Weg alleine.

## Reflektion & Aktion

Du weißt jetzt, wo die Reise hingehen sollte. Sicher gehen dir viele neue Gedanken durch den Kopf. Versuche diese als Basis für deinen Aktionsplan zu reflektieren:

- Wie klar bist du in deiner Entscheidung? Was brauchst du noch?
- Wie kannst du den anderen deine Entscheidung vermitteln? Wie machst du sie zu deinen Sparringspartnern?
- Wie stehst du aktuell in den fünf Feldern der Führung: Selbstführung, Menschenführung, Teamführung, großer Traum und Wachstumskultur? Wo siehst du den größten Handlungsbedarf?
- Wo steht ihr im Lebenszyklus eures Unternehmens? Seid ihr in einer der Gefahrenzonen? Welche Bedeutung hat das für deine Führung? Was sollte jetzt im Vordergrund stehen?
- Was bedeutet es für dich, ein Growth Leader zu sein? Musst du deine Haltung anpassen?
- Wer fehlt noch im Unterstützer-Team? Wo findest du die richtigen Gefährten, die treue Begleiterin, den Mentor oder Coach?

Diskutiere diese Punkte gemeinsam mit Vertrauten und deinen Mitgründern. Schau dir auch nochmal die Aufbruchssignale an. Und starte dann deine eigene Transformation. Werde vom Gründer zu CEO.

Kommuniziere dein Vorhaben explizit an das Team. Damit signalisierst du, dass du einen echten Wandel anstrebst und nicht nur dich, sondern auch euer Unternehmen auf das nächste Level bringen willst. Dass du aus eurem Unternehmen mehr machen willst. Du willst einen Wachstumsführer schaffen und selber Growth Leader werden.

Von wo auch immer du startest. Ich bin fest davon überzeugt, dass du den Weg vom Gründer zum CEO erfolgreich gehen kannst. Du kannst alles lernen, was du brauchst, um ein guter Gründer-CEO zu werden und über dich hinauszuwachsen. Es ist keine Frage des Könnens, sondern des Wollens und daran Glaubens.

Auch wenn das jetzt pathetisch klingt. Das ist mein Glaubenssatz:

**Jeder kann lernen CEO zu werden und sich und sein Unternehmen zum Fliegen bringen.**

# SELBSTFÜHRUNG: WERDE ZUM GROWTH LEADER

........................................

„Unternehmer zu sein ist das beste persönliche Entwicklungsprogramm der Welt, denn wenn du nicht wächst, wächst dein Unternehmen auch nicht."

David Hieatt, Gründer und CEO von Hiut Denim Co"

## Selbstführung: Werde zum Growth Leader

Du hast dich entschieden, den Weg vom Gründer zum CEO zu gehen. Was für eine wunderbare Entscheidung! Und besser noch: Du möchtest das mit dem Mindset eines Growth Leaders machen. Mit einem großen Traum, offenem Herzen, starken Rücken und einem Wachstums-Mindset. Du bist bereit, über dich hinauszuwachsen.

Als Growth Leader führst du zuallererst dich selbst. Du reflektierst dich selber intensiv, lernst dich mit allen Facetten kennen und verstehst deine Wirkung auf dein Umfeld.

Du hast einen großen Traum. Dein ganzheitliches Lebensziel begeistert dich immer wieder aus Neue und gibt dir Energie. Zusammen mit deinen Werten ist es der verlässliche Maßstab deiner Entscheidungen.

Du hast ein offenes Herz für dich. Du bist kein Superstar, sondern ein ganz normaler Mensch. Du verstehst die hellen Seiten deiner Stärken, aber auch die dunklen, die dich entgleisen lassen. Du löst die Bremsen, die dir deine limitierenden Glaubenssätze auferlegen. Damit öffnest du dein Herz für dich und für all die Menschen um dich herum.

Du hast einen starken Rücken. Resilienz ist deine Superkraft. Krisen bringen dich nicht aus dem Takt. Deine Ziele verfolgst du hartnäckig und überwindest damit alle Hürden. Du gibst deinem Team Energie. Das machst du möglich, indem du gut für dich sorgst und sicherstellst, dass deine Batterien immer aufgeladen sind.

Du wächst über dich hinaus. Auf Basis deiner guten Selbstwahrnehmung entwickelst du dich systematisch weiter. Tag für Tag. Mutig verlässt du deine Komfortzonen und lässt dich auf neue Erfahrungen und Herausforderungen ein. Du weißt, dass du alles lernen kannst, was du brauchst.

Als Growth Leader schaffst du dir einen weiten Aktionsraum: Du kannst Gründer *und* CEO. Startup *und* Wachstumsunternehmen. Du entscheidest dich bewusst und frei. Aus der Fülle deiner Erfahrungen.

## Check-in

> Am besten stimmst du dich auf deinen Weg zum Growth Leader ein, indem du dir die folgenden Fragen stellst:
> - Wie bewertet mein Team meine Führung? Wo sieht es mich auf dem Weg zum Growth Leader? Was mache ich gut, was weniger?
> - Was sind meine Stärken? Wie nutze ich sie in meiner täglichen Arbeit? Was sind meine Schwächen? Wie kompensiere ich sie?
> - Was sind meine persönlichen Werte? Wie zeigen sie sich? Wie lebe ich sie?
> - Habe ich einen großen Traum für mein eigenes Leben? Wie begeistere ich mich selber?

# Check-in

- Wie sehen meine dunklen Seiten aus? Was lässt mich entgleisen?
- Habe ich das Gefühl, trotz großer Anstrengungen auf der Stelle zu treten?
- Wie resilient bin ich? Bleibe ich auch in schwierigen Situationen und bei Rückschlägen der ruhende Pol des Teams?
- Wie gut bin ich darin, meine Energie immer wieder aufzuladen? Weiß ich, was mir Energie gibt, und was sie mir nimmt?
- Wie gestalte ich meinen Lernprozess als Growth Leader?

Es gibt eine ganze Reihe von Aufbruchssignalen, die dir zeigen, dass es Zeit ist, dich aktiv mit deiner eigenen Entwicklung auseinanderzusetzen. Schau dir diese Liste nicht nur alleine an, sondern diskutiere sie mit vertrauten Kollegen und lieben Menschen aus deinem Familien- und Freundeskreis.

### Aufbruchssignale „Selbstführung"

*Bewerte die Signale auf einer Skala von 1: keine bis 5: große Herausforderung*

|  | |
|---|---|
| Mir werden immer wieder Klagen über meinen Führungsstil zugetragen. | ☐ |
| Ich höre, dass wir eine Angstkultur geprägt haben. | ☐ |
| Ich habe das Gefühl, dass mir alle nur noch nach dem Mund reden. | ☐ |
| Mir ist die Begeisterung für meine Company abhandengekommen. | ☐ |
| Ich weiß nicht, was mir wirklich wichtig ist. | ☐ |
| Ich arbeite mich an meinen Schwächen ab, das kostet viel Energie. | ☐ |
| Ich frage mich regelmäßig, ob ich der Richtige für diesen Job bin. | ☐ |
| Ich sabotiere mich in der Interaktion mit Menschen immer wieder selber. | ☐ |
| Ich habe das Gefühl, mir selber im Wege zu stehen. | ☐ |
| Es fällt mir schwer, mich nach Rückschlägen wieder zu motivieren. | ☐ |
| Ich schlafe oft schlecht und kann mich kaum entspannen. | ☐ |
| Ich kümmere mich nicht um meinen eigenen Ausgleich. | ☐ |
| Ich weiß nicht, ob ich die Energie für den nächsten Schritt habe. | ☐ |
| Ich reflektiere meinen Führungsstil und meine Wirkung nur selten. | ☐ |
| Ich fühle mich mit meinen Herausforderungen allein gelassen. | ☐ |

Je mehr Fragen du mit 3 und mehr Punkten bewertest, desto klarer ist das Signal: Zeit für den Aufbruch. Auch wenn es nur einzelne Herausforderungen gibt: Dich selber zu führen ist ein nie endender Prozess. Bleib am Ball, auch wenn alles super läuft.

## Selbstführung: Werde zum Growth Leader

### Ausblick auf das Kapitel „Selbstführung"

In diesem Kapitel setzt du dich mit wesentlichen Eckpunkten der Selbstführung auseinander und legst die Grundlage für deinen Weg zum Growth Leader. Und das sind die Themen der nächsten Abschnitte:

**Die Basis.** Beginne deine Reise mit einer Standortbestimmung. Wie sieht heute dein Führungsverhalten aus? Wie siehst du dich und was sagt dein Team? Hol dir dazu umfassendes Feedback ein. Der Proviant deiner Reise sind deine „Signaturstärken", die Talente und Charakteristika, die dich als Mensch ausmachen. Verstehe, wie sie für dich wirken.

**Großer Traum.** Entwickle dann deinen eigenen großen Traum. Wohin geht deine persönliche Reise? Welche Werte zeigen dir den Weg? Wenn du all das integrierst, kannst du aus dem Vollen leben.

**Offenes Herz.** Keiner von uns ist perfekt. Das Feedback hat Themen hochgebracht, die du vielleicht nur schwer akzeptieren kannst. Du schwankst zwischen Abwehr und Selbstkritik. Jetzt brauchst du ein offenes Herz für dich selber. Nähere dich den dunklen Seiten deiner Stärken mit viel Selbstfürsorge. Löse limitierende Glaubenssätze auf. Dann wirst du frei, neue Wege zu gehen.

**Starker Rücken.** Eine wesentliche Eigenschaft von Growth Leadern ist Resilienz. Growth Leader sind der starke Rücken, an den sich das Team in Krisenzeiten anlehnen kann. Deine Resilienz stärkst du mit einem guten Energiemanagement: Du schließt Energielecks und füllst deine Energiebooster. Und vertreibst damit den größten Feind von Growth Leadership: Die wachsende Erschöpfung bis zum Burnout.

**Wachstum-Mindset.** Mit all diesen Überlegungen verstehst du dich viel besser und kannst deine Lernreise beginnen. Wachse über dich hinaus! Gib dir einen Entwicklungsplan, verpflichte dich zu deinen Entwicklungszielen und nähere dich mit konkreten persönlichen Zielen Etappe für Etappe deinem Ziel. Nutze persönliche Reviews, um deinen eigenen Fortschritt wahrzunehmen und zu feiern.

### Die Basis: Verstehe deinen Startpunkt

> *Das gute Leben besteht darin, Glück zu erlangen, indem man seine Signaturstärken jeden Tag in den wichtigsten Lebensbereichen einsetzt. Das sinnvolle Leben fügt eine weitere Komponente hinzu: Die Nutzung dieser Stärken, um Wissen, Macht oder Güte weiterzugeben.*
>
> *Martin Seligman*

Du stehst vor einer große Lernreise Richtung Growth Leader. Aber von wo aus startest du diese Reise überhaupt? Wie führst du heute? Was läuft bereits gut, wo besteht Entwicklungsbedarf? Und was sind deine persönlichen Ressourcen, die Stärken, auf die du bauen kannst?

## Die Basis: Verstehe deinen Startpunkt

## 360-Grad-Feedback als Ausgangsbasis

Wahrscheinlich hast du beim Lesen der Eigenschaften und Führungskompetenzen von CEO und Growth Leader bereits eine mentale Checkliste mitlaufen lassen: Top, mache ich schon; OK, geht so; Autsch, da sollte ich mal ran ... Wenn nicht, dann ist es jetzt ein guter Zeitpunkt, diese Beschreibungen noch mal in Ruhe durchzulesen.

---

**Selbstreflektion**

Wo stehst du heute auf dem Weg zum CEO und Growth Leader? Geh die Eigenschaften durch und identifiziere jeweils 3 Felder:

▶ **Verstärken:** Hier läuft es richtig gut. Kollegen schätzen dich für diese Kompetenzen. Überlege dir, wie du diese Stärken noch besser nutzen kannst.

▶ **Ausbauen:** Diese Felder sind dir wichtig, aber sie kommen noch nicht richtig zur Geltung. Was fehlt noch, um richtig gut zu werden?

▶ **Lernen:** Wo siehst du deinen größten Entwicklungsbedarf? Wozu gab es kritisches Feedback? Was willst du lernen, um besser zu werden?

---

Deine Selbstreflektion hilft dir bei der Ermittlung deines Startpunkts, ist aber leider nicht mal die halbe Miete. Denn die wahre Qualität deiner Führung können nur die Betroffenen bewerten: Deine Kollegen, Mitgründer, ehemalige Chefs, Beiräte und Investoren. Hole dir zusätzlich zur Selbstreflektion Feedback von diesen Menschen. Für dieses Feedback gibt es zwei Varianten.

**Kleines Leadership-Feedback**: Du sprichst vertraute Kollegen an und bittest sie um schriftliches Feedback anhand von drei Fragen (siehe Toolbox). Das schriftliche Format gibt dir eine Grundlage, über die du besser nachdenken kannst. Und die Distanz, die du brauchst, um das Feedback zu verdauen, bevor du darauf reagierst.

---

**Toolbox: Kleines Leadership-Feedback[10]**

Eine Bitte um Feedback könnte folgendermaßen aussehen:

Liebe …,/Lieber …, ich arbeite an einer Reflektion meines Führungsverhaltens, um darauf basierend meine Lernreise für die nächsten Jahre zu gestalten. Damit ich nicht in meiner Selbstwahrnehmung stecken bleibe, hätte ich gerne Feedback von einigen vertrauenswürdigen Kollegen. Magst du mich dabei unterstützen? Es wäre toll, wenn du die folgenden 3 Fragen beantwortest:

▶ **Wenn ich in deinen Augen in Bestform bin, was beobachtest du dann bei mir?** Gib mir gerne konkrete Beispiele. Sie helfen mir, die Situationen besser zu verstehen. Welche Verhaltensweisen siehst du? Welche Auswirkungen hat mein Verhalten auf dich und/oder andere?

▶ **Was hindert mich daran, öfter in Bestform zu sein?** Gerne wieder mit konkreten Beispielen. Wie verhalte ich mich? Welche Auswirkungen hat das?

▶ **Was empfiehlst du mir noch, damit ich mein bestes Selbst öfter zeige?** Was ist der kleinste Schritt, der den größten Unterschied macht?

## Selbstführung: Werde zum Growth Leader

Das kleine Leadership-Feedback bietet sich an, wenn ihr bereits relativ offen über eure Verhaltensweisen sprecht und du gut darin bist, Feedback anzunehmen. Erfahrungsgemäß antworten die Feedbackgeber auf diese Fragen sehr differenziert und wertschätzend. Der Nachteil: Durch die drei Fragen bekommst du nur Aussagen zu einem begrenzten, subjektiven Ausschnitt deines Führungsverhaltens. Der Raum für blinde Flecken bleibt relativ groß.

**360-Grad-Feedback.** Eine umfassende Perspektive bekommst du mit einem moderierten 360-Grad-Feedback. In diesen zweistufigen Prozess bittest du mindestens sechs, gerne auch mehr Menschen aus deinem professionellen Umfeld um Rückmeldung. Die Feedbackgeber sollten das volle Spektrum deiner Beziehungen abdecken: Mitgründer, Kollegen, Beiräte, Investoren ggf. sogar Geschäftspartner. 360 Grad eben.

**Erste Stufe: Fragebogen.** In der ersten Runde beantworten alle, auch du, einen umfangreichen Fragebogen, der alle Felder der Führung adressiert. Das Leadership Inventory[11] von Marshall Goldsmith oder der Volate Growth Leader Review arbeiten mit Fragebögen, die aus 80-100 Kommentaren zu allen Feldern der Führung bestehen, die entlang einer einheitlichen Skala bewertet werden. Die Antworten werden durch einen Dritten, z. B. deinen Coach, oder jemandem aus dem Personalteam verarbeitet. Dabei werden nicht nur Stärken und Schwächen identifiziert, sondern auch Felder mit großen Abweichungen zwischen deiner Selbsteinschätzung und dem Feedback: Deine blinden Flecken und Felder, in denen du zu selbstkritisch bist.

**Zweite Stufe: Persönliche Vertiefung.** In der zweiten Runde werden vertiefende Interviews mit ausgewählten Teilnehmern geführt. Diese Gespräche hinterlegen die Bewertungen aus dem Fragebogen mit konkreten Situationen und Erfahrungen. Diese Gespräche führt der Moderator, der dann alles integriert.

Die Ergebnisse dieses großen Feedbacks werden abschließend in einer längeren Sitzung mit dir besprochen. Im gesamten Prozess wird Vertraulichkeit gewahrt. Das unterstützt eine größere Offenheit des Feedbacks, hilft dir aber auch, dich bei der Annahme des Feedbacks auf dein eigenes Verhalten zu konzentrieren, statt auf das Gegenüber und die spezifische Situation einzugehen.

> **Growth Leader Live: 360-Grad-Feedback**
>
> Ich lerne und reflektiere sehr viel. Wichtig ist für mich ein regelmäßiges 360-Grad-Feedback von meinen Investoren, Mitgründern, anderen Geschäftsführern und Mitarbeitern. Es hilft, wenn man weiß, woran man arbeiten kann. Man gewinnt aber auch Vertrauen. Dummerweise sagt einem ja keiner, wo man steht. Jeder sagt „Ja, toll und Glückwunsch und super mit Zenjob", auch die Investoren. Ob irgendwann deine Uhr tickt, kriegst du andernfalls schwer mit. Das 360-Grad-Feedback schafft ein gutes Grundvertrauen.
>
> *Fritz Trott, Zenjob*

Der Aufwand eines 360-Grad-Feedbacks lohnt sich, wenn du ein umfassendes Verständnis deiner bisherigen Führungskompetenzen suchst. Es identifiziert nicht nur die offensichtlichen Stärken und Schwächen, sondern auch bisher unausgesprochene „Rosa Elefanten". Das vertrauliche Feedback bietet sich insbesondere an, wenn ihr eine Angstkultur habt oder zu übermäßiger Harmonie neigt.

### Die Basis: Verstehe deinen Startpunkt

**Die richtigen Feedbackgeber.** Gleich welches Format du wählst. Entscheidend für die Qualität des Feedbacks ist eine sorgfältige Auswahl der Feedbackgeber. Sie sollten

- dich als Mensch schätzen und dir helfen wollen. Menschen, die einen persönlichen Groll hegen, geben selten hilfreiches Feedback.
- offen und ehrlich sein, nicht mit der Wahrheit hinterm Berg halten. Lobhudelei hilft dir nicht weiter.
- bereit sein, dich aktiv in deiner Weiterentwicklung zu unterstützen.

Nach dem Feedback geht es an die Verarbeitung: Welche Stärken sollte ich noch mehr einsetzen? An welchen Feldern sollte ich dringend arbeiten?

---

#### Selbstreflektion

- Was sind deine drei wichtigsten Entwicklungsfelder?
- Was kannst du tun, um besser zu werden? Wer unterstützt dich dabei?
- Wie sprichst du mit dem Team über deine Erkenntnisse? Wie kann es dich in deiner Entwicklung unterstützen?

---

## Verstehe deine Signaturstärken

Das Feedback hat dir geholfen, zu verstehen, wie du dich als Führungskraft verhältst und wo du Entwicklungsbedarf hast. Dabei ging es vor allem um Verhaltensweisen, die *jede* Führungskraft beherrschen sollte.

Darüber hinaus hast du aber auch ganz individuelle Stärken. Persönliche Eigenschaften, wie z. B. Leistungsorientierung, analytisches Denken oder Tatkraft, die deine Führungspersönlichkeit prägen. Diese Signaturstärken sind gemeint, wenn von einer stärkenbasierten Führung gesprochen wird.

Wenn du deine Arbeit so gestaltest, dass du vor allem mit deinen Signaturstärken arbeitest, bist du authentisch, die Arbeit fällt dir leicht und macht Spaß. Du steigerst die Wahrscheinlichkeit, dass du in den hochproduktiven Flow kommst. Die Arbeit mit den eigenen Stärken gibt dir Energie, statt sie zu nehmen, und fördert damit deine Resilienz.

Das Verständnis eurer jeweiligen Stärken ist essenziell für die Zusammenarbeit im Gründer- und Führungsteam: Wenn ihr eure Stärken kennt, könnt ihr das Führungsteam so aufbauen, dass ihr euch optimal ergänzt und gemeinsam alle Kompetenzen abdeckt, die ihr für die Führung eures Unternehmens benötigt.

Idealerweise seid ihr bereits bei der Gründung mit einem klaren Verständnis eurer individuellen Stärken gestartet und habt eure Arbeitsfelder entsprechend aufgeteilt. Daneben habt ihr aber auch Aufgaben übernommen, die euch eventuell nicht so lagen. Aber solange ihr kein Team hattet, musste es eben jemand aus dem Gründerteam machen. Das ändert sich mit dem Wachstum des Unternehmens. Je größer

## Selbstführung: Werde zum Growth Leader

euer Team ist, desto leichter kannst du deine Rolle so gestalten, dass sie deine Signaturstärken optimal nutzt. Und die Aufgaben abgeben, die andere besser können.

**Signaturstärken.** Genau das tun Growth Leader: Sie haben ein gutes Verständnis ihrer Signaturstärken und gestalten ihre Rolle und die Teamzusammensetzung aktiv. Das Ergebnis: Hochleistung und langfristige Zufriedenheit.

Ein Verständnis deiner Signaturstärken bekommst du über Selbstreflektion und Gespräche mit Menschen, die dich gut kennen. Hilfreich sind auch Persönlichkeits- und Stärkentests. Fast alle Growth Leader, mit denen ich spreche, erwähnen, wie hilfreich die Arbeit mit diesen Profilen für sie ist. Sie helfen ihnen nicht nur, die eigenen Verhaltensweisen, Stärken und Schwächen besser zu verstehen. Sie sind auch die Basis für ein besseres Verständnis ihrer Mitgründer und Kollegen.

**Persönlichkeitsprofile.** Persönlichkeitstests wie der Myers-Briggs Type Indicator (MBTI), DISC oder LINC typologisieren Menschen entlang verschiedener Kriterien und fassen diese in Muster zusammen. Es ist immer wieder erstaunlich, wie sehr die resultierenden Typen das eigene Verhalten spiegeln. Zu vielen dieser Profile, allen voran dem MBTI, findest du im Internet kostenlose Tests und Auswertungskommentare. Themen dieser Kommentare sind grundsätzliche Verhaltenspräferenzen, die Zusammenarbeit mit anderen, Führungskompetenzen u. v. m.

> **Toolbox: Myers Briggs Type Indicator (MBTI)**
>
> Mit dem MBTI kannst du deine Persönlichkeitspräferenzen und Verhaltensmuster reflektieren. Grundlage des 1944 von K. C. Briggs und I. Myers entwickelten Tests ist die Typologielehre des Psychologen C. G. Jung. Der Test leitet 16 Persönlichkeitstypen aus der Präferenz zwischen jeweils zwei Polen ab. Die Pole sind: Extraversion (E) und Introversion (I), Sensorik (S) und Intuition (N), Entscheidungsfindung über Denken (T) oder Fühlen (F), Beurteilen (J) und Wahrnehmen (P).
>
> Erhoben werden die Präferenzen über einen Fragebogen. Idealerweise erfolgt die Auswertung in Diskussion mit einem Coach. Du kannst dich aber anhand der vielen Materialen und Kommentare, die es zum MBTI gibt, auch selber mit deinem Profil auseinandersetzen. Einen guten Test und umfangreiche Beschreibungen findest du unter: https://www.16personalities.com/de. Anregende Kommentare zum Fit von je zwei Typen findest du unter https://www.truity.com/page/personality-type-interactions-compatibility.

So spannend diese Modelle sind, so gefährlich können sie auch sein. Vordefinierte Profile führen tendenziell dazu, dass du dich selber oder andere in eine Schublade steckst. Wie schnell heißt es dann: „Ich bin halt dominant, lebt damit!" (DISG) oder „Der ist ein INTJ, also ist er etwas asozial, Kismet." (MBTI).

**Stärkenanalysen.** Die bekanntesten Stärkentests sind der Gallup Strength Finder oder der VIA Test der Charakterstärken. Das Ergebnis dieser Tests ist eine Liste deiner Signaturstärken. Der VIA Test betrachtet deine generellen Charakterstärken, der Strengths Finder vor allem Stärken, die für die Arbeit in Organisationen von Bedeutung sind. Indem sie nur die Stärken in der Reihenfolge ihrer Bedeutung für dich auflisten, sind diese Tests offener gehalten. Sie umgehen den Kritikpunkt des Schubladendenkens, dafür musst du dich intensiver und kreativer mit den Implikationen für dich auseinandersetzen. Spannend ist auch Standout 2.0, ein Test am Übergang zwischen Stärkenanalyse und Persönlichkeitsprofil.

> **Toolbox: Tests für deine Stärkenanalyse**
>
> ▸ **VIA Charakterstärken:** Kommt aus der positiven Psychologie. Bewertet deine Ausprägung von 24 Charakterstärken. Output: Komplette Liste der 24 Stärken sortiert nach Stärke der Ausprägung. Die Top 5 Stärken sind deine Signaturstärken. Kostenlos unter www.viacharacter.org/ (Englisch) oder www.persoenlichkeitsstaerken.ch/ (Deutsch).
>
> ▸ **Gallup Strengths Finder:** Entwickelt aus einer umfassenden statistischen Analyse beruflicher Erfolgsfaktoren. Bewertet 34 Talente. Über den Kauf des Buchs „Entwickle deine Stärken: mit dem Strengths Finder 2.0" (Kosten ca. 20 €) bekommst du den Zugangscode für den Test und eine umfangreiche Beschreibung aller Stärken. Die Testauswertung zeigt deine 5 Signaturstärken. Detaillierte Analysen kosten mehr.

Die Stärkentests eignen sich aufgrund ihrer Offenheit besonders gut für die Phase der individuellen Exploration, in der du dich gerade befindest. Die Profiltests sind dagegen sehr gut für die Reflektion eurer Zusammenarbeit im Team geeignet.

Die Stärken und Profile, die das Ergebnis dieser Analysen sind, sind die Bausteine deiner weiteren Überlegungen:

▸ Wie erlebe ich meine Stärken und mein Profil? Was war mir noch nicht so bewusst? Was habe ich Neues erfahren?

▸ Wie nutze ich meine Stärken heute? Wie will ich sie künftig einsetzen?

▸ Wie sieht eine Rolle aus, in der meine Stärken optimal zur Geltung kommen?

▸ Wie funktioniert mein Profil im Umgang mit anderen? Was für ein Profil haben meine Mitgründer und Kollegen?

> **Growth Leader Live: Stärken verstehen**
>
> Ich habe mich intensiv mit meinen eigenen Stärken beschäftigt. Basis war bei mir „Standout 2.0". Meine erste Jobstärke ist „Advisor", also Problemlöser. Ich bin am besten darin, ein Problem auseinanderzunehmen, zu strukturieren und zu sagen „Okay, wir haben Optionen A, B, C, so geht es weiter". An zweiter Stelle bin ich „Provider". Das ist das Sich-in-andere-hineinversetzen-können. Ich habe mir dann überlegt: Was heißen diese zwei Top-Stärken für meine Rolle in der Organisation? Was bin ich und was bin ich nicht?
>
> Das war auch sehr hilfreich für uns im Gründerteam. Irgendwann hatten wir eine echte Konfliktphase. Auf Basis unserer Rollenverständnisse haben wir die Organisation dann so angepasst, dass es für uns beide passt. Durch das bessere Rollenverständnis ist unser Verhältnis heute so gut wie nie. Wir sind beide glücklicher, weil wir uns jetzt viel stärker auf unsere Top-Stärken konzentrieren.
>
> *Manuel Hinz, CrossEngage*

Mit dem Verständnis deiner Signaturstärken hast du die perfekte Basis für die Formulierung deiner Werte und deines großen Traums.

Selbstführung: Werde zum Growth Leader

## Großer Traum: Der Weg zu deinem Warum

> *The first basic ingredient of leadership is a guiding vision. The leader has a clear idea of what he or she wants to do, professionally and personally, and the strength to persist in the face of setbacks, even failures. Unless you know where you're going, and why, you cannot possibly get there.*
>
> Warren Bennis

Als Gründer und CEO prägst du dein Unternehmen. Deine Werte sind die Werte des Unternehmens, dein persönlicher Traum prägt den eures Unternehmens. Wenn du beides kennst, kannst du dein Unternehmen und seine Zukunft aktiv gestalten. Wenn nicht, dann schwimmt ihr orientierungslos im Markt mit. Klingt hart, ist aber leider oft so.

Daher ist die Auseinandersetzung mit deinen Werten und deinem eigenen Traum eine wichtige Aufgabe am Start deiner Entwicklung zum CEO. Was ist dir wirklich wichtig? Wo möchtest du selber hin? Wenn du beides kennst und mit den Plänen für euer Unternehmen in Einklang bringst, hast du die Energie, mit der du euch auf das nächste Level hebst. Und dann strahlst du die Begeisterung aus, die dein Team ansteckt.

**Großer Traum = Energiequelle.** Es ist genau diese Energie, die echte Growth Leader ausstrahlen. Sie wissen, was ihnen wichtig ist und wohin sie wollen. Interessanterweise ist das selten eine hehre Vision. Im Gegenteil, viele Growth Leader finden die üblichen Visionen und Missionen nichtssagend. Und doch weiß in ihren Teams jeder, was das gemeinsame Ziel ist: *„Wir schaffen das Unternehmen, in dem wir immer arbeiten wollten"* oder *„Wir machen unsere Kunden erfolgreich"* sind hier wirklich ernst gemeint und geben eine klare Orientierung. Dahinter steht der große Traum ihrer Gründer und CEOs, die Welt besser zu hinterlassen, als sie sie vorgefunden haben.

> **Growth Leader Live: Unser großer Traum**
>
> Wir haben nie gegründet um des Gründens Willen. Sondern weil wir einen „Perfect Place to Work" für uns schaffen wollten. Wir hatten eine gewisse Expertise und haben gesagt „Hey, ich glaube, wir können das besser als andere". Dann haben wir Vollgas gegeben und sind in der Rolle aufgegangen.
>
> Dominik Haupt, norisk Group

### Entdecke deine Werte

Deine Werte sind das, was du als gut und erstrebenswert erachtest. Auf Basis dieser Überzeugungen bewertest du Situationen und triffst Entscheidungen. Deine Werte bestimmen, wie du lebst. Wenn du deine Werte lebst, fühlst du dich ausgeglichen und ganz. Werden sie verletzt, empfindest du Wut und Enttäuschung. Als Gründer und CEO prägen deine Werte nicht nur dein Verhalten, sondern auch eure gesamte Unternehmenskultur.

Die meisten Menschen haben nur ein diffuses Bild ihrer eigenen Werte. Oft nennen sie Schlagworte, wie Vertrauen, Ehrlichkeit, Leistung, ... Begriffe, die gut klingen, aber die Haltung dieser Menschen nicht besonders differenziert widerspiegeln. Ähnlich sehen auch die Werte vieler Unternehmen aus: Schöne Allgemeinplätze, ohne Wirkung und Emotion.

**Werte identifizieren.** Deine wahren, prägenden Werte indentifizierst du am besten, indem du indirekt in den Spiegel schaust und Menschen betrachtest, die du besonders schätzt und solche, die dich inspirieren.

Wir schätzen Menschen, die uns grundsätzlich ähnlich sind. Ihre Verhaltensweisen und Werte sind Spiegelbild unserer eigenen Werte. Daher fühlen wir uns gesehen und entspannt, wenn wir mit ihnen zusammen sind. Menschen, die uns inspirieren, leben auf eine Art und Weise, die wir schätzen, aber vielleicht noch nicht realisieren. Damit spiegeln diese Menschen nicht nur unsere gelebten, sondern auch unsere verborgenen Werte wider. Also Werte, die uns nicht bewusst sind und nach denen wir daher auch noch nicht leben können. Es sind diese verborgenen Werte, die in uns oft das Gefühl auslösen, nicht aus dem Vollen zu leben.

---

**Toolbox: Werte im Spiegel deiner Vorbilder**

Am besten machst du diese Übung mit einer oder zwei vertrauten Personen. Gib jedem einen Stapel Post-its und einen Stift. Eure Aufgabe:

▶ Wähle 3-4 Menschen, die du schätzt und die dich inspirieren. Überlege für 10 Minuten: Was ist ihre Persönlichkeit? Was macht sie besonders? Womit inspirieren sie mich?

▶ Stelle diese Menschen dann deinen Gesprächspartnern vor. Deine Gesprächspartner notieren währenddessen die Charakterisierungen auf Post-its, eins je Charakterzug.

▶ Lass dann deine Gesprächspartner vorstellen, was sie notiert haben. Welche Eigenschaften und Charakteristika hast du genannt? Was eint sie? Was kam öfter vor? Lassen sich aus diesen Eigenschaften Cluster bilden?

▶ Diskutiert abschließend, welche Werte aus diesen Beschreibungen sprechen. Was ist dir schon klar? Was überrascht dich? Welche Werte sehen die anderen? Was kennen sie schon bei dir? Was wäre ein neuer Schritt?

Nach 30 bis 45 Minuten hast du eine hervorragende Basis, um deine eigenen Werte klarer zu fassen. Nimmst du Zeit für eine tiefere Reflektion, gerne 2-3 Stunden. Formuliere eigene Werte-Slogans und beschreibe, wie du deine Werte leben möchtest (siehe Kapitel *Wachstumskultur*, Abschnitt *Kulturführung*). Damit machst du deine Werte für dich greifbar und lebendig.

**Unternehmenswerte:** Mit einer leicht anderen Fragestellung und dem gleichen Vorgehen könnt ihr die Werte für euer Unternehmen ableiten. Einigt euch auf 3-4 Kollegen, die aus eurer Sicht mit ihren Eigenschaften und ihrem Verhalten für das Unternehmen stehen. Und geht dann die gleichen vier Schritte durch.

## Selbstführung: Werde zum Growth Leader

**Verborgene Werte = Verborgene Schätze.** Wenn wir es schaffen, unsere verborgenen Werte zu identifizieren, gibt uns das oft ein Gefühl der Offenbarung. Plötzlich verstehen wir unsere latente Unzufriedenheit. Wir entdecken neue Handlungsmöglichkeiten. Und wissen: Wenn wir es schaffen, die bisher verborgenen Werte in unser Leben zu integrieren, dann wird es sich richtig anfühlen. Entsprechend emotional ist auch der Moment, in dem wir unsere verborgenen Werte ans Licht bringen. Denn dann enttarnen wir unsere limitierenden Glaubenssätze und bringen unser wahres Potenzial ans Licht. Doch dazu später (siehe Abschnitt *Offenes Herz* in diesem Kapitel).

## Dein großer Traum

Dein persönlicher großer Traum beschreibt, wie du dir dein Leben vorstellst. Nicht nur als Unternehmer, sondern in allen Lebensbereichen. Denn dein Leben ist nur dann erfüllt und glücklich, wenn du all deine Facetten integrierst.

Aber was bringt es dir, deinen großen Traum zu erarbeiten? Man kann doch auch so glücklich werden? Das ist jedenfalls die Reaktion, die ich oft bekomme.

**Zukunft erleben.** Wenn du deinen großen Traum entwickelst, machst du deine Zukunft denkbar. Und wenn du sie denken kannst, kannst du sie auch leben. Allein durch die bewusste Formulierung erhöht dein großer Traum die Wahrscheinlichkeit, dass du ihn realisierst. Selbsterfüllende Prophezeiung im besten Sinne. Du wirst mit einem neuen Blick durch die Welt gehen und mehr Chancen erkennen, als ohne ein klares Ziel. Ich habe das selber erlebt: Es war immer ein Traum von mir, irgendwann in Afrika pro bono Unternehmen zu coachen. Kurz nachdem ich das im Rahmen meines großen Traums explizit gemacht hatte, ergab sich die Möglichkeit, das Führungsteam von Sina zu coachen, einer deutsch-ugandischen Organisation, die Flüchtlingen beim Aufbau von Startups hilft. Die bewusste Auseinandersetzung mit meinem Traum hatte meinen Sinn für die realen Möglichkeiten geschärft. Nun musste ich nur noch zugreifen.

**Klarheit & Weitblick.** Dein großer Traum verschafft dir Klarheit und Weitblick. Entscheidungen treffen sich leichter, wenn du weißt, wohin du willst. Denn nun hast du einen Maßstab: Zahlt das auf meinen Traum ein? Oder ist es Zeitverschwendung? Das klingt erst mal nach Disziplin und Selbstoptimierung. Und das wäre es auch, wenn du dir nur Gedanken über deine geschäftlichen Perspektiven machen würdest, wenn du also nur eine Karriere- und Geschäftsplanung machst. Dein großer Traum ist aber weit mehr als das. Er gibt dir eine ganzheitliche Sicht auf dein Leben.

Schließlich gibt dir dein großer Traum Energie. Mit deinem großen, lebendigen Traum begeisterst du dich selber. Und damit auch dein Team. Menschen, die einen umfassenden Blick auf ihr Leben haben und ihr Ziel kennen, stecken uns mit ihrer Begeisterung an.

**Bucket List als Startpunkt.** Aber wie entwickelst du deinen großen Traum? Zum Aufwärmen startest du am besten mit deiner „Bucket List". Eine Bucket List ist die Aufzählung all der Dinge, Erfahrungen und Erlebnisse, die du schon immer

### Großer Traum: Der Weg zu deinem Warum

machen wolltest, bevor du „in die Kiste springst", oder, wie es im Englischen heißt, „before you kick the bucket".

---

**Toolbox: Erstelle deine Bucket List**

Nimm dir 15–20 Minuten Zeit und notiere möglichst viele Dinge, die du immer schon mal machen und haben wolltest. Ziel sollte es sein, auf mindestens 50 Punkte zu kommen. Denk dabei über Fragen wie diese nach:

- Was willst du gerne erleben?
- Wohin möchtest du noch reisen?
- Was würdest du gerne besitzen?
- Was würdest du gerne lernen?
- Welche Menschen würdest du gerne treffen?
- Was hast du immer wieder aufgeschoben, weil gerade nicht die Zeit war?

Masse zählt. Es spielt keine Rolle, ob es groß oder klein, „sinnvoll" oder einfach nur Quatsch ist. Einfach Ideen fliegen lassen. Die ersten 20–30 Themen fallen meist noch leicht, danach musst du tiefer schürfen. Jetzt kommst du zu den Themen, die du bisher eher verdrängt hast. Spüre, wie glücklich es dich macht, diese Themen wieder aufzugreifen.

---

Spannend, was da alles hochkommt, vor allem, wenn du erst mal die quick wins hinter dir gelassen hast. Nimmt dir diese Liste künftig immer mal wieder vor und überlege, was du davon bereits jetzt verwirklichen kannst. Das muss ja nicht alles warten, bist du uralt geworden bist. Und fülle sie immer wieder mit neuen Ideen auf.

**In 20 Jahren.** Mit dieser Aufwärmübung hast du den ersten Schritt Richtung großer Traum gemacht. Das Ziel: Entwickle für alle wichtigen Bereiche deines Lebens eine lebhafte Vorstellung davon, wie dein Leben in 20 Jahren aussieht. Was ist dein Alltag? Was macht dein Leben besonders?

---

**Toolbox: Die 8 Lebensbereiche**

- **Lernen & Persönlichkeit:** Wie stehe ich als Persönlichkeit da? Wie fühle ich mich selber an? Was habe ich Neues gelernt?
- **Partnerschaft & Familie:** Wie erlebe ich Partnerschaft und Familie? Wie erlebt mich meine Familie? Was unternehmen wir gemeinsam?
- **Freunde & Community:** Mit welchen Menschen umgebe ich mich? Wer sind meine Freunde, meine Community? Was unternehmen wir?
- **Gesundheit & Energie:** Wie erhalte ich meine Energie? Wie bleibe ich fit und gesund? Was tue ich für meinen Körper und meinen Geist?
- **Freude & Spiritualität:** Was gibt mir tiefe Freude? Welche Erfahrungen würde ich gerne machen? Was bedeutet mir Spiritualität?

## Selbstführung: Werde zum Growth Leader

> ▶ **Welt & Beitrag:** Welchen Impact erreiche ich jenseits meines engeren Lebenskreises? Wie helfe ich, die Welt ein Stück besser zu machen?
>
> ▶ **Finanzen & Materielles:** Wo stehe ich finanziell? Was verdiene ich? Wo steht mein Vermögen? Wie unabhängig bin ich?
>
> ▶ **Unternehmer sein:** Wo stehe ich als Unternehmer? Wie führe ich mein Unternehmen? Was erreichen wir mit unserem Unternehmen?

Zwanzig Jahre sind ein langer Zeitraum. In dieser Zeit kann wahnsinnig viel passieren, und du kannst unglaublich viel bewegen. Der große Zeitraum gibt dir die Chance, das scheinbar Unmögliche zu denken. Gleichzeitig sind zwanzig Jahre eine Lebensphase: Kindheit & Jugend, Ausbildung & Start Unternehmertum, Familienzeit, … Wahrscheinlich befindest du dich in 20 Jahren in der nächsten Lebensphase und hast neue Prioritäten: Du bist dann in der Familienzeit und willst neben deiner Rolle als Unternehmer auch Zeit für deine Familie haben. Oder die Kinder sind schon ausgeflogen, und du gewinnst völlig neue Freiräume.

Versuche möglichst lebendige Bilder für die verschiedenen Bereiche zu entwickeln. Wie sieht dein Alltag aus, was passiert Besonderes, wie fühlst du dich? Wo lebst du dann und wie sieht dein Umfeld aus? Was erzählen die Menschen über dich: Dein Partner oder Partnerin, deine Familie, deine Kollegen, eure Kunden, deine besten Freunde, wer auch immer? Spüre deine Zukunft mit allen Sinnen: Sehe, höre, rieche, schmecke und fühle sie. Denke in Bildern und Geschichten.

Als Startbasis für deine Szenarien kannst du die Bucket List nutzen. Verteile die Ideen auf die passenden Lebensbereiche. Dann sieht das Blatt schon nicht mehr ganz so leer aus. Wenn mal die ersten Ideen notiert sind, wird es dir zunehmend leichter fallen, deine Zukunft zu kreieren.

**Denke groß!** Es soll ja dein großer Traum sein und kein Nickerchen. Geht nicht, gibt's nicht. Du hast das Gefühl, eine Idee ist übertrieben? Gutes Zeichen! Denn dann fängst du an, groß zu denken. Gehe genau hier weiter und lass dich von deiner eigenen Begeisterung anstecken. Als Gründer und Unternehmer willst du doch das Unmögliche möglich machen!

Höre genau hin, bei welchen Themen deine Stimme der Vernunft laut wird. Welche Phantasien verbietet sie dir? Welche Gründe nennt sie? An diesen Stellen schlagen deine limitierenden Grundsätze zu, denen wir uns im nächsten Abschnitt widmen. Du träumst davon, in Davos auf der Bühne zu stehen und für den Erfolg deines Unternehmens gefeiert zu werden? Doch deine Vernunft nörgelt „Spiel dich nicht auf! So wichtig bist du nicht!"? Du träumst davon, ein Jahr komplett auszusteigen und die Vernunft jammert vom Verdienstausfall? Am besten machst du jetzt zwei Dinge: Du notierst diese Momente für deinen nächsten Schritt der Selbstwahrnehmung und weist dann deine Vernunft an, doch gefälligst mal die Klappe zu halten.

**Fühle in dich hinein.** Was macht es mit dir, wenn deine Bilder immer größer und mutiger werden? Spürst du deine wachsende Begeisterung? Merkst du auch, wie du dich immer freier fühlst, je mehr du über deinen ursprünglichen Denkrahmen hinausgehst? Jetzt näherst du dich deinem wirklichen Ich und seiner unendlichen Energie.

**Hinterfrage deinen Traum.** Bringe ich mit diesem Traum meine Signaturstärken zum Blühen und bringt er mich dazu, meine Werte zu leben? Wenn beides erfüllt ist, wirst du aus dem Vollen leben.

Vermutlich ist es dir schon aufgefallen: „Unternehmer sein" stand als letztes auf der Liste. Dabei ist das doch so wichtig und zeitintensiv! Aber es lohnt sich, die Prioritäten einmal auf den Kopf zu stellen: Erst überlegen, wie der „Rest" deines Lebens aussieht, und dann erst, was das für deinen Unternehmertraum bedeutet. Wie sieht ein Unternehmen aus, das dir deinen großen Traum ermöglicht? Wenn du das tust, erwächst der große Traum eures Unternehmens ganz organisch aus deinem großen Traum.

**Mein Traum = Unternehmenstraum.** So wie bei einem unserer Coachees, CEO eines Tech-Unternehmens, der viele persönliche Interessen hat und seine Familie liebt. Die Quintessenz seines großen Traums ist es, immer ausreichend Zeit und Raum für die Familie und seine Interessen zu haben. Diese Feststellung gab den Anstoß für den großen Traum seines Unternehmens: „Wir wollen ein Unternehmen schaffen, mit dem jeder coole Sachen ausprobieren und machen kann." Das klingt jetzt erst mal nicht so hehr wie die meisten typischen Unternehmensvisionen, hat aber eine unglaubliche Wirkung. Stell dir vor, du misst den Erfolg deines Unternehmens daran, ob ihr es euren Kollegen, Kunden, Investoren, usw. ermöglicht, coole Dinge zu machen? Das setzt unglaublich viel frei! Auf jeden Fall ist es begeisternder und mächtiger als das langweilige „Wir sind Marktführer für XYZ."

**Mein Lebensfilmtitel.** Damit sind wir auch schon beim nächsten Schritt. Wenn du alle Lebensbereiche „durchträumt" hast, gehst du am besten in die Adlerperspektive: Was ist die Quintessenz all dieser Ideen? Wenn mein Leben ein Film wäre, welchen Titel hätte es? Was ist mein Lebensmotto? „Ich bringe Menschen und Unternehmen zum Fliegen" ist die Quintessenz meines großen Traums. Was ist deine?

**In 7 Jahren.** Nachdem du jetzt eine ganze Weile über den Wolken geschwebt bist, geht es nun schrittweise zurück in die Realität. Wenn du all das realisieren willst: Wo würdest du in 7 Jahren stehen? Welche Ziele möchtest du bis dahin erreicht haben? Jetzt wird es schon um einiges konkreter. Setze dir smarte Ziele: Spezifisch, messbar, attraktiv (besser noch: begeisternd), aber noch immer ein bisschen unrealistisch.

**In 12 Monaten.** Komme dann zurück zum Start. Welche konkreten Schritte unternimmst du in den nächsten 12 Monaten, damit du eine realistische Chance hast, deinen Traum umzusetzen? Was willst du lernen? Wie strukturierst du deine Zeit? Wie passt du deine Prioritäten an?

Es ist ein unglaubliches Gefühl, wenn du deinen großen Traum ausformulierst und schrittweise konkretisierst. Lass deine Überlegungen gerne mal ein paar Tage reifen. Sicher fällt dir noch was ein. Vielleicht traust du dir ein paar Dinge bereits früher zu. Und starte dann mit der ganz konkreten Umsetzung: Verpflichte dich zu persönlichen Quartalszielen, reflektiere deinen Fortschritt regelmäßig und freue dich an deinen Erfolgen. Mehr dazu im letzten Abschnitt dieses Kapitels: *Entwicklungsplan*.

### Selbstführung: Werde zum Growth Leader

#### Selbstreflektion

▶ Was hast du bei der Erarbeitung deiner Werte und deines großen Traums über dich selber erfahren? Welche verdeckten Werte und Träume sind hochgekommen? Was wird damit möglich?

▶ Wie ändert sich dein Leben, wenn du deine Werte und deinen großen Traum ernsthaft anstrebst? Was sind die nächsten Schritte?

## Offenes Herz: Schatten verstehen, Bremsen lösen

*„Becoming a leader is synonymous with becoming yourself. It is precisely that simple, and it is also that difficult."*

*Warren Bennis*

Ein wesentlicher Teil der Selbstführung zielt darauf ab, dass du dich und deine Wirkung auf andere besser verstehst. Dazu gehört es nicht nur, die positiven Seiten zu verstärken, die Stärken, Werte und Träume. Wirksam wird Selbstführung, wenn du verstehst, wo du dich selber bremst und womit du dein Umfeld vor den Kopf stößt. Die Auseinandersetzung mit deinen Schattenseiten ist nicht immer leicht. Vieles produziert erst mal Abwehr: Nein, so bin ich doch nicht! Umso wichtiger, dass du diesen Teil des Weges mit viel Selbstfürsorge und einem offenen Herz für dich selber gehst. Mach dir immer wieder klar: Wenn ich meine Schattenseiten verstehe, kann ich sie hinter mir lassen. Wenn ich meine Bremsen verstehe, kann ich sie lösen. Dann kann ich meine Stärken und Werte nutzen, um meinen großen Traum mit voller Energie anzusteuern.

### Die dunkle Seite der Kraft

Nimm dir zur Einstimmung in die nächsten Überlegungen nochmal die Ergebnisse aus deinem Feedback vor. Wo sehen deine Kollegen deine größten Schwächen? War dir das klar? Was hat dich überrascht? Welche blinden Flecken gab es? Wie willst du an diesen Schwächen arbeiten?

„Halt!" wird jetzt der eine oder andere rufen. „Es heißt doch immer, man soll sich auf seine Stärken konzentrieren und nicht an den Schwächen herumdoktern!". Aber genau das tun wir damit. Denn viele unserer Schwächen sind de facto die dunkle Seite unserer Stärken. Wenn wir unsere Stärken im Übermaß einsetzen, schießen wir über das Ziel hinaus. Im schlimmsten Fall können dich deine Stärken sogar zum Entgleisen bringen. Erst wenn du deine Stärken umfassend, also mit ihren hellen *und* ihren dunklen Seiten verstehst, kannst du dich selber führen.

Nimm dir nun deine Signaturstärken vor. Was sind ihre hellen und dunklen Seiten? Versuche zu verstehen, wie sich die dunklen Seiten deiner Stärken konkret

## Offenes Herz: Schatten verstehen, Bremsen lösen

auswirken. In welchen Verhaltensweisen zeigen sie sich? Wo behindern sie gute Interaktionen mit deinen Kollegen oder Kunden?

| Stärke | Helle Seite | Dunkle Seite |
|---|---|---|
| **Selbstbewusstsein** | Selbstvertrauen, klarer Auftritt, urteilsstark, unabhängig | Selbstdarsteller, arrogant, überrollt andere, respektlos |
| **Tatkraft** | Macher, bringt Dinge zum Laufen, entschieden | Aktionistisch, reaktiv, chaotisch, hektisch |
| **Einfluss** | Charismatisch, mutig, durchsetzungsstark | Manipulativ, waghalsig, aggressiv, einschüchternd |
| **Disziplin** | Pflichtbewusst, sorgfältig, stabilisierend, stoisch | Unkreativ, perfektionistisch, unterwürfig, unsensibel |
| **Verantwortung** | Harter Arbeiter, hohe Standards, loyal | Mikromanagement, kann nicht loslassen |
| **Optimismus** | Vertrauen, enthusiastisch, entspannt | Naiv, übersieht Probleme, impulsiv |
| **Harmonie** | Teamplayer, schafft Konsens, integrativ | Inkonsequent, unklar, entscheidungsschwach |
| **Visionär** | Zukunftsorientiert, kreativ, einfallsreich, leidenschaftlich | Rennt jeder Idee nach, exzentrisch, unrealistisch |
| **Neugier** | Lernfähig, wächst über sich hinaus, kompetent | Besserwisser, bewertend, rechthaberisch |
| **Analytisch** | Hinterfragt, sorgfältig, gesunde Skepsis, präzise | Unentschieden, misstrauisch, risikoscheu, negativ |

**Beispiel Selbstbewusstsein.** Du hast ein starkes Selbstbewusstsein? Dann könntest du folgende Probleme in der Interaktion mit anderen haben:

▸ Du willst um jeden Preis gewinnen, auch wenn es unangemessen es ist: Bei Kollegen, bei Kunden, bei Investoren.

▸ Du bewertest alles und jeden, denn du bist das Maß aller Dinge.

▸ Es fällt dir schwer, den Wert anderer zu schätzen und sie zu loben.

▸ Du bist zu sehr mit dir beschäftigt, um dich auf andere einzulassen. Zuhören fällt dir schwer.

▸ Du bist halt, wie du bist. Sollen die anderen damit klarkommen, ist ja nicht dein Problem.

Das Resultat: Deinen Kollegen fehlt die Wertschätzung, sie verlieren die Motivation und ziehen sich zurück.

## Selbstführung: Werde zum Growth Leader

**Beispiel Neugierde.** Als neugieriger, analytisch denkender Mensch kannst du dich und deine Beziehungen mit diesen Verhaltensweisen sabotieren:

- Du musst unbedingt zeigen, dass du schlauer bist als die anderen.
- Du weißt alles besser, es fällt dir schwer, andere gelten zu lassen.
- Du kennst immer einen Grund, warum etwas nicht funktioniert.

Das Resultat: Keiner widerspricht dir, neue Ideen werden nicht mehr vorgestellt, eure Innovationskraft nimmt ab.

Eine hervorragende Übersicht von 21 Verhaltensweisen, mit denen sich Führungskräfte selber sabotieren, findest du im Buch *„What got you here won't get you there"* von Marshall Goldsmith.

**Verhalten ≠ Mensch.** Ganz wichtig: Hier geht es *nur* um Verhaltensweisen. Auch wenn diese Verhaltensweisen totaler Mist sind: Schlechtes Verhalten macht dich nicht zu einem schlechten Menschen. Keine dieser Schwächen ist in Stein gemeißelt. Es sind Verhaltensweisen, die wir uns abgewöhnen und durch produktivere Verhaltensweisen ersetzen können. Oft ist es gar nicht mal so schwer, sich anders zu verhalten. Du hast Probleme mit der Wertschätzung anderer? Sag öfter mal „Danke". Du neigst dazu, Kommentare mit „ja, aber ..." abzuwerten? Versuchs mal mit „ja, und ..."

Deine dunklen Seiten kannst du schrittweise adressieren:

**Identifikation Handlungsbedarf.** Wähle ein oder zwei Verhaltensweisen aus, die deine Interaktionen mit Menschen besonders behindern. In welchen Situationen treten sie gehäuft auf? Ein Tipp: Die dunkle Seite unserer Stärken schlägt typischerweise dann zu, wenn wir aufgrund starker Emotionen nicht mehr Herr unserer Ratio sind. Das ist der Fall, wenn wir massiv unter Druck stehen und uns der Stress zu Getriebenen macht. Aber auch, wenn uns unser Erfolg im wahrsten Sinne des Wortes „zu Kopfe steigt", auch Hybris genannt. In beiden Situationen verlieren wir die Fähigkeit, unsere Verhaltensweisen in Ruhe zu durchdenken. Stattdessen machen wir zu viel des Guten. Und schon gehen unsere Stärken nach hinten los.

Erinnerst du dich an solche Situationen? Was ist da genau passiert? Kannst du nachspüren, wie du auf die dunkle Seite deiner Stärke gerutscht bist? Was genau hat das ausgelöst? Auch wenn das erst mal schräg klingt: Versuche nachzuempfinden, wie es dir in diesem Moment ging. Welche Emotion hattest du? Wut, Ärger, Enttäuschung, Scham, ... was auch immer. Und wie machte sich diese Emotion in deinem Körper bemerkbar? Wenn du das verstehst, kannst du deine Gefühle künftig richtig deuten und besonders achtsam sein, wenn es wieder los geht.

> **Growth Leader Live: Schatten reflektieren**
>
> Du musst deine Reaktionen auf stressige Situationen immer wieder reflektieren. Da hört das Lernen nie auf. Niemand ist sich seiner Emotionen zu jedem beliebigen Zeitpunkt vollständig bewusst. In einem Unternehmen arbeiten Menschen, und wo Menschen sind, geht es sehr viel um Psychologie und Verhalten. Gerade in der Kommunikation.
>
> *Maria Sievert, inveox*

**Verhaltensalternative erleben.** Überleg dir als nächstes, wie es wäre, wenn du dieses Verhalten nicht mehr zeigst oder es durch ein positives Verhalten ersetzt. Fühle auch hier in dich hinein. Spüre die Leichtigkeit und die Verbesserung der Beziehungen. Vielleicht baust du sogar einen kleinen „Verhaltensvorrat" auf, den du dann in der konkreten Situation abrufen kannst.

**Umgewöhnen.** Nun geht es an die Umsetzung. Auch wenn es nur um „kleine" Änderungen in deinem Verhalten geht. De facto musst du schlechte Angewohnheiten brechen. Das Dumme an Angewohnheiten: Sie dienen der Vereinfachung deines Lebens und sitzen daher ganz, ganz tief. Suche dir daher Unterstützung durch Dritte.

Überlege dir, wer von deinen neuen Verhaltensweisen am meisten profitiert und mache diese Menschen zu deinen Lernpartnern. Erläutere ihnen, was du vorhast. Entschuldige dich für früheres negatives Verhalten. Besprich mit ihnen, ob deine neuen Ansätze eure Interaktionen verbessern, lass dir weitere Tipps geben. Und bitte diese Personen explizit darum, dich an deine Vorsätze zu erinnern. Gib ihnen das Recht zur Kritik und die Sicherheit, dass du ihnen für diese Kritik nicht den Kopf abreißt. Arbeite gemeinsam mit deinem Coach daran, die Dynamik hinter deinen unproduktiven Verhaltensweisen besser zu verstehen.

**Reflektion Fortschritt.** Den Umgewöhnungsprozess beschleunigst du, indem du deinen Fortschritt regelmäßig reflektierst. Überlege am Ende des Tages oder der Woche, welche Erfolge du mit deinen Stärken erreicht hast, wo dich die dunkle Seite deiner Stärken behindert hat, und wie du künftig in solchen Situationen agieren willst.

---

### Selbstreflektion

▶ Was sind die Schattenseiten deiner Signaturstärken? Wie zeigen sie sich im Alltag? Wo behindern sie deine Arbeit mit dem Team?

▶ Welche 1–2 Verhaltensweisen sind besonders hinderlich? Wann treten sie auf? Wie kannst du sie abstellen oder ersetzen?

▶ Wen bittest du um Unterstützung beim Umgewöhnen?

---

## Löse deine Bremsen!

Während dich die dunklen Seiten deiner Stärken zum Entgleisen bringen können, bremsen dich limitierende Glaubenssätze aus.

Glaubenssätze sind verkürzte, oft unterbewusste Anleitungen für unser Leben. Sie helfen uns, unseren Alltag zu bewältigen und zu verstehen. Wie der Name schon sagt: Es sind Sätze, an die wir glauben, die wir für unverrückbar und richtig halten. Sie können dich fördern oder limitieren.

**Förderliche Glaubenssätze** bringen uns nach vorne und eröffnen uns neue Chancen. Als Gründer und CEO haben wir zum Glück ein ganzes Arsenal förderlicher Glaubenssätze: „Ich erreiche alles, was ich will.", „Ich bin einzigartig und werde

## Selbstführung: Werde zum Growth Leader

immer gebraucht." Ohne diese Überzeugungen hätten wir unser Unternehmen wahrscheinlich nie gestartet.

**Limitierende Glaubenssätze** verhindern, dass wir unser volles Potenzial nutzen und schränken unsere Wirksamkeit ein. Gleichzeitig geben sie uns eine wunderbare Entschuldigung, Dinge *nicht* zu tun. Limitierende Glaubenssätze sind die Grenzposten am Ausgang unserer Komfortzone. Wenn mir mein Glaubenssatz sagt „Spiel dich nicht auf! So wichtig bist du nicht!", muss ich keine spannenden Themen entwickeln, mich nicht um meine Selbstvermarktung kümmern, nicht auf Konferenzen gehen, usw. Dann lande ich zwar nie in Davos, bin dafür aber wunderbar in meiner Komfortzone geblieben. Wollen wir das? Nein, nicht wirklich.

Als Gründer oder CEO wirken deine limitierenden Glaubenssätze leider gleich doppelt. Sie hindern nicht nur dich daran, über dich hinauszuwachsen, sondern auch dein Unternehmen. Denn deine Glaubenssätze sind immer auch Teil der Unternehmenskultur. Tatsächlich sind limitierende Glaubenssätze des Führungsteams oft die tiefere Ursache für Wachstumsstörungen des ganzen Unternehmens.

**Disruption = Auflösung limitierender Glaubenssätze.** Wenn du limitierende Glaubenssätze erkennst und überschreibst, hebst du nicht nur dein persönliches, sondern auch das Wachstum deines Unternehmens auf eine völlig neue Ebene. Bis hin zur Eröffnung ganz neuer Märkte. Denn hinter allen Disruptionen steht ein Unternehmer, der einen limitierenden Glaubenssatz bricht. Egal ob AirBNB, Apple oder Tesla: „Keiner lässt gerne Fremde in seine Wohnung.", „Smartphones für über 700 € kauft keiner.", „Autos kann nur jemand bauen, der jahrzehntelange Erfahrung darin hat.". Wir alle wissen, was passiert, wenn man diese Limitation aufgibt.

Glaubenssätze entwickeln wir typischerweise rund um drei Themenfelder: Um unsere Identität, unsere Wirksamkeit und um Bedeutungszusammenhänge. Man erkennt sie oft an Verallgemeinerungen. „Immer", „alle", „jeder", „grundsätzlich" sind beliebte Satzanfänge limitierender Glaubenssätze, ebenso wie „Ich bin ..." oder „Ich bin kein ...".

---

**Toolbox: Limitierende Glaubenssätze in der Praxis**

Glaubenssätze zu unserer **Identität** sagen, was wir sind oder nicht sind. Sie legen uns auf bestimmte, scheinbar unveränderliche Charakteristika fest.

- Ich bin ein Gründertyp, kein CEO. Limitation: *Ich setze mich nicht mit der CEO-Rolle auseinander und lerne nicht, sie auszufüllen.*
- Wir sind sehr bescheiden! Limitation: *Wir gehen nicht aktiv an die Vermarktung und haben weniger Kunden, als wir haben könnten.*

Glaubenssätze zur **Wirksamkeit** definieren, wann unsere Leistung etwas zählt. Oft verhindern sie, dass wir effektiv Verantwortung übergeben.

- Außer mir kann keiner Vertrieb machen. Limitation: *Ich bringe keinem anderen bei, wie Vertrieb funktionieren kann und wir wachsen weniger.*
- Bei uns muss jeder mit anpacken, auch der CEO. Limitation: *Mikromanagement, die guten Kollegen sind frustriert und kündigen.*

## Offenes Herz: Schatten verstehen, Bremsen lösen

> Viele Glaubenssätze stellen scheinbar logische **Bedeutungszusammenhänge** auf. Sie geben uns einen „guten" Grund für ein limitierendes Verhalten und erhalten damit den Status quo.
>
> ▸ Wir arbeiten inkrementell, daher können wir keine disruptiven Ideen entwickeln. Limitation: *Wie sind weniger innovativ als wir sein könnten.*
>
> ▸ Wachstum zerstört unsere Kultur. Limitation: *Das Unternehmen bleibt klein. Größere Chancen werden konsequent ausgeblendet.*

Klar, dass solche Glaubenssätze euer Wachstum einschränken und Chancen vernichten. So offensichtlich, wie sie uns jetzt erscheinen, sind sie jedoch selten. Im Alltag erscheinen sie uns als legitime Wahrheiten. Und der Bestätigungsbias sorgt dafür, dass wir langfristig an ihnen festhalten: Wir merken uns nur die Erfahrungen, die unsere Glaubenssätze unterstützen. Erlebnisse, die ihnen widersprechen, blenden wir konsequent aus oder bezeichnen sie als Zufall oder Ausnahme.

Limitierende Glaubenssätze sind daher sehr hartnäckig. Sie zu identifizieren und auszuheben braucht viel Geduld und Energie. Zur Auflösung kommst du in vier Schritten:

**Identifikation.** Horche im Alltag in dich hinein: Wo schränkst du dein Handeln ein, weil irgendetwas „einfach nicht geht" oder du „halt so bist"? Denk an die Entwicklung deiner Werte. Welche verborgenen Werte haben sich dir offenbart? Was hat bisher verhindert, dass du diesen Wert lebst? Bei mir war es die Leichtigkeit, überdeckt vom limitierenden Glaubenssatz: „Wirksame Arbeit ist anstrengend." Wie toll ist es, mit Leichtigkeit zu arbeiten und gleichzeitig unglaublich wirksam zu sein. Erinnerst du dich, bei welchen Ideen deines großen Traums plötzlich die „Stimme der Vernunft" ertönte? Was hat sie dir eingeflüstert? Welche Ziele hat sie dir erst mal verboten? Welcher Glaubenssatz steckt dahinter? Oft braucht es auch Dritte, die deine Glaubenssätze aufdecken, vor allem wenn sie zu Glaubenssätzen des ganzen Teams geworden sind.

**Gegenteil beweisen.** Ein Glaubenssatz ist nur so lange wirksam, wie wir ihn für wahr halten. Also trittst du jetzt den Beweis des Gegenteils an. Hilfreich sind dabei Fragen wie: Ist das wirklich wahr? Wo schränkt mich dieser Glaubenssatz ein? Was sind seine „guten" Seiten? Wo hat er verhindert, dass ich meine Komfortzone verlasse? Gab es Situationen, in denen dieser Glaubenssatz nicht wahr war? Was ist dann passiert? Welche neuen Möglichkeiten und Freiheiten hatte ich dann?

**Neues Bild schaffen.** Du weißt jetzt, dass es auch anders geht. Um das zu verinnerlichen, explorierst du nun, wie sich dein Leben ohne diese Limitation anfühlt. Was passiert, wenn ich den Glaubenssatz aufgebe? Was wird dann möglich? Wie fühlt sich das Leben an? Welcher förderliche Glaubenssatz wäre ein guter Ersatz?

**Umsetzen und reflektieren.** Nun musst du den neuen Ansatz nur noch leben. Wenn es bloß so einfach wäre! Denn Glaubenssätze halten sich oft unglaublich hartnäckig. Wir wissen zwar, dass es anders besser wäre und fallen doch in die alten Gewohnheiten zurück. Reflektiere regelmäßig, ob deine limitierenden Glaubenssätze mal wieder zugeschlagen haben. Auch diese Frage ist Teil der täglichen Selbstreflektion.

Selbstführung: Werde zum Growth Leader

Diskutiere die Glaubenssätze und ihre Wirkung mit deinen Kollegen. Wie gesagt: Deine Glaubenssätze sind oft auch die Glaubenssätze eures Unternehmens. Wenn ihr sie gemeinsam adressiert und euch gegenseitig auf sie aufmerksam macht, überwindet ihr sie leichter und wachst schneller.

> **Beispiel: Kreativität und Planung geht nicht zusammen**
>
> Ein Unternehmen aus dem Kreativbereich.
>
> Schon in den ersten Gesprächen spürte ich eine unglaubliche Abwehr gegenüber Zahlen, Zielen und Planungen. Was es natürlich schwer macht, über Wachstum zu sprechen. Danach gefragt hieß es: *„Wir sind kreativ, daher sind wir schlecht mit Zahlen und können keine Pläne machen."* OK!?! Interessanter Bedeutungszusammenhang. Kreativität, Zahlen und Zukunftsdenken vertragen sich eigentlich super. Das klang doch sehr nach Selbstlimitation.
>
> Erster Schritt getan, Glaubenssatz **identifiziert**.
>
> **Gegenteil beweisen**: *Ist das wirklich so?* Heftiges Nicken in der Runde. *War das immer so? Jaaa … Gab es nicht auch mal eine Situation, in der es anders war?* Plötzlich leuchteten die Augen der Gründer begeistert auf: „Ja, am Anfang des Unternehmensaufbaus. Das war wirklich toll. Da haben wir uns immer richtig ambitionierte Ziele gesetzt und diese Ziele dann viel früher erreicht als ursprünglich gedacht. Das gab dem Team einen unglaublichen Auftrieb, richtig kraftvoll hatte sich das angefühlt."… Erstaunen … Wow! Hier haben wir uns selber limitiert. Wir können uns ja doch ambitionierte Ziele setzen!
>
> **Neues Bild schaffen**. *Was hindert euch daran, diese positive Erfahrung erneut zu machen? Was passiert, wenn ihr diesen Glaubenssatz einfach aufgebt?* Klare Antwort: Nichts hindert uns! Es ist klasse, wenn wir das tun, das gibt eine ganz neue Dynamik, endlich wieder das Gefühl, nach vorne zu kommen. Dann heben wir wirklich ab!
>
> **Umsetzen und reflektieren**. *Was braucht ihr, um nicht in diese Limitation zurückzufallen?* Und schon sprudelten die Ideen, was man alles machen könnte.

Gleich, ob limitierende Glaubenssätze oder die dunklen Seiten deiner Stärken. Richtig gut kannst du mit beidem nur umgehen, wenn du ganz in deiner Kraft stehst. Was uns direkt zu deinem starken Rücken bringt.

## Starker Rücken: Resilienz und Energiemanagement

> *Be the person who gives energy, not one who takes it away.*
>
> Bill Campbell, Coach und Ex-CEO

Wer schon mal Rückenprobleme hatte, kennt es: Einen starken Rücken bekommst du nicht einfach so. Du bekommst ihn, wenn du aufrecht gehst und die richtigen Muskeln trainierst. Und du brauchst ihn, um deinen CEO-Aufgaben kraftvoll nachzugehen. Mit einem starken Rücken kannst du den Weg des Unternehmertums aufrecht und kraftvoll beschreiten.

**Resilienz.** Der wichtigste mentale Muskel, den du als CEO trainieren musst, ist die Resilienz. Resilienz ist deine psychische Widerstandskraft. Es ist die innere Stärke, die dich schwierige Situationen wie Rückschläge oder Frustrationen überstehen lässt, ohne als Mensch Schaden zu nehmen. Resiliente Menschen bewältigen Krisen nicht nur gut, sie gehen sogar oft gestärkt aus ihnen hervor. Auch in schwierigen Situationen bleiben sie gelassen und kraftvoll. Damit sind sie in der Lage, ihre Teams auch in Krisen mit der notwendigen Energie zu versorgen. Und gemeinsam mit ihnen neue Wege zu beschreiten.

### Growth Leader Live: Resilienz

Resilienz unterscheidet einen mittelmäßigen von einem guten Gründer. Resilienz schafft Vertrauen. Wir gehen auch durch schwierige Phasen unaufgeregt. Wir finden neue Lösungen, statt den Kopf in den Sand zu stecken. Das Gute: Resilienz ist lernbar. Je mehr schwierige Situationen du mitmachst, desto resilienter wirst du. Ich hatte gerade einen Call mit einem Freund, der auch in Startups investiert. Der hat jetzt einen Gründer, dem fehlt die Resilienz. Der dreht mittlerweile durch, ist vollkommen irrational und unsteuerbar. Es macht einen riesigen Unterschied, ob du auch mit schwierigen Situationen umgehen kannst, oder ob du dann irrational wirst.

*Manuel Hinz, CrossEngage*

Resilienz ist zentral. Du musst lernen, dass Unsicherheit ein Normalzustand ist. Als Gründer:in musst du deutlich schneller wachsen als alle anderen Berufsgruppen. Deine Arbeitsweise hat eine Halbwertszeit von drei bis sechs Monaten, dann gibt es wieder neue Aufgaben. Dann musst du wieder größer denken, je nachdem, ob und wie schnell du skalierst.

*Christoph Behn, Better Ventures, ex Kartenmacherei*

Resiliente Menschen sind optimistisch, sie übernehmen Verantwortung für ihr Leben, suchen aktiv nach Lösungen und treffen die notwendigen Entscheidungen. Sie kennen ihre persönlichen Grenzen und lassen sich helfen. Gleichzeitig stellen sie sicher, dass sie in der Balance bleiben und genügend Entspannung bekommen. Das sind die Hebel, entlang derer du deine eigene Resilienz stärken kannst.

### Toolbox: Resilient werden mit dem Kölschen Grundgesetz

Der Prototyp des gelassenen Menschen ist der Rheinländer. Lerne aus dem Kölschen Grundgesetz wie du resilient wirst:

- **Artikel 1: Et es wie et es.** Es ist, wie es ist. Begegne den Tatsachen mutig, offen und aktiv. Übernimm Verantwortung für das, was du beeinflussen kannst und lass den Rest entspannt sausen. Sei zielstrebig, aber flexibel.
- **Artikel 2: Et kütt wie et kütt.** Es kommt, wie es kommt. Die Zukunft kannst du nicht bestimmen, aber euren Weg dahin. Setzt euch realistische Ziele, feiert eure Erfolge. Triff Entscheidungen zeitnah und gewinne damit das Gefühl der Kontrolle und Wirksamkeit.
- **Artikel 3: Et hätt noch immer jot jejange.** Es ist noch immer gut gegangen. Am Ende hat alles seinen guten Sinn. Betrachte Scheitern als Lernmöglichkeit und vertraue der Zukunft. Suche nach dem guten Kern in jeder Situation. Sei optimistisch und dankbar.

## Selbstführung: Werde zum Growth Leader

> ▶ **Artikel 4: Wat fott es, es fott.** Was weg ist, ist weg. Lebe im Jetzt. Trauere vergangenen Chancen nicht hinterher. Suche nicht nach Schuldigen und mach dich nicht zum Opfer. Das kostet nur Energie.
>
> ▶ **Artikel 5: Et bliev nix wie et wor.** Es bleibt nichts, wie es war. Wachstumsunternehmen ändern sich ständig. Liebe den Wandel und freue dich auf die Veränderungen. Mal dir aus, welche Chancen und positiven Energien aus Veränderungen entstehen.
>
> ▶ **Artikel 8: Maach et god, ävver nit zo off.** Mach es gut, aber nicht zu oft. Qualität vor Quantität. Verbrenne dich nicht selber. Achte auf deine Balance und sieh zu, dass du dir genügend Auszeiten zum Auftanken nimmst.
>
> ▶ **Artikel 10: Drinks de eine met?** Trinkst du einen mit? Bleib nicht allein. Schaffe ein Netzwerk intensiver persönlicher Kontakte, lass dir helfen und dich inspirieren. Nichts gibt so viel Energie, wie gute Freunde und Familie.
>
> ▶ **Artikel 11: Do laachs de disch kapott.** Da lachst du dich kaputt. Und wenn alle Stricke reißen: Lach drüber! Nimm die Schwierigkeiten mit Humor. Und gib diese positive Energie an dein Team weiter.

Voraussetzung für Resilienz ist ein gutes Energiemanagement. Als CEO bist du ein wesentlicher, wenn nicht gar *der* Energiegeber für dein Team. Du kannst aber nur Energie geben, wenn du selbst Energie hast. Wenn du dich auspowerst, lässt nicht nur deine physische, sondern vor allem deine psychische Leistungskraft nach. Überarbeitet sind wir nicht mehr unser bestes Ich: Wir werden anfälliger für Stimmungsschwankungen, treffen keine guten Entscheidungen mehr und verlieren die Lust. Oft höre ich von Gründern: *„Ganz ehrlich: Eigentlich habe ich keine Kraft mehr"*.

**Burnout-Kultur.** Leider ist schlechtes persönliches Energiemanagement ein Teil der Gründerkultur. Viele Gründer gehen ständig über ihre Grenzen und lassen sich keine Zeit zur Regeneration. Sie haben das Gefühl, ihren Job nur dann richtig zu machen, wenn sie unter Volldampf rund um die Uhr arbeiten. Irgendwann geht das nicht mehr. Handwerker sagen dazu: Nach fest kommt ab! Viele verlässt nach dem Produkt-Markt-Fit und ersten Markterfolgen genau dann die Energie, wenn der kritische nächste Schritt ansteht: Vom Gründer zum CEO zu werden. Ihnen fehlt nicht nur die Energie für die eigene Transformation, sondern auch die Energie für die Weiterentwicklung des Unternehmens.

**Rad der Erschöpfung.** Damit kommen wir zu einem besonders schwierigen Thema: Der Umgang mit Erschöpfung und Burnout. Das Rad der Erschöpfung verdeutlicht die schleichende Entwicklung hin zum Burnout. Als ich dieses Modell zum ersten Mal sah, was es eine totale Offenbarung. Auch ich überschreite gerne meine Grenzen. Der Blick auf das Rad zeigte mir, wie oft ich schon im hellgrauen Bereich der Frustration gelandet war. Dabei wollte ich doch nur mein Bestes gegeben. Immer. Aber wie schon gesagt: Nach fest kommt ab.

Dieses Modell hilft dir, den schleichenden Prozess der Erschöpfung und die negativen Effekte auf dich und dein Umfeld besser zu verstehen. Dieses Wissen macht handlungsfähig: Du erkennst die Signale bei dir und anderen. Und du kannst anderen und auch dir selbst besser helfen, rechtzeitig wieder runterzukommen.

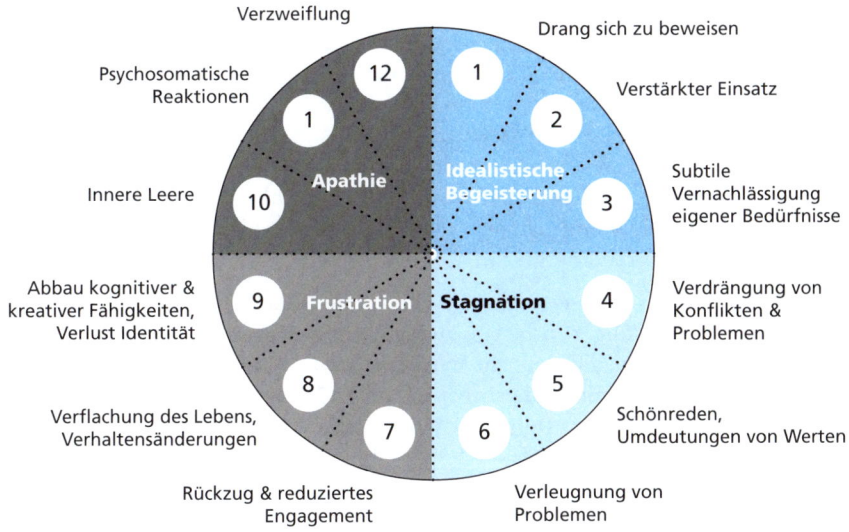

Rad der Erschöpfung

**Idealistische Begeisterung.** Jeder Erschöpfungsprozess startet mit einer Phase der idealistischen Begeisterung. Wir haben eine geniale Idee und wollen beweisen, dass wir ein tolles Unternehmen aufbauen können. Wir hauen rein, was das Zeug hält. Damit es schneller geht, machen wir vieles selber, häufen immer mehr Arbeit an. Leider hat der Tag nur 24 Stunden. Keine Zeit für Entspannung und Erholung. Das holen wir irgendwann nach. Wenn es dann mal besser wird. Wir müssen ja nur noch diesen Meilenstein erreichen, und diesen, und den nächsten ... Noch fühlen wir uns kraftvoll, erreichen viel. Aber unsere Batterien laden wir nicht mehr richtig auf. Nicht mehr lange und die Energie geht zur Neige. Zum Glück können wir das Rad jetzt noch relativ gut zurückdrehen.

**Stagnation.** Ohne Energiezufuhr kommt der Motor irgendwann zum Stillstand. Das ist die zweite Phase auf dem Weg zum Burnout. Du arbeitest unter Hochdruck, bist hektisch und gereizt. Kleinigkeiten bringen dich auf die Palme. Du verdrängst die Konflikte und Probleme, die daraus entstehen. Um dein Verhalten zu rechtfertigen, deutest du deine Werte um. Du raunzt jemanden genervt an: „Klarheit ist alles, dem musste ich einfach zeigen, wo es lang geht." Du machst keinen Urlaub: „Für Unternehmer kommt das Unternehmen immer zuerst". Sport und Entspannung hast du dir schon lange nicht mehr gegönnt, du isst schlecht und schläfst nicht ausreichend.

---

**Growth Leader Live: Burnout**

Wir haben gearbeitet wie die Wilden. Von morgens um neun bis Mitternacht und Samstag auch. Wenn du dann Dinge machst, die unangenehm sind, die dir keinen Spaß machen und du dich nicht davor schützen kannst. Wenn du nicht das Bewusstsein hast, dass die Situation schlecht ist, und dann gleichzeitig eine hohe Ambition hast und dich beweisen willst. Das ist der kritische Punkt. Dann führt das zu einem Burnout.

*Gero Decker, Signavio*

## Selbstführung: Werde zum Growth Leader

Die fehlende Energie macht dich ungeduldig, zynisch und intolerant. Wenn du auf dein Stresslevel angesprochen wirst, leugnest du die Probleme. Die haben doch alle keine Ahnung von deiner Arbeit. *Du* bringst die Themen nach vorne. Anders als die anderen im Team, die sich einfach einen Lenz machen. Ständig bist du unzufrieden. Mit dir, mit den anderen. Und diese Unzufriedenheit lässt du alle spüren. In dieser Phase wird es allmählich schwieriger, den Motor wieder zum normalen Laufen zu bringen. Je mehr Druck du machst, desto mehr verschleißt du ihn. Such dir am besten einen guten Sparringspartner oder Coach, der dir hilft, aus dieser Dynamik auszubrechen und deine Energie zurückzugewinnen.

**Frustration.** Wenn du so weiter machst, nimmt die Frustration überhand. Um die Arbeitsmasse zu bewältigen, arbeitest du rund um die Uhr. Du ziehst dich zurück. Interaktionen strengen dich an, du hast das Gefühl, dass dich keiner versteht. Langsam werden Verhaltensänderungen sichtbar. Die nicht enden wollende Arbeit motiviert dich nicht mehr. Dein Leben verflacht. Freundliche Ratschläge und Unterstützungsangebote ignorierst du. Oder du reagierst paranoid, und vermutest schlechte Absichten. Dein negatives Denken verselbständigt sich und zieht dich noch weiter herunter.

Schließlich nehmen deine kreativen und kognitiven Fähigkeiten vor lauter Erschöpfung ab. Du kannst nicht mehr klar denken, keine guten Entscheidungen mehr treffen. Gleichzeitig verlierst du das Gefühl für dich selbst. Du bist kein Mensch mehr, sondern nur noch eine Maschine. Die leider immer öfter ausfällt. Denn der andauernde Stress hat dein Immunsystem geschwächt und du wirst häufiger krank. Nun ist der Motor durch den Energiemangel bereits so kaputt, dass du ihn nur noch mit professioneller Hilfe wiederherstellen kannst. Dummerweise verhindert die Dynamik der Erschöpfung oft, dass die Betroffenen diese Notwendigkeit wahrnehmen.

**Apathie.** Wer jetzt weitermacht, durchschreitet das Tor zur persönlichen Hölle und geht den Weg in Apathie und Depression. Der erste Schritt ist innere Leere. Menschen, die diese Stufe erreichen, fragen sich, wem und wozu das eigentlich alles dient. Schlechter Schlaf, Angststörungen und Panikattacken sind Zeichen dieser Phase. Aber auch exzessive, unkontrollierte Ersatzbefriedigungen. Hauptsache irgendetwas fühlen. Noch ein Schritt und es folgt eine tiefe Depression. Und schließlich der totale Zusammenbruch. Spätestens in der Apathie-Phase ist Burnout nicht mehr „nur" Erschöpfung, sondern eine Krankheit, die durch entsprechende Spezialisten behandelt werden muss. Ein guter Coach übergibt seine Klienten in dieser Phase der ärztlichen Betreuung.

Zum Glück landen die wenigsten von uns in der letzten Phase der Erschöpfung. Aber mal ehrlich, Hand aufs Herz: Wie oft warst du schon in der zweiten Stufe? Oder erinnerst dich an Zeiten der Frustration? Ich kann mich sehr gut an diese Momente erinnern. Und auch an die Unerreichbarkeit, die damit einher ging. Ich habe rund um die Uhr gearbeitet, alles hatte seine innere Logik. Aber gut war es nicht. Alle haben darunter gelitten, meine Familie, das Team und ich. Und natürlich auch die Arbeit selbst. Entspannt hätte ich viel besser sein können. Klarer denken, Klasse statt Masse, Leichtigkeit statt Druck.

Unternehmer und Führungskräfte, die ihre Ideen beweisen und etwas bewegen wollen, sind besonders anfällig für die Burnout-Dynamik. Nur redet keiner darüber. **Dickes, fettes Tabu!**

**Gemeinsame Achtsamkeit.** Tu dir, deinen Mitgründern und Führungskollegen einen riesigen Gefallen: Holt den Burnout aus der Tabu-Zone. Setzt euch im Gründer- oder Führungsteam mit dem Rad der Erschöpfung auseinander. Diskutiert die Stufen und überlegt, wo ihr steht. Achtet aufeinander: Seid ihr alle noch in der Balance, oder kippt es bei einem von euch? Je früher ihr Fehlentwicklungen erkennt, desto besser seid ihr erreichbar. Wenn ihr euch gegenseitig dabei unterstützt, die erste Phase nicht zu verlassen, könnt ihr so führen, wie ihr es euch wünscht: Bewusst, wertschätzend und auf Augenhöhe. Jenseits dieser Phase übernehmen die Dämonen der Erschöpfung zunehmend die Kontrolle.

**Selbstfürsorge.** Gegenseitige Achtsamkeit ist der erste Schritt zur Verhinderung von Burnout. Der zweite Schritt ist eine gute Selbstfürsorge. Nur wenn es dir gut geht, kannst du dafür sorgen, dass es auch den anderen gut geht. Selbstfürsorge ist immer auch Teamfürsorge. Oder wie es im Flieger heißt: *„Bitte legen Sie zuerst ihre eigene Maske an ..."*.

Und damit sind wir wieder beim Energiemanagement. Stell sicher, dass du deine Batterien immer gut auflädst. Deine Arbeit kostet Kraft. Aber nicht immer. Natürlich gibt es Situationen, Tätigkeiten und Menschen, die dich Energie kosten. Das sind deine Energielecks. Es gibt aber auch solche, die dir Energie geben. Das sind deine Energiebooster. Wenn du beide gut kennst, kannst du deine Energie besser managen.

**Balance schaffen.** Viele Energiebooster und -lecks sind sehr persönlich. Es sind Menschen und Aufgaben, die dir liegen oder eben auch nicht. Eine Übung zu ihrer Exploration findest du in der nächsten Toolbox.

---

**Toolbox: Manage deine Energiebooster und Energielecks**

Ein gutes Energiemanagement verlangt, dass du deine Energiebooster und Energielecks kennst und aktiv managst, um in der Balance zu bleiben. Nimmt dir für diese Übung eine Stunde Zeit, gerne gemütlich abends auf dem Sofa.

- **Auflisten aller Booster und Lecks:** Schreibe in zwei Spalten alle Situationen, Aufgaben und Menschen auf, die dir entweder viel Energie geben oder dich viel Energie kosten.
- **Energiebooster zuschalten:** Nimm dir deine Energiebooster vor. Wie schaffst du im Alltag mehr Platz für sie? Was passiert, wenn du sie bewusster wahrnimmst? Kannst du deine Rolle so gestalten, dass ihr Anteil steigt?
- **Energielecks stopfen:** Setz dich dann mit deinen Energielecks auseinander. Warum strengen dich diese Dinge so an? Sind es Aufgaben, die nicht zu deinen Stärken passen? Kannst du diese Themen abstellen, abgeben oder mit einer positiven Bedeutung neu bewerten?
- **Aktivierung Energiemanagement**: Die letzte Viertelstunde ist der Neuplanung deiner Zeit gewidmet. Wie ändert sich dein Tag, wenn du deine Booster priorisierst und versuchst, deine Energielecks zu reduzieren? Wie ändert sich deine Rolle: Welche Aufgaben gibst du ab, was verstärkst du? Wie reflektierst du deinen Tag, damit du die Energiebooster wahrnimmst? Und was ist die eine Anpassung, mit der du sofort startest?

## Selbstführung: Werde zum Growth Leader

Darüber hinaus gibt es fünf Energiebooster, die grundsätzlich für alle Menschen gelten: Schlaf, Entspannung, Bewegung, Ernährung und soziale Kontakte. Zu jedem dieser Themen gibt es dutzende Bücher mit tollen Anregungen. Eine inspirierende Zusammenfassung findest du im Buch *„Sink, Float or Swim"* von Scott Peltin und Jogi Rippel. An Vorschlägen diese Booster zu realisieren mangelt es also nicht. Aber wie stellst du sicher, dass du sie auch wirklich umsetzt? Das ist doch genau die Freizeit, die einem stressigen Arbeitsalltag als erstes zum Opfer fällt!

> **Growth Leader Live: Energiemanagement**
>
> Mach dir klar, wieviel Energie du in dein System steckst. Es ist wie in der Physik: Wenn ein System nicht gut eingestellt ist, dann kannst du es nur in Bewegung halten, indem du viel Energie reinsteckst. Und wenn ich in meinem System schlecht laufende Lager habe, dann kann ich das trotzdem betreiben, aber es ist halt mühsam.
>
> Für mich war immer klar: Ich will mich nicht verbeißen, wenn es nicht funktioniert. Ich werde an dieser Firma nicht kaputt gehen. Dann lasse ich es halt lieber. Ich glaube, es ist sehr wichtig, ganz früh zu erkennen: Wo sind meine Grenzen und woran erkenne ich, dass ich sie überschreite? Das ist etwas, was sehr, sehr schwierig ist. Wenn du im Kern des Systems bist, wie willst du dich selbst beobachten? Da brauchst du Feedback von außen, z. B. von engen Freunden, Familienmitgliedern oder auch einem persönlichen Coach. Und musst dann wieder abwägen, wie ernst du das nimmst.
>
> Ich muss aber auch echt gestehen, dass ich meine Arbeit nie als Belastung empfunden habe. Es macht einfach Spaß. Aber das hat natürlich auch etwas mit Erfolg zu tun. Erfolg hilft sehr, die richtige Balance zu finden, vorausgesetzt, ich will den Ertrag nicht maximieren. Bei mir ist es jedenfalls nicht so, dass ich mir denke „Es muss doch noch mehr gehen". Ich nehme mir dann lieber einmal einen freien Tag, setze mich aufs Moped und fahre in die Berge. Da hilft ein Blocker im Kalender und jeder weiß, der ist heute persönlich nicht direkt erreichbar. Ich kann nur jedem empfehlen, sich das auch mal zu gönnen.
>
> *Klaus Eberhardt, iteratec*

**Energiemanagement = Top-Führungsaufgabe.** Nur mit einem guten Energiemanagement wirst du zum Growth Leader. Deklariere dein eigenes Energiemanagement zum Teil deines Jobs und mache Bewegung, gute Ernährung und Entspannung zu wesentlichen, nicht verhandelbaren Terminen in deinem Arbeitstag. Denn sie erhalten deine Produktivität und Kreativität mindestens genauso wie das eine oder andere Meeting.

Das gleiche gilt für die Entspannung zwischendrin. Plane alle 90-120 Minuten zehn bis fünfzehn Minuten Pause ein. Hol dir in der Teeküche was zu trinken. Sicher triffst du dort jemanden aus dem Team. Nimm dir die Zeit, um mit diesem Menschen über Gott und die Welt zu reden. Entspannend und gleichzeitig super effizient: Du machst deinen Kopf frei, lernst deine Kollegen besser kennen, baust Beziehungen auf. Nicht nur du, sondern auch deine Kollegen werden diese neue Angewohnheit lieben!

Egal, ob es dein Sportprogramm ist oder die 15 Minuten zwischendrin. Auch diese Umgewöhnung ist viel leichter mit einem Partner, der sich das gleiche vornimmt. Gegenseitige Verpflichtung funktioniert immer besser als Selbstverpflichtung.

Mit einem guten Energiemanagement bleibst du auch in schwierigen Zeiten gelassen und entspannt. Dann hast du die Durchhaltekraft, die Kreativität und Konzentration, um dein Unternehmen auch noch durch die heftigsten Turbulenzen zu manövrieren. Dann bist du der starke Rücken deines Teams.

**Selbstreflektion**

- Wie resilient bist du? Wie sehr bringen dich Rückschläge aus dem Ruder? Was kannst du tun, um deine Resilienz zu erhöhen?
- Wo erkennst du dich in der Beschreibung der verschiedenen Erschöpfungsgrade wieder? Wer hilft dir, aus der Burnout-Dynamik auszusteigen? Auf wen hörst du noch, wenn dich andere schon nicht mehr erreichen?
- Wie sieht dein Energiemanagement aus? Betrachtest du deinen Ausgleich als Luxus oder ist es ein wesentlicher Teil deines Jobs? Wer unterstützt dich bei der Umsetzung?

## Wachstums-Mindset: Dein Entwicklungsplan

*Sei du selbst die Veränderung, die du dir wünschst für diese Welt.*

*Mahatma Gandhi*

Mit den Überlegungen der letzten Abschnitte hast du die Basis, um über dich selbst hinauszuwachsen. Jetzt geht es an die Umsetzung: Stelle deinen Entwicklungsplan auf, gib dir persönliche Quartalsziele und führe ein Entwicklungstagebuch.

### Entwicklungsplan aufstellen

Wenn du die verschiedenen Themen der Selbstführung durchgearbeitet hast, hast du ein umfangreiches Bild deines Entwicklungsbedarfs. Den ultimativen Überblick schafft dir dein Entwicklungsplan, der all diese Erkenntnisse zusammenfasst. Dieser Plan könnte der Einstieg in ein Tagebuch sein, indem du deine persönliche Entwicklung reflektierst.

**Toolbox: Mein Entwicklungsplan**

- **Meine Führungskompetenzen:** Wie sieht mich das Team? Welcher Teil der Führung funktioniert bereits gut? Wo will ich besser werden und wie?
- **Meine Signaturstärken:** Was sind meine Stärken und wie bringe ich sie noch besser zum Einsatz, welche Rolle ergibt sich aus ihnen?
- **Meine Schattenseiten:** Was sind die dunklen Seiten meiner Stärken? Wie behindern sie mich? Wie kann ich sie überwinden?
- **Meine Werte:** Was sind meine Werte, wie lebe ich sie? Wie übertrage ich sie auf unser Unternehmen? Was heißt das für die gemeinsame Arbeit?

## Selbstführung: Werde zum Growth Leader

> ▶ **Mein großer Traum:** Wie sieht mein Leben in einem, sieben und zwanzig Jahren aus? Was ist mein Lebensmotto? Was heißt dieser Traum für mein Unternehmen?
>
> ▶ **Meine Glaubenssätze:** Welche Glaubenssätze fördern und limitieren mich? Wie überschreibe ich Selbstlimitationen? Was passiert dann?
>
> ▶ **Mein Resilienzprogramm:** Wie steigere ich meine Resilienz? Wie baue ich meine Energiebooster aus? Welche Energielecks kann ich schließen?

### Deine persönlichen Quartalsziele

Dein grober Lernplan steht. Wenn du jetzt einfach durchstartest, vergeht kein Monat, und all deine guten Vorsätze sind wieder vergessen. Und damit auch die Arbeit, die du in deine Selbstentwicklung gesteckt hast.

Wie also stellst du sicher, dass die Selbstführung im Alltag nicht zu kurz kommt? Genauso wie bei den Zielen, die ihr eurem Unternehmen gebt: Setze dir klare Ziele und KPI und überprüfe diese regelmäßig. Dazu bietet sich auch im persönlichen Umfeld die OKR-Methodik an (siehe Kapitel *Teamführung*, Abschnitt *Kooperation*).

**Quartalsziele.** Auch für deine eigene Entwicklung ist ein Quartal ein guter Arbeitszyklus. Nimm dir vor jedem Quartal zwei Stunden Zeit. Reflektiere, was du in den letzten Monaten erreicht hast, und definiere dann die Ziele und Ergebnisse, die du im neuen Quartal erreichen willst. Beschreibe dabei zunächst, was dein wichtigstes persönliches Ziel für dieses Quartal ist. Welcher Entwicklungsschritt hat den größten Hebel zur Verbesserung deiner Führungskompetenz? Wo zeigte das Feedback die größte Lücke? Willst du z. B. erst mal die Energiebalance für dich herstellen, resilienter und ausgeglichener werden? Oder willst du lernen, besser zuzuhören und damit näher an deinen Kollegen zu sein? Was steht jetzt für dich an?

**Operationalisierung.** Brich dein Hauptziel dann in 3-5 konkrete Arbeitsfelder herunter. Welche Verhaltensänderungen stehen hinter dem Ziel? Du willst lernen, aktiv zuzuhören? Das schaffst du z. B., indem du mehr Fragen stellst, ausgeruhter bist und dein Gegenüber besser kennenlernst. Überlege dann, wie du diese Teilziele realisierst: Wenn ich mehr Fragen stellen will hilft es mir, wenn ich mir Gedanken über gute Fragen mache. Es hilft mir auch, wenn ich darauf achte, nicht immer gleich mit Antworten zu reagieren, sondern stattdessen erstmal eine Frage formuliere. Schließlich definierst du, wie du deinen Lernerfolg misst: Holst du dir Feedback von Kollegen auf deine Verhaltensänderung? Finden jetzt wieder alle 1:1-Meetings statt, da jeder sie als produktiv empfindet?

> **Toolbox: Beispiel Persönliche OKR**
>
> Begeisterndes Ziel: Ich höre aktiv zu und bin damit meinem Team nähergekommen.
>
> ▶ Key Result 1: Ich habe von 3 Kollegen das Feedback bekommen, dass ich besser zuhöre und sie das Gefühl haben, wahrgenommen zu werden.
>
> ▶ Key Result 2: Meine 1:1-Meetings sind interaktiver geworden. In den letzten 4 Wochen ist kein Meeting aus Mangel an Themen abgesagt worden.

> Key Result 3: Ich schaffe es in 90 % der Fälle, in denen ich bisher eine Antwort gegeben hätte, eine Frage zu stellen.
>
> Key Result 4: Ich schlafe im Schnitt 7 Stunden und gehe entspannt und erholt in den Tag.

**Suche dir einen Entwicklungshelfer.** Teile deine persönlichen Ziele mit deinem Coach oder einer Vertrauten und gib diesem Menschen das Recht, die Zielerhaltung bei dir nachzuhalten. Als ich mit meinem Entwicklungsplan gestartet bin, habe ich meine OKR einem meiner besten Freunde gegeben und einmal im Monat berichtet, wo ich stehe. Die Blöße, hinterher zu sein, wollte ich mir nicht geben. Allein das war ein hervorragender Anreiz zur Umsetzung, ganz abgesehen von den guten Diskussionen, die wir zu den Zielen hatten.

**Dein Team als Entwicklungspartner:** Wenn du dich traust, dich verletzlich zu zeigen, kannst du deine persönlichen Ziele auch mit deinem Team teilen. Der große Vorteil: Dein Team erlebt direkt, dass du an dir arbeitest und anders führen willst. Zusammen mit dir ist dein Team der größte Gewinner deiner Selbstführung. Jeder will, dass du wächst. Indem du dein Team zu deinem Entwicklungspartner machst, bekommt ihr ein ganz neues Momentum. Gleichzeitig lebst du Transparenz, Vertrauen und Wertschätzung vor. Allein dafür lohnt es sich schon.

## Dein Entwicklungstagebuch

Du willst viel Neues lernen und dir neue Verhaltensweisen angewöhnen. Die Kraft dazu gewinnst du, wenn du dir regelmäßig vor Augen hältst, wie gut es sich anfühlt, wenn du dein Ziel erreichst und wenn du auch kleine Fortschritte wahrnimmst und feierst. Nimm dir idealerweise jeden Tag 10 Minuten Zeit, um den Tag zu reflektieren. Checke alle ein bis zwei Wochen, wie du mit deinen Quartalszielen vorankommst und mache einmal im Quartal einen Review der letzten drei Monate, in dem du auch das nächste Quartal planst. Es bietet sich an, all diese Reflektionen in einem Entwicklungstagebuch zusammenzufassen und sie über einen festen Kanon an Fragen zu strukturieren. Mögliche Fragen findest du in der nächsten Toolbox.

> **Toolbox: Fragen für dein Entwicklungstagebuch**
>
> **Täglicher Review. Beantworte in 10 Minuten die folgenden Fragen:**
> - Wie fühle ich mich heute?
> - Habe ich die Aufgaben, die ich angehen wollte, erfüllt?
>   - Hatte ich Spaß dabei? Wann würde es noch mehr Spaß machen?
>   - Was fiel mir schwer? Was macht andere Aufgaben leichter für mich?
> - Was waren die 5 größten Erfolge, welche Werte und Stärken nutzen sie?
> - Was ist mir misslungen? Welche Schattenseiten und Selbstlimitationen standen dahinter? Was macht mich künftig erfolgreich?
> - Wofür bin ich besonders dankbar und was habe ich gelernt?

## Selbstführung: Werde zum Growth Leader

**Wochenreview. Nimm dir 1 Stunde zur Reflektion und plane die nächste Woche.**

- Good News: Was ist gut gelaufen? Was macht mich glücklich?
- Habe ich meine Wochenziele erreicht? Was lief besser als erwartet? Wie kann ich das wiederholen? Was lief schlechter? Was ist gut daran?
- Wann habe ich meine Komfortzone verlassen? Was habe ich gelernt?
- Wo habe ich den größten Schritt nach vorne gemacht?
  - Welche Werte und Stärken setze ich konsequenter ein? Welche Limitationen und dunklen Seiten habe ich erkannt und adressiert?
  - Wie wird das vom Team erlebt? Wie mache ich das erlebbarer?
- Wo sollte ich noch stärker wachsen?
- Was wäre anders, wenn ich meinen großen Traum schon leben würde? Was ist bereits jetzt möglich?
- Wer hat mich unterstützt? Wie kann ich diesen Menschen danken?

**Quartalsreview. Nimm dir 2 Stunden für das Review des beendeten Quartals und die Planung das nächsten. Hol dir gerne auch Feedback ein.**

- Good News: Was ist richtig gut gelaufen? Was begeistert mich?
- Habe ich meine persönlichen Ziele erreicht?
- Wie haben sich meine Kompetenzen entwickelt? Wo sind noch Baustellen?
  - Wie hat sich meine Selbstführung verbessert? Lebe ich das Mindset eines Growth Leaders?
  - Welches neue Verhalten habe ich verinnerlicht? Was fällt mir noch schwer?
  - Welche Rückmeldungen bekomme ich aus dem Team? Was wünscht es sich von mir?
- Was nehme ich mir für das nächsten Quartal vor? Was sind die richtigen Teilziele und KPI? Wer kann mich dabei am besten unterstützen?
- Wie feiere ich meine bzw. unsere Erfolge? Was gönne ich mir, was gönnen wir uns für unseren Einsatz?

Auch wenn mal etwas nicht so läuft wie geplant: Begegne dir immer mit einer positiven, wertschätzenden Haltung. Bestrafe dich nicht, sondern schaue nach vorne: Was hast du gelernt? Wie machst du es beim nächsten Mal besser? Je wertschätzender und verzeihender du mit dir selber umgehst, desto leichter wird dir das gegenüber deinen Kollegen fallen. Denn das ist ein wesentlicher Hebel der Selbstführung: Wenn du dich so schätzt wie du bist, mit all deinen hellen und dunklen Seiten, dann kannst du auch deine Mitmenschen schätzen, so wie sie sind.

Sei schließlich dankbar für die Unterstützung, die du auf deinem Weg bekommst und gebe diesen Dank auch weiter. Dankbarkeit und Anerkennung der Erfolge machen dich glücklich und geben dir den notwendigen Schub nach vorne.

### Selbstreflektion

▶ Wie sieht dein Entwicklungsplan aus? Was ist deine erste Priorität?
▶ Wie integrierst du deine persönliche Entwicklung in deinen Alltag?
▶ Wer unterstützt dich bei der Umsetzung deines Entwicklungsplans?

## Check-out

Du gehst jetzt den Weg von Gründer zum Growth Leader. Dafür lernst du als erstes dich selbst zu führen. Du reflektierst dich und dein Verhalten intensiv, lernst dich immer wieder selber zu begeistern und Meisterschaft zu erreichen.

**Du träumst einen großen Traum.** Du kennst deine Werte, auch die verborgenen, die dir bisher das Gefühl gaben, irgendwie zu kurz zu springen. Du hast einen wirklich großen Traum, ein buntes, lebendiges Bild deiner Zukunft. Ein gewagter Traum, der all deine Lebensbereiche umspannt, der dich begeistert und der dir hilft, aus dem Vollen zu schöpfen.

**Du hast ein offenes Herz für dich und die anderen.** Du verstehst deine Signaturstärken und hast dich demütig ihren Schattenseiten gestellt. Das war nicht immer einfach, denn dir ist klar geworden, wieviel von dem, was du im Unternehmen nicht schätzt, ein Spiegel deines Verhaltens und deiner limitierenden Glaubenssätze ist. Aber es hat sich gelohnt: Denn nun fällt es dir leichter, mit offenem Herzen auf dein Team zuzugehen.

**Dein starker Rücken hält dich auch in schwierigen Zeiten aufrecht.** Er macht dich zum Energiegeber und ruhigen Pol des Teams. Du hast die Gefahren der Erschöpfung verstehen gelernt und gute Wege gefunden, deine Energie immer wieder aufzufüllen. Resilienz ist die Superkraft von Growth Leadern. Mit ihr gibst du deinem Team auch in schwierigen Zeiten die Energie, die ihr für das Wachstum braucht.

**Dein Entwicklungsplan steht.** Deiner systematischen Selbstentwicklung steht nichts mehr im Wege. Du hast einen guten Überblick über deine Entwicklungsfelder und gehst sie beherzt an. Du hast Lernpartner gefunden, die dir helfen, deine guten Vorsätze umzusetzen. Klare Ziele und regelmäßige Reviews helfen dir, das Momentum aufrecht zu erhalten. Und du freust dich auf die Lernreise. Denn du weißt: Wenn du zum Growth Leader wirst, ziehst du dein Unternehmen mit.

### Deine Rolle als CEO

▶ Übernimm Verantwortung für deinen eigenen Entwicklungsweg zum Growth Leader. Nur wenn du über dich hinauswächst, kannst du auch Verantwortung von anderen einfordern. Walk the Talk.

## Selbstführung: Werde zum Growth Leader

- Zeige dich verletzlich: Hole aktiv Feedback ein, sei offen über die Schwächen, die sich dabei zeigen und verpflichte dich gegenüber deinem Team zu deinem Entwicklungsweg. Diese Verletzlichkeit schwächt nicht, sondern macht dich stark. Auch wenn es sich zunächst nicht so anfühlt.
- Denke groß, riesengroß! Viele finden es zunächst übertrieben, ihren großen Traum zu entwickeln. Und sind dann ganz überrascht, wenn sie von ihrer eigenen Begeisterung mitgerissen werden.
- Sei gnädig mit dir, wenn nicht alles sofort klappt. Übung macht den Meister. Motiviere dich mit positiven Rückmeldungen an dich selber. Freue dich auch über kleine Erfolge. Sei dankbar für die Unterstützung, die du bekommst.
- Geh den Weg zum Growth Leader mit so vielen Menschen wie möglich. Lass dir helfen. Das gibt deiner Entwicklung zusätzliches Momentum: Du lernst schneller, gibst Kontrolle ab und erhöhst deine Selbstverpflichtung. Das Beste: Damit initiierst du eine Wachstumskultur für euer ganzes Unternehmen.

### Reflektion & Aktion

Du weißt jetzt, wo deine persönliche Reise hingeht und hast deinen Entwicklungsplan aufgestellt. Mach vor dem Start einen letzten Gegencheck: Löst dein Plan alle kritischen Themen aus den Aufbruchssignalen? Diskutiere das gerne auch mit vertrauten Kollegen oder deinem Coach:

- Adressiert der Plan alle Themen aus dem 360-Grad-Feedback? Was sind größere Themen, die ihr nur gemeinsam lösen könnt?
- Was fehlt dir jetzt noch, welche weiteren Themen der Selbstentwicklung möchtest du anstoßen? Was sagen deine Kollegen dazu?
- Was brauchst du von deinen Führungskollegen, damit du wirklich dein bestes Ich sein kannst?
- Spürst du bereits, dass deine Begeisterung zurückkehrt? Was würde dir jetzt noch mehr Energie geben?
- Welche Bücher oder Seminare geben dir weitere Anregungen?
- Wer lebt so, wie du das möchtest, und könnte dein Mentor sein?

Kommuniziere zum Start 2-3 Kernpunkte deines Entwicklungsplans an das Team. Fokussiere dabei auf die kritischen Themen aus dem Führungsfeedback. Damit zeigst du, dass du das Feedback deiner Kollegen gehört und angenommen hast. Verpflichte dich, gemeinsam mit ihnen an der Verbesserung deiner Führungskompetenz zu arbeiten. Gehe als Gründer und CEO explizit in die Selbstverantwortung.

Und schon hält dich nichts mehr auf deinen Weg zum Growth Leader auf. Viel Erfolg!

# MENSCHENFÜHRUNG: SELBSTVERANT-WORTUNG SCHAFFEN

*„If you're a great manager, your people will make you a leader. They acclaim it, not you."*

Bill Campbell, Coach und Ex-CEO

## Menschenführung: Selbstverantwortung schaffen

Du hast dich jetzt intensiv damit auseinandergesetzt, was dich ausmacht und wie du dich selber entwickeln kannst. Nun kommen wir zur Führung. Hier gibt es zwei Perspektiven: Die Führung der Menschen und die des Unternehmens. Du brauchst beide, um erfolgreich zu sein.

Viele Gründer und CEOs sehen sich vor allem als Manager ihres Unternehmens. Sie arbeiten daran, die Operations in den Griff zu bekommen: Ziele setzen und erreichen, Projekte managen, Details optimieren. In diesem Bereich liegen all die „Sachthemen" der Führung: Finanzen, Vertrieb, Produktion, usw. Ohne diese Themen geht es nicht.

Wer jedoch ausschließlich aus dieser Perspektive agiert, bei dem kommt die eigentliche Menschenführung zu kurz. Der hat oft das Gefühl, die Arbeit mit Menschen koste wertvolle Zeit, die für die echte Arbeit fehlt. Menschen, die vor allem das Unternehmen führen, schaffen oft Unternehmen, die von ihnen abhängig sind, in denen Mikromanagement überwiegt und die nur schlecht skalieren können. Typische Sätze solcher Gründer und Führungskräfte sind: „Alles hängt an mir!" oder „Hier übernimmt keiner Verantwortung!"

Anders, wenn du dir Zeit für die Führung der Menschen nimmst. Wenn Führung für dich vor allem die Fähigkeit ist, *„eine Richtung vorzugeben, andere im Sinne eines gemeinsamen Ziels zu beeinflussen, sie zu motivieren und zum Handeln zu bringen und sie für ihre Leistung in die Verantwortung zu nehmen."*[12] Wenn du deinen Fokus auf die Führung der Menschen verlegst, setzt du das große Schwungrad in Gang. Dann setzt du die Energie deiner Kollegen frei und lässt nicht nur sie, sondern auch das ganze Unternehmen wachsen.

Aber was heißt das? Eine herausragende Beschreibung menschenzentrierter Führung hat der großartige CEO und Coach Bill Campbell in seinem Leadership Manifest zusammengefasst. Als ich dieses Manifest erstmals las, ging mir das Herz auf. Da stand eigentlich alles drin, was in der Führung zentral ist.

---

**It's the People – Das Leadership Manifest**[13]

Menschen sind die Grundlage für den Erfolg jedes Unternehmens. Die Hauptaufgabe jeder Führungskraft ist es, Menschen dabei zu unterstützen, ihre Arbeit effektiver zu erledigen, zu wachsen und sich weiterzuentwickeln. Unser Team besteht aus großartigen Menschen, die Gutes schaffen wollen, die fähig sind, Großes zu erreichen, und die voller Elan an die Arbeit gehen, um diese Dinge zu realisieren. Großartige Menschen gedeihen in einer Umgebung, die diese Energie freisetzt und verstärkt. Führungskräfte schaffen dieses Umfeld durch *Unterstützung, Respekt und Vertrauen*.

*Unterstützung* bedeutet, die Menschen mit all dem auszustatten, was sie brauchen, um erfolgreich zu sein: Werkzeuge, Informationen, Training und Coaching. Und das ständige Bemühen, die Fähigkeiten der Menschen weiterzuentwickeln. Großartige Führungskräfte helfen Menschen, exzellent zu sein und zu wachsen.

*Respekt* bedeutet, die einzigartigen Karriereziele der Menschen zu verstehen und sensibel auf ihre Lebensentscheidungen einzugehen. Es bedeutet, Menschen dabei zu helfen, ihre Ziele in einer Weise zu erreichen, die mit den Bedürfnissen des Unternehmens im Einklang steht.

> *Vertrauen* bedeutet, den Menschen die Freiheit zu geben, ihre Arbeit zu tun und Entscheidungen zu treffen. Es bedeutet, zu wissen, dass es die Menschen gut machen wollen, und daran zu glauben, dass sie das auch werden.

Ich unterschreibe jedes Wort dieses Manifests! Und du?

Aber was heißt das konkret für die Führung von Menschen? Was sind die essenziellen Führungsfähigkeiten und -instrumente, die du beherrschen solltest? Das ist der Fokus dieses Kapitels.

# Check-in

Am besten kannst du dich auf die Entwicklung deiner Kompetenzen der Menschenführung einstellen, wenn du dir die folgenden Fragen stellst:

- Was bedeutet Führung für mich? Welche Kompetenzen brauche ich dafür?
- Wie gut fördere ich Vertrauen, Motivation und Engagement?
- Wie helfe ich Menschen, zu Hochleistung zu kommen?
- Was heißt es für mich, gut zuzuhören? Bin ich ein guter Zuhörer?
- Wie übergebe ich Aufgaben? Bin ich klar? Gebe ich Freiraum?
- Wie oft gebe ich positives und negatives Feedback? Kommt es an?
- Wie helfe ich meinen Kollegen, über sich selbst hinauszuwachsen?
- Wie sehen die 1:1-Meetings mit meinen direkten Mitarbeitern aus? Sind sie effektiv und unterstützen sie ihre Entwicklung?

Es gibt unterschiedliche Aufbruchssignale, die zeigen, dass es Zeit für dich ist, an deinen Kompetenzen der Menschenführung zu arbeiten. Schau dir diese Liste nicht nur alleine an, sondern hole dir auch Feedback von vertrauten Kollegen, vor allem von Menschen, die du führst.

### Aufbruchssignale „Menschenführung"

*Bewerte die Signale auf einer Skala von 1: keine bis 5: große Herausforderung*

| | |
|---|---|
| Mir werden immer wieder Klagen über meinen Führungsstil zugetragen. | ☐ |
| Ich habe das Gefühl, dass das Team weniger motiviert ist als früher. | ☐ |
| Ich denke oft „Dieser Kindergarten" und fühle mich als Mama oder Papa. | ☐ |
| Ich tue mich schwer damit, zuzuhören und falle Menschen oft ins Wort. | ☐ |
| Aufträge werden oft anders ausgeführt als ich das erwarte. | ☐ |

## Menschenführung: Selbstverantwortung schaffen

| | |
|---|---|
| Meine Kollegen denken oft nicht mit, wenn ich Aufträge übergebe. | ☐ |
| Viele Aufgaben, die ich delegiere, landen wieder auf meinem Tisch. | ☐ |
| Meine Kollegen beklagen sich über fehlendes Feedback. | ☐ |
| Ich vermeide Feedback, es ist mir zu unangenehm. | ☐ |
| Positives Feedback kommt bei uns nicht vor, davon lernt man nichts. | ☐ |
| Ich weiß nicht, wie ich das Potenzial meiner Mitarbeiter heben kann. | ☐ |
| Es fällt mir schwer, meine Mitarbeiter zu eigenen Lösungen zu bringen. | ☐ |
| Die 1:1-Meetings mit meinen direkten Mitarbeitern fallen häufig aus. | ☐ |
| In den 1:1-Meetings mache ich vor allem Ansagen. Diskutiert wird nicht. | ☐ |

Je mehr Fragen du mit 3 und mehr Punkten bewertest, desto klarer ist das Signal: Zeit für den Aufbruch. Auch wenn es nur einzelne Herausforderungen gibt: Die Entwicklung deiner Führungskompetenz ist ein ständiger Prozess. Es lohnt sich also, am Ball zu bleiben.

### Ausblick auf das Kapitel Menschenführung

Dieses Kapitel stattet dich mit den wichtigsten Instrumenten der individuellen Führung aus. Dabei adressieren wir sechs Themenfelder:

**Die Basis:** Grundlage der Führung von Menschen ist das Verständnis ihrer Bedürfnisse. Wenn du die Bedürfnisse deiner Kollegen verstehst, kannst du Vertrauen aufbauen, sie motivieren und ihr Engagement anregen. Zu Höchstleistung kommen Menschen und Teams, wenn du auf Basis eures tiefen Vertrauens in den Diskurs gehst, Verpflichtung und Rechenschaft förderst und ihr auf ein gemeinsames Ziel hinarbeitet.

**Zuhören** ist die Grundkompetenz guter Führungskräfte. Ohne diese Kompetenz kannst du den Rest schon fast vergessen. In diesem Abschnitt lernst du, was aktives Zuhören heißt und wie du es üben kannst.

Die folgenden Abschnitte führen dich durch den Zyklus der Menschenführung: Du übergibst Verantwortung, dann gibst du Feedback auf die Arbeit und mit „Coaching" förderst du die individuelle Weiterentwicklung.

**Verantwortung.** In die Verantwortung führen ist die zentrale Aufgabe von Führung. Nachhaltige Verantwortungsübergabe gelingt am besten in einem strukturierten Prozess, in dem du dir über deine Ziele klar bist, im guten Austausch mit deinen Kollegen stehst und du Vertrauen in seine oder ihre Leistungsfähigkeit und -bereitschaft aufbaust.

**Feedback.** Mit gutem Feedback gibst du eine Rückmeldung auf erfolgreiches oder verbesserungswürdiges Verhalten und hilfst deinen Kollegen, Schritte zur Weiterentwicklung ihres Verhaltens zu entwickeln. Damit ist gutes Feedback eigentlich ein Feedforward.

**Coaching.** Mit Coaching hilfst du deinen Kollegen, ihre eigenen Lösungen zu entwickeln. Damit werden sie wirklich exzellent und können über sich hinauswachsen. Direkt „on the Job".

**1:1-Meetings** sind ein wichtiger Rahmen für deine Führungsaktivitäten. In diesem Abschnitt findest du Anregungen zu einer produktiven Gestaltung dieser essenziellen Meetings, die auch Spaß machen.

Wenn du die in diesem Kapitel vorgestellten Führungsinstrumente beherrschst, kannst du die wesentlichen Führungsherausforderungen auf der individuellen Ebene lösen.

## Die Basis: Vertrauen, Motivation und Engagement

*Du kannst Menschen mit Zwang kontrollieren, aber du wirst ihre Herzen und Gedanken nicht ändern – das erfordert Vertrauen und Freundschaft.*

*Dalai Lama*

Die absolute Grundlage für eine effektive und effiziente Menschenführung ist deine eigene Haltung gegenüber deinen Kollegen.

Du machst es dir schwer, wenn du annimmst, dass sich Menschen nur dann bewegen, wenn du sie anschiebst und Druck auf sie ausübst. Tatsächlich führen viele Menschen aus einer solchen Haltung. Das heißt dann autoritäre Führung oder klare Ansagen machen. Das Vorteil an diesem Stil: Du muss dir keine Gedanken über die Menschen machen. Es zählt allein, was du willst. Und das setzt du dann durch. Der Nachteil: Du musst diesen Druck aufrecht halten, die Verantwortung bleibt bei dir. Unglaublich anstrengend und ineffizient! Leider ist das für viele Führungskräfte tägliche Realität. Wie viele Gründer erzählen mir frustriert, dass alles an ihnen hängt und dass nichts passiert, wenn sie es nicht anschieben!

Du machst es dir wesentlich leichter, wenn du annimmst, dass Menschen grundsätzlich aus ihrer eigenen Energie heraus arbeiten und etwas Großes schaffen wollen – so wie im Leadership Manifest beschrieben. Dann geht es nicht darum, die Menschen anzuschieben, sondern darum, den richtigen Rahmen zu schaffen, in dem deine Kollegen zu Höchstleistung aufblühen. Dann bist du ein Gärtner, der seine Beete gießt und düngt und sich freut, wenn seine Setzlinge wachsen, blühen und Früchte tragen. Als Gärtner gibst du Energie, die multipliziert wird. Gemeinsam schafft ihr Momentum.

Was aber braucht ein Mensch, damit er wachsen kann? Wie schaffe ich die richtige Basis, auf der die eigentlichen Führungsinstrumente aufsetzen? Wann entstehen Vertrauen, Motivation und Engagement? Unter welchen Bedingungen laufen wir zu Höchstleistung auf?

## Menschenführung: Selbstverantwortung schaffen

### Bedürfnisse erfüllen, Vertrauen, Motivation und Engagement schaffen

Menschen entwickeln ihre größte Kraft, wenn möglichst viele ihrer Bedürfnisse erfüllt sind. Aber was sind die wichtigsten Bedürfnisse im Kontext der Führung? Was passiert, wenn sie nicht erfüllt sind? Und wie spielen sie zusammen?

Wir schaffen ein Umfeld, das Vertrauen, Motivation und Engagement fördert, wenn wir mit unserer Führung und unserer Unternehmenskultur sechs wesentliche Bedürfnisse befriedigen: Sicherheit, Verbindung, Bedeutung, Sinn, Meisterschaft und Autonomie.

**Sicherheit.** Das Bedürfnis nach Sicherheit wird von einem Umfeld erfüllt, das klar ist, in dem es fair und gerecht zugeht und in dem sich die Teammitglieder sicher fühlen, Risiken einzugehen und verwundbar zu sein. Im Kontext mit Teamperformance wird dabei gerne von psychologischer Sicherheit gesprochen. Das Fehlen von Sicherheit erkennt ihr daran, dass sich eure Kollegen zurückziehen, eure Gerüchteküche brodelt und von einer Angstkultur gesprochen wird.

**Verbindung.** Als Herdentiere haben Menschen ein ausgeprägtes Bedürfnis nach Verbundenheit. Sie wollen Teil des Teams sein und dazugehören. In der Gruppe fühlen sich Menschen sicher und wohl. Fehlt die Verbundenheit im Gesamtteam, bilden sich oft starke Untergruppierungen, die das fehlende Gefühl der Verbundenheit im kleineren Rahmen ausgleichen. Informationen werden zurückgehalten, es herrscht ein ständiger Kampf zwischen den Teams.

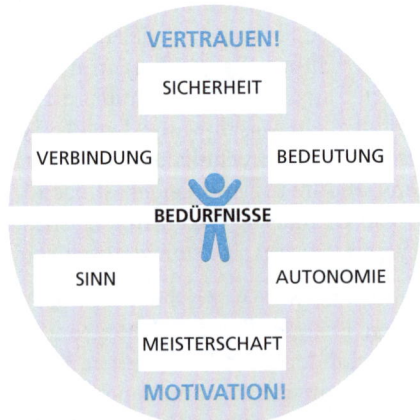

Die 6 Grundbedürfnisse von Menschen

**Bedeutung.** Menschen möchten das Gefühl haben, von Bedeutung zu sein. Sie brauchen Anerkennung und die Wertschätzung ihrer Leistung. Deine Kollegen wollen als ganzer Mensch gesehen werden, nicht nur als Rädchen in einer Maschine. Fehlende Bedeutung kompensieren sie, indem sie sich selbst in den Vordergrund stellen, sie werden arrogant und werten andere Menschen ab. Menschen, denen Anerkennung fehlt, beklagen sich oft über fehlende Wertschätzung und stellen in der nächsten Gehaltsrunde übermäßige Forderungen. Oder sie verlassen das Umfeld, das ihre Leistung nicht schätzt, gleich ganz.

**Sicherheit + Verbindung + Bedeutung = Vertrauen.** Diese ersten drei Bedürfnisse des Menschen sind wesentlich für das Entstehen von Vertrauen im Team und damit der zentrale Hebel für die Teamperformance. Vertrauen entwickelt sich, wenn sich eure Kollegen sicher fühlen, als Teil des Teams empfinden und sie als Mensch und für ihren Beitrag geschätzt werden.

**Sinn + Meisterschaft + Autonomie = Motivation.** Die nächsten drei Bedürfnisse sind zentral für das Entstehen einer intrinsischen Motivation, die den Einzelnen über sich hinauswachsen lässt, wie es Daniel Pink in seinem Buch „*Drive*" wunderbar beschreibt.[14]

**Sinn:** Es motiviert uns, wenn wir Teil von etwas Wichtigem sind. Wenn unser Leben und unsere Arbeit einen höheren Sinn haben, gehen wir die Extrameile, um zur Erfüllung dieses Sinns beizutragen. Ist unsere Arbeit sinnlos, werden wir sie lustlos ausüben und nur die halbe Energie reinstecken. Die Folge: Die Qualität der Arbeit sinkt.

**Meisterschaft:** Auch das Bedürfnis nach Meisterschaft trägt stark zur Motivation bei. Der Wunsch nach Exzellenz treibt Menschen zu immer neuen Höchstleistungen. Sie gehen bis an die Grenzen ihrer Fähigkeiten und schieben sie damit immer weiter hinaus. Warum sonst gäbe es so viele Marathons? Wenn ihr das Bedürfnis nach Meisterschaft nicht aktiv adressiert, Top-Leute z. B. lieber „fertig" vom Markt holt, statt euer Team zu entwickeln, werden eure Kollegen das Bedürfnis nach Meisterschaft anderweitig stillen. Im besten Falle durch Hobbies und Reisen, im schlechtesten Fall durch den Wechsel in ein Umfeld, das ihnen mehr Lernerfahrungen bietet. Fehlende Lernerfahrungen sind zusammen mit der fehlenden Wertschätzung die häufigsten Gründe für die Suche nach einem neuen Job.

**Autonomie.** Ein starker Motivator ist schließlich das Bedürfnis nach Autonomie. Die meisten Menschen wollen frei agieren und Verantwortung übernehmen. Sei es im beruflichen oder im privaten Umfeld. Dieses Bedürfnis verletzt du durch ausgeprägtes Mikromanagement oder zu enge Verantwortungsbereiche. Die Reaktion: Die Rückübergabe von Verantwortung oder eine Haltung eines „Nicht mein Job".

---

**Growth Leader Live: Autonomie**

Ein wesentlicher Aspekt unserer Kultur ist die Selbstbestimmung. Das wird stark durch mich geprägt. Ich kann es nicht ertragen, wenn mir jemand sagt, was ich tun soll. Ich glaube, dass alle Menschen so ticken. Daher setzen wir stark auf Selbstbestimmung und freie Entscheidungen. Die Leute sollen selbst entscheiden können, statt dass ihnen irgendeine vorgesetzte Person sagt, was sie zu tun haben. Das wird total wertgeschätzt.

*Lutz Wiechert, Feld M*

---

**Bedeutung + Sinn + Verbindung = Engagement.** Die Befriedigung der Bedürfnisse erhöht nicht nur die Motivation, sondern auch das Engagement der Menschen, sprich ihren tatsächlichen persönlichen Einsatz. Engagement verstärkt ihr mit einem

## Menschenführung: Selbstverantwortung schaffen

Klima, das auf die Bedürfnisse nach Bedeutung, Sinn und Verbindung einzahlt. Ich engagiere mich besonders, wenn ich weiß, dass meine Arbeit sinnvoll ist und wenn mein Einsatz nicht nur für mich, sondern auch für das Team, dem ich mich verbunden fühle, bedeutsam ist.

**Bedürfnisorientierte Kundenführung.** Mit einem guten Verständnis der Bedürfnisse und ihrer Wirkung bringst du nicht nur die Führung deines Teams auf ein neues Level, sondern auch eure Kundenbeziehungen. Denn schließlich sind auch eure Kunden Menschen. Je umfassender eure Gesamtleistung, also euer Produkt und alle Kundeninteraktionen, auf die Bedürfnisse eurer Kunden einzahlt, desto stärker werden sie dir vertrauen. Eure Beziehung wird sie motivieren. Das Ergebnis: Intensive langjährе Kundenbeziehungen, hohe Wiederkauf- und Empfehlungsraten.

**Bedürfnisorientierte Menschenführung.** In Teams förderst du Vertrauen, Motivation und Engagement, wenn du konsequent mit den Führungsinstrumenten arbeitest, die in diesem Buch vorgestellt werden.

Reflektiere, inwieweit dein Verhalten die Bedürfnisse deiner Kollegen unterstützt oder verletzt. Du kannst zwar nicht eigenhändig dafür sorgen, dass deine Kollegen motiviert und engagiert sind, aber du kannst sicherstellen, dass du sie über dein Verhalten nicht demotivierst.

Nutzt die Instrumente der Menschenführung, die in den folgenden Abschnitten vorgestellt werden, denn sie adressieren alle Bedürfnisse explizit und aktiv. Fördert den Teamgedanken. Starke Teams, die auf ein gemeinsames Ziel hin arbeiten, zahlen auf alle Bedürfnisse ein.

Schafft einen gemeinsamen großen Traum und befriedigt damit das Bedürfnis eurer Kollegen nach Sinn und Zugehörigkeit. Und gestaltet schließlich eine echte Wachstumskultur, deren acht Tugenden die Bedürfnisse eurer Kollegen und Kunden systematisch füttern: Respekt & Wertschätzung, tiefe Verbundenheit, radikale Aufrichtigkeit, konstantes Lernen, demütige Ambition, authentische Vielfalt, disziplinierter Fokus und Eigenverantwortung.

---

### Selbstreflektion

▶ **Sicherheit:** Bist du klar und transparent in der Kommunikation? Können deine Kollegen gefahrlos Haltungen äußern, die von deiner abweichen?

▶ **Verbindung:** Förderst du den Teamgeist? Fühlst du dich den Menschen im Team verbunden? Oder feuerst du den Wettkampf zwischen den Teams an?

▶ **Bedeutung:** Zeigst du deinen Kollegen regelmäßig Wertschätzung? Oder sollen sie einfach nur funktionieren?

▶ **Sinn:** Habt ihr einen großen gemeinsamen Traum? Weiß jeder, wie seine oder ihre Leistung zur Zielerreichung beiträgt? Oder geht es dir vor allem um deine eigenen Ziele?

▶ **Meisterschaft:** Hilfst du deinen Kollegen in ganz neue Rollen hineinzuwachsen? Bietet ihr viele Lernmöglichkeiten? Oder holst du Top-Experten immer nur von außen?

▶ **Autonomie:** Gibst du deinen Kollegen Freiräume? Ermunterst du das Treffen von Entscheidungen? Oder führst du autoritär und mit kurzen Zügeln?

## Die Basis: Vertrauen, Motivation und Engagement

### Mit der Vertrauenspyramide zur Hochleistung

Wie aber operationalisierst du diese Bedürfnisse? Über welche Mechanismen führt die Erfüllung dieser Bedürfnisse zu exzellenten Ergebnissen?

Besonders praxisnah und eingängig wird das im Modell der Vertrauenspyramide von Patrick Lencioni dargestellt.[15] Dieses Modell wurde entwickelt, um zu erklären, wie Teams zu Höchstleistungen kommen. Es ist aber genauso gut auf individuelle Führungsbeziehungen anwendbar.

**Vertrauen** ist die Grundlage jeder guten Führungsbeziehung. Du erlebst Vertrauen, wenn du

- dich mit deinen Kollegen verbunden fühlst,
- weißt, was du von deinen Kollegen erwarten kannst und dich auf sie verlassen kannst,
- Sicherheit empfindest und dir keiner etwas Böses will.

In einem Klima des Vertrauens fühlst du dich frei. Du bringst dich voll und ganz ein, kannst dich verwundbar zeigen, gibst Fehler oder Unwissenheit zu und ermöglichst damit Lernerfahrungen für dich und das Team.

Vertrauenspyramide nach Lencioni

In dysfunktionalen Führungsbeziehungen fehlt es oft schon an dieser ersten Stufe. Man traut sich gegenseitig nicht wirklich über den Weg. Jeder zeigt sich nur von seiner Schokoladenseite, macht sich unverwundbar. Offenheit? Fehlanzeige, lieber die Rüstung anlegen.

Vertrauen schafft ihr, wenn ihr euch als ganze Menschen schätzt. Nutzt eure Meetings, um euch mit all euren Stärken und Schwächen intensiv kennenzulernen.

## Menschenführung: Selbstverantwortung schaffen

Schafft eine Atmosphäre, in der es ok ist, Fehler zu machen und sie zuzugeben. Besonders wichtig ist dein Verhalten als Führungskraft: Sei nahbar, gib Fehler zu und zeige auch deine Unsicherheit. Das signalisiert: Es ist ok, nicht perfekt zu sein.

> **Growth Leader Live: Vertrauen**
>
> Ich glaube, ohne Vertrauen geht es nicht. Es gibt zwar Unternehmen, die das anders machen, die von Anfang an eine sehr enge Führung, sehr enge, fein ineinandergreifende Mechanismen aufgebaut haben. Aber ich bin überzeugt davon, dass so ein System nicht die Menschen anzieht, die du brauchst, um ein gesundes, nachhaltiges Unternehmen aufzubauen.
>
> *Klaus Eberhardt, iteratec*
>
> Ich habe ein großes Vertrauen zu den Leuten. Mir ist klar: Es gibt nicht nur einen Weg. Bei uns gibt es immer wieder auch andere Wege und Ansätze. Wir sind ja gerade deshalb eine gute Firma, weil wir verschiedene Prozesse immer neu und interessant machen und gute Gene haben.
>
> *Philipp Westermeyer, OMR/Ramp 106*

**Kritischer Diskurs** als zweite Stufe der Vertrauenspyramide wird in Beziehungen möglich, in denen starkes Vertrauen herrscht. Ihr erzielt exzellente Ergebnisse, wenn ihr angstfrei und mit einer gesunden Streitkultur um die beste Lösung ringt und dabei alle Perspektiven möglicher Lösungen diskutiert. Dazu müsst ihr euch vertrauen und den kritischen Diskurs als positiven Beitrag zur Entwicklung gemeinsamer Lösungen betrachten.

Fehlt das Vertrauen, wird der Diskurs zum politischen Minenfeld. Natürlich will keiner in dieses Minenfeld treten und damit entsteht die zweite Dysfunktionalität: Künstliche Harmonie. Kritische, gefühlt gefährliche Diskussionen werden vermieden, das Team strebt zu vorschnellen Kompromissen. Lieber stimmen alle zu oder schweigen, als offen die Meinung zu sagen. Schließlich wurde uns von klein auf beigebracht, dass Streit etwas Negatives ist. Das „Streitet euch nicht" unserer Eltern ist so tief eingebrannt, dass die meisten von uns Konflikte meiden.

> **Toolbox: Streitkultur fördern**
>
> Eine gesunde Streitkultur lässt sich lernen. Der Hebel: Kritik und kritischen Diskurs positiv bewerten und sicherstellen, dass sich in Diskussionen alle Teammitglieder beteiligen.
>
> ▶ Macht das „Streitet euch!" zur neuen Grundregel. Findet Spaß an euren Diskussionen, macht es euch zum Sport, Gegenargumente auszuloten, bevor ihr entscheidet!
>
> ▶ Definiert einen „Chef-Streithammel", dessen Job es ist, mögliche Konfliktfelder zu identifizieren.
>
> ▶ Setzt den HIPPO vor die Tür. HIPPO steht für **HI**ghest **P**aid **P**ersons **O**pinion und das Phänomen, dass sich in unsicheren Entscheidungssituationen Teams einfach auf die Meinung des Menschen mit der meisten Erfahrung und Macht verlassen, statt die notwendigen Informationen und Diskussionen zu suchen.

## Die Basis: Vertrauen, Motivation und Engagement

Künstliche, unproduktive Harmonie erlebe ich in vielen der Führungsteams, mit denen wir arbeiten. „Wir streiten eigentlich nie!" wird als Zeichen für die Beziehungsqualität gewertet. Tatsächlich aber werden viele Probleme einfach nur verdrängt.

Nehmt euch daher Zeit, um den kritischen Diskurs explizit zu fördern und zu üben. Testet die verschiedenen Instrumente zur Förderung eurer Streitkultur, gebt euch regelmäßig gegenseitiges Feedback und reflektiert eure Zusammenarbeit in gemeinsamen Retrospektiven (siehe Kapitel *Teamführung*, Abschnitt *Kontinuierliches Lernen*). Erarbeitet euch schließlich Prozesse zur konstruktiven Bewältigung von Konflikten (siehe Kapitel *Teamführung*, Abschnitt *Konfliktmanagement*).

Wenn ihr das konsequent macht, wird euch der gesunde kritische Diskurs bald zu einer richtig starken Truppe machen.

**Verpflichtung** ist die dritte Stufe der Vertrauenspyramide. Du kannst dich zu gemeinsamen Entscheidungen verpflichten, wenn du weißt, dass deine Einschätzung zur Entscheidung wirklich wahrgenommen wurde. Dann akzeptierst du auch Entscheidungen, in denen eine andere als deine präferierte Idee zum Zuge kam. Auch für ein starkes gemeinsames Ziel stellst du dein individuelles Anliegen zurück.

Leider ist oft das Gegenteil der Fall. „Die sind alle nicht committed!" bekommen wir oft zu hören, wenn Gründer über die Probleme in ihren Teams sprechen. Alle stimmen zu und machen dann doch, was sie wollen. Gemeinsame Ziele fehlen, Selbstoptimierung steht im Vordergrund. Keiner weiß, woran sie oder er ist. Eine beliebte Variante ist übermäßige Analyse und Diskussion. Auch nicht hilfreich.

Ihr fördert die Verpflichtung in euren Teams und Führungsbeziehungen, wenn ihr sicherstellt, dass Diskussionen wirklich mit einer klaren Entscheidung abgeschlossen werden. Dokumentiert die Entscheidungen und definiert gemeinsame Arbeitspläne. Dazu gehört auch, dass ihr regelmäßig reflektiert, ob ihr euch so verhaltet, wie ihr euch das vorgenommen habt. Wenn ihr euch vertraut und den kritischen Diskurs pflegt, gibt es eigentlich keinen tiefer liegenden Grund für eine mangelnde Verpflichtung. Wer sich dann nicht zu gemeinsamen Beschlüssen verpflichtet, hat keinen Platz im Team. Besonders wichtig ist die Verpflichtung zur gemeinsamen Sache, wenn ihr vor einer größeren Transformation steht. Ein umfangreicher Wandel gelingt nur, wenn alle mit an Bord sind und keiner die gemeinsame Sache hintertreibt.

**Rechenschaft** als vierte Stufe wird möglich, wenn ihr euch auf ein gemeinsames Vorgehen geeinigt habt. Dann ist es völlig legitim, sich auch gegenseitig an die gemachten Versprechen zu erinnern und deren Umsetzung zu diskutieren. Erst das gegenseitige Einfordern von Rechenschaft macht die gegenseitige Verpflichtung und die Verantwortungsübernahme produktiv. Die zentrale Grundhaltung: Wir haben gemeinsam entschieden und gemeinsam stellen wir die Umsetzung sicher.

Leider passiert das in vielen Fällen nicht. Mit der Übernahme der Verantwortung durch eine Kollegin fühlt sich der Rest des Teams oder derjenige, der die Verantwortung übergeben hat, der Verantwortung enthoben. Es wird zwar gesehen, dass die Kollegin ihre Verpflichtungen nicht erfüllt oder schlechte Qualität liefert. Aber keiner adressiert das oder fordert die Ergebnisse ein, frei nach dem Motto: „Ich möchte ja keinem zu nahe treten ..." Das Ergebnis: Die Qualität und Produktivität

## Menschenführung: Selbstverantwortung schaffen

der gemeinsamen Arbeit sinken, Dinge werden angefangen, aber nicht fertig gestellt. Exzellent werdet ihr so nicht.

Das Einfordern von Rechenschaft wird ein normaler Teil der gemeinsamen Arbeit, wenn ihr Transparenz über die Umsetzung der Entscheidungen und Arbeitspläne schafft. Haltet bei Verzögerungen oder Problemen genau nach, was passiert ist und diskutiert, wie ihr das Problem lösen könnt. Instrumente dazu sind gemeinsame Projektübersichten wie das Wachstums-Backlog oder OKR. Updates zu den wesentlichen Verpflichtungen und offene Diskussionen möglicher Probleme sollten fester Bestandteil eurer Teammeetings sein. Auch klares Feedback zu Defiziten fördert die Rechenschaft.

**Zielorientierung** ist der letzte Hebel zur Entwicklung von Hochleistungsteams. Teams, die klare gemeinsame Ziele haben, entwickeln eine starke Eigendynamik. Vor allem wenn jeder weiß, wie die eigene Arbeit auf das Gesamtziel des Unternehmens einzahlt. Ohne gemeinsame Zielorientierung verpufft die Energie schnell Richtung Status und Ego. Erzählt über gemeinsame Leistungen und Erfolge immer in Wir- und nicht in Ich-Form. Damit gibst du Egomanen das Signal: Geschichten einsamer Helden sind hier nicht gefragt. Und feiert das Erreichen eurer wichtigsten Meilensteine ausgiebig. Damit macht die Zielerreichung noch mehr Spaß.

Die Vertrauenspyramide ist ein mächtiges Modell zur bewussten Entwicklung von Hochleistung. Es zeigt euch, warum Führungsbeziehungen und Teams oft nicht so funktionieren, wie ihr es gerne hättet und was ihr tun könnt, um das zu ändern.

**Vertrauenspyramide leben.** Diskutiere dieses Modell gemeinsam mit deinen Kollegen. Wo steht ihr auf den verschiedenen Stufen und was könnt ihr machen, um besser zu werden? Bereits diese Diskussion zahlt direkt auf die Vertrauenspyramide ein: Du stellst dich der offenen Diskussion deines Verhaltens und der Team- und Beziehungsdynamik, gibst Vertrauen und zeigst dich verletzlich. Du startest den kritischen Diskurs, in den idealerweise alle einstimmen. Ihr trefft Entscheidungen zu gemeinsamen Maßnahmen, zu denen sich alle verpflichten und im Nachgang könnt ihr euch in der gegenseitigen Rechenschaft üben. Euer gemeinsames Ziel: Gemeinsam über euch hinauswachsen.

Ein gutes Beispiel für die aktive Steuerung von Hochleistung entlang der Vertrauenspyramide sind exzellente Trainer wie Jürgen Klopp. Sie schaffen ein Klima des Vertrauens und geben dem Team ein großes, gemeinsames Ziel. Jeder kennt seine Verantwortung und seinen Beitrag zur Realisierung dieses Traums. In regelmäßigen Reviews legen alle Rechenschaft über ihre Leistung ab. Das intensive Training der Spielzüge und Pässe stellt sicher, dass sich im Spiel alle aufeinander verlassen können und bringt das Team in den gemeinsamen Flow.

---

#### Selbstreflektion

▶ Gehe deine Führungsbeziehungen durch: Wo steht ihr in den verschiedenen Ebenen der Vertrauenspyramide? Was sind Hebel zur Verbesserung?

▶ Wie sieht es bei euch im Gründer- oder Führungsteam aus? Wo solltet ihr ansetzen, um noch besser zusammenzuarbeiten?

Nach dieser Kurzeinführung in die Grundlagen der Menschenführung wird es nun endlich praktisch. In den nächsten Abschnitten setzt du dich mit den wichtigsten Instrumenten der individuellen Führung auseinander: Zuhören, Verantwortungsübergabe, Feedback und Coaching.

## Zuhören: Mutter aller Führungskompetenzen

*„The foundation of any great relationship is looking somebody in the eyes and truly hearing them."*

*Angela Ahrendts, Apple, Burberry*

Aktives Zuhören ist die Basis aller Führungskompetenzen. Wenn du aktiv zuhörst, bist du wirklich beim Gegenüber, baust Bindung und Vertrauen auf. Und damit die Grundlage von Hochleistung.

Leider sind die meisten Führungskräfte schlechte Zuhörer. Unsere Sprache sagt alles. Als Führungskräfte machen wir gerne *„klare Ansagen"*, wir *„sagen, wo es lang geht"*, *„reden Tacheles"*. Und wenn wir zuhören, dann oft auf halbem Ohr, weil wir eigentlich nur auf den richtigen Moment warten, um endlich mit unserer Meinung oder einer Ansage reinzuspringen. De facto sind wir dann nicht beim Gegenüber, sondern nur bei uns selbst.

> **Growth Leader Live: Zuhören**
>
> Für eine gute Führungskraft ist es zentral, dass sie viel zuhört und zu verstehen versucht, was die Kollegen umtreibt, wie deren Kontext ist, was deren Ziele sind, was sie hemmt. Und die dann sehr empathisch zu Lösungen kommt. Die auch für Hilfe sorgt. Beispielsweise indem sie die Person an die Hand nimmt. Und dann wirklich guckt, dass da auch etwas passiert, der nicht nur zuhört und auf die Schulter klopft.
>
> *Lutz Wiechert, Feld M*

**Menschen verstehen**. Wenn du aktiv zuhörst, willst du dein Gegenüber wirklich verstehen. Nicht nur oberflächlich, sondern auch die Gefühle und Intention dieses Menschen. Du bist auf Augenhöhe. Aktives Zuhören heißt: Volle Präsenz, keine Ablenkungen, sich voll und ganz auf dein Gegenüber einlassen. Statt Antworten zu geben, stellst du Verständnisfragen. Damit verstehst du deine Gegenüber immer besser und unterstützt sie bei der Vertiefung ihrer Überlegungen und der Entwicklung neuer Ideen. Zum guten Zuhören gehört es auch, sich gute Fragen zu überlegen. Anregungen für gute offene Fragen findest du im Abschnitt *Coaching*.

## Menschenführung: Selbstverantwortung schaffen

> **Toolbox: Übungen für aktives Zuhören**
>
> **Übung 1: Die Sprache des Zuhörens.** Probiere beim nächsten Gespräch verschiedene Signale des aktiven Zuhörens aus:
>
> ▶ Blickkontakt halten, offener Blick,
>
> ▶ Die Haltung des Gegenübers spiegeln,
>
> ▶ Nicken, mit „mmh" und „aah" zeigen, dass du den Gedanken folgst,
>
> ▶ Paraphrasieren und zusammenfassen: „Ich habe verstanden, dass …"
>
> Spüre, wie sich die Qualität eures Gesprächs und eurer Beziehung verändert. Versuche zu verstehen, welche Emotionen hinter dem Gesagten liegen. Geht es meinem Gegenüber gut? Ist sie entspannt oder aufgeregt? Was könnte der Grund dafür sein …
>
> **Übung 2: Stures versus aktives Zuhören.** Macht zu zweit ein kleines Spiel: Erzähle zweimal das Gleiche. Beim ersten Mal zeigt dein Gegenüber keine Regung. Beim zweiten Mal hört sie aktiv zu. Wie fühlt sich das an? Was hörst du Neues, wenn du auch auf die Emotionen und Intentionen lauschst?
>
> **Übung 3: Leiser und lauter Zuhörer.** Probiere aus, wie du dein Gegenüber mit dem richtigen Zuhörstil dazu bringst, noch mehr zu erzählen. Als „leiser Zuhörer" lässt du dein Gegenüber reden. Lass auch mal längere Pausen zu. Und erlebe dann, dass dein Gegenüber noch mehr preisgibt, denn die meisten Menschen können Pausen nur schwer ertragen.
>
> Als „lauter Zuhörer" provozierst du bewusst Widerspruch, um tiefere Informationen oder Überlegungen herauszukitzeln. Wir haben alle einen tiefen Drang zur Wahrheit. Wenn du bewusst falsche oder schräge Aussagen machst, kann dein Gegenüber kaum anders, als dich aus seiner Sicht zu korrigieren. Wichtig: Dieser Ansatz funktioniert nur in einem Klima des Vertrauens. Fehlt das, wird dir tendenziell nach dem Mund geredet oder eine Antwort vermieden.

**Alle Bedürfnisse befriedigen.** Mit dem aktiven Zuhören erfüllst du zentrale Bedürfnisse deines Gesprächspartners. Du schaffst einen Rahmen der Sicherheit und der Zugehörigkeit. Du zeigst, dass dir die Überlegungen deines Gesprächspartners wichtig sind. Durch offene, neugierige Nachfragen unterstützt du sein Gefühl der Meisterschaft. Schließlich gibst du deinem Gesprächspartner das Gefühl der Autonomie. Er fühlt sich in Kontrolle und kann seine eigenen Optionen entwickeln. Aktives Zuhören ist ein starker Motivator und das Fundament von Vertrauen. Oder vertraust du jemandem, der dich einfach nur zutextet?

Der Lohn für gutes Zuhören ist gigantisch. Du lernst deine Kollegen und Kunden wirklich kennen, verstehst ihre Herausforderungen und gewinnst neue Perspektiven. Aktives Zuhören sprengt den „Eisberg der Ignoranz", nachdem die Top-Führungsebene schätzungsweise nur 5 % der Probleme eines Unternehmens sieht, die Basis aber 100 % der Probleme. Und es ist die Grundlage für die Entwicklung deiner Kollegen im Rahmen eines Coaching-Führungsstils. Das Beste: Aktives Zuhören lässt sich üben. Es ist vor allem eine Frage des Bewusstseins.

Fang daher gleich mit dem Üben an! Du wirst schnell merken, wie sich die Qualität deiner Gespräche und deiner Beziehungen verbessert. Nicht nur, weil sich dein Gegenüber gesehen fühlt, sondern weil du mehr über die Menschen erfährst und eine größere Nähe aufbaust. Und in einer guten Beziehung macht die Zusammenarbeit einfach viel mehr Spaß!

---

**Selbstreflektion**

▸ Welchen Effekt hat es auf dich, wenn dir jemand wirklich zuhört?

▸ Bist du ein Zuhörer und Fragensteller oder ein Antwortengeber? Wieviel Prozent deiner Meetingzeit hörst du zu? Wie viel sprichst du?

▸ Versuch in den nächsten Gesprächen mal wirklich zuzuhören. Welches neue Bild bekommst du von deinen Kollegen?

---

# Verantwortung: Übergeben und Loslassen

*Was ist Verantwortung? Verantwortung ist ein Geisteszustand, der offen, geräumig, frei und sicher ist. Man vertraut darauf, dass man über genügend Intelligenz, Kreativität und Ressourcen verfügt, um sich dem zu stellen, was das Leben bringt.*

Christopher Avery

Dich selber skalieren und dein Unternehmen zum Wachsen bringen kannst du nur, wenn du Aufgaben so abgibst, dass sie wirklich in die Verantwortung deines Gegenübers übergehen. Wenn du nur „Befehle" gibst, also klare Anweisungen, die mehr oder minder wortgetreu befolgt werden sollen, geschieht das nicht. Der Geführte macht dann das, was du erwartest, egal ob richtig oder falsch. Die Verantwortung für die Ausführung und die Qualität der Ergebnisse bleibt bei dir.

Das ist es nicht, was wir wollen. Idealerweise übergeben wir die Verantwortung für Aufgaben so, dass der Mensch, der die Aufgabe übernimmt, seine eigene Kompetenz und Sicht der Situation einbringt und damit eine optimale Umsetzung erreicht.

## Moderne Führung, preußische Wurzeln

Die Erkenntnis, dass ein „Führen mit Befehl" in komplexen, sich schnell ändernden Umwelten nicht funktioniert, ist nicht gerade neu. Bereits Mitte des 19. Jahrhunderts erkannte man im preußischen Militär: Ein Befehl beschreibt den Weg zum Ziel. Egal wie genau dieser Befehl geplant ist: In der Realität wird er zu kurz greifen. Wie das wunderbare Sprichwort besagt: *„Kein Plan überlebt die erste Feindberührung."*

Sogar streng hierarchischen Organisationen wie dem Militär war klar: Selbst der genauste Befehl und der perfekteste Plan halten nur, bis die Realität zuschlägt. Mit dieser Realität muss sich aber der einfache Soldat auseinandersetzen und nicht der General. Wer in unübersichtlichen Situationen dem Wortlaut eines Befehls folgt, ist zum Scheitern verurteilt.

## Menschenführung: Selbstverantwortung schaffen

**Führen mit Auftrag.** Die Antwort auf diese Erkenntnis war die Entwicklung eines revolutionären Führungskonzepts: Das *„Führen mit Auftrag".* Dieser Ansatz, der noch heute zentrales Führungsprinzip moderner Militärs ist,[16] gibt nicht den Weg vor, sondern das Ziel. In unsicheren „Feldsituationen" wird keine detaillierte Aufgabe übergeben. Stattdessen definiert die Führungskraft die ultimative Zielsetzung und erklärt den Kontext der Mission. Das ist der Auftrag des Führenden. Der Geführte oder das Team verfolgen das Ziel dann vor dem Hintergrund der gegebenen Rahmenbedingungen selbständig. Das können sie natürlich nur tun, wenn sie verstehen was sie tun, warum sie es tun und innerhalb welcher Leitplanken sie agieren.

**Start with Why.** Mit dem Führungsprinzip „Führen mit Auftrag" hat das preußische Militär vorweggenommen, was heute von Simon Sinek mit *„Start with Why"* propagiert wird. Wenn du Menschen in die Verantwortung führen willst, startest du am besten damit, ihnen zu erklären, warum sie etwas tun sollen und erfüllst damit ihr Bedürfnis nach Sinn und Bedeutung. Dann erklärst du, was das Ergebnis der Aufgabe sein soll. Wie das Ganze dann umgesetzt werden soll, überlässt du deinen Kollegen.

Das Ergebnis: Partnerschaftliche Führung auf Augenhöhe, Flexibilität unter veränderten Umständen, und vor allem die Entlastung der Führung durch einen echten Übergang der Verantwortung.

### Growth Leader Live: Verantwortung übergeben

Auf dem Weg vom Gründer zum CEO musst du irgendwann erkennen, welche deiner Aufgaben du auf andere Leute übertragen kannst, die das vielleicht besser können als du. Was heißt vielleicht? Wenn ich einen Buchhalter einstelle, kann der natürlich besser buchhalten als ich. Was mir persönlich schwerfällt, ist Dinge abzugeben, bei denen ich ziemlich sicher bin, dass der oder die sie übernimmt, das nicht so gut kann. Weil dann mein Qualitätsanspruch wie ein Stein im Weg liegt. Und dann zu sagen „Mein Gott, wie wichtig ist das denn, dass das jetzt wirklich genau so läuft, wie du es machen würdest" und „Ist das entscheidend oder merkt das überhaupt einer am Ende"? Also das fällt mir schon schwer.

*Klaus Eberhardt, iteratec*

Der schwierigste Schritt auf dem Weg vom Gründer zum CEO ist das Loslassen und Vertrauen. Man kann sich nicht mehr um alles selber kümmern. Bei bis zu 20 Mitarbeitern kann man Organigramme malen wie man will: Eigentlich läuft alles über den Tisch des Gründers.

Oberhalb von 20 funktioniert das nicht mehr. Dann braucht es einfach Struktur, dann werden Hierarchien und Verantwortungsbereiche geschaffen. Dann werden auch die Entscheidungen innerhalb dieser Strukturen getroffen. Spätestens dann musst du Verantwortung übergeben und loslassen. Denn die Lösungen, die andere realisieren sehen oft anders aus, als wenn du sie selber gemacht hättest. Du musst bewerten: „Sieht es anders aus, ist aber so gut wie meine Variante? Vielleicht sogar besser? Oder ist es schlechter und bedarf einer Intervention"? Es besteht die Gefahr, dass man sich einmischt, weil es anders ist. Aber eigentlich gar keinen Mehrwert stiftet.

*Martin Giese, Expreneurs & Autor von „Startup Finanzierung"*

## Gemeinsame Sicht herstellen

Ein wichtiger Bestandteil der Führung mit Auftrag ist das wechselseitige Briefing und Backbriefing. Alle Menschen haben unterschiedliche Sichtweisen auf ihr Umfeld. Als Führungskraft siehst du vor allem das große Ganze und die Gesamtstrategie. Deine Kollegin steckt dafür tief in den Details. Sie sieht die operativen Probleme und Stolpersteine. Auch wenn ihr die Situation mit den gleichen Worten beschreibt: Nicht selten redet ihr aufgrund der unterschiedlichen Bilder in euren Köpfen dennoch aneinander vorbei. Schlimmer noch, wenn deine Kollegin zustimmt, ohne wirklich zu verstehen, was du meinst. Dann geht dein Auftrag einfach ins Leere, die Kollegin stochert bei der Erfüllung der Aufgabe im Nebel. Unbefriedigend für euch beide. Die Kollegin kann nicht autonom agieren und du hast das Gefühl, sie ist nicht in der Lage, die Aufgabe auszuführen.

Die gemeinsame Sicht könnt ihr über den Briefing- und Backbriefing-Prozess sicherstellen.

> **Toolbox: Briefing & Backbriefing**
>
> Bei jeder Verantwortungsübertragung müsst ihr sicherstellen, dass ihr wirklich das gleiche Verständnis habt. Folgende drei Schritte helfen dabei:
>
> ▸ **Briefing.** Im Briefing erklärst du, worum es dir geht. Springt jetzt nicht einfach zu den Details der Umsetzung, sondern macht erstmal ein …
>
> ▸ **Backbriefing.** Dein Gegenüber „wiederholt" dein Briefing mit eigenen Worten. Damit siehst du, ob er oder sie versteht, was du meinst. Sollte es Differenzen geben, folgt die …
>
> ▸ **Klärung.** Gleicht eure Perspektive jetzt ab, bis ihr wirklich über das Gleiche redet.
>
> Die wenigen Minuten, die diese Abstimmung „kostet", holt ihr über eine bessere Umsetzung und die Reduktion von Missverständnissen und Abstimmungsschleifen in kürzester Zeit wieder rein.

## In die Verantwortung führen

Und nun zum „Führen mit Auftrag". Die Übertragung von Verantwortung nach diesem Prinzip erfolgt in fünf Schritten. Gut ausgeführt, unterstützen diese Schritte alle Ebenen der Vertrauenspyramide, vom Aufbau des Vertrauens bis hin zur Zielorientierung, und schaffen damit eine perfekte Basis für die Entstehung von Hochleistung.

**Vorbereitung.** Am Anfang steht die Vorbereitung des „Auftrags". Setze dich mit der Aufgabe, die du in die Verantwortung einer Kollegin übergeben möchtest, auseinander und definiere die Ziele und Rahmenbedingungen. Die Vorbereitung an sich ist schon sehr hilfreich. Denn sie stellt sicher, dass du dir selber über die Aufgabe klar wirst. Was ist eigentlich das Ziel? Was soll erreicht werden? Wie sieht der Rahmen aus? Mit dieser bewussten Reflektion gehst du eine Verpflichtung zur Aufgabe ein.

## Menschenführung: Selbstverantwortung schaffen

Führen mit Auftrag im Überblick

Das typische „mal eben eine Aufgabe über den Zaun werfen" entfällt und damit eine wesentliche Quelle unbefriedigender Verantwortungsübernahmen. Denn mal ehrlich: Wie oft geben wir eine Aufgabe weiter, von der wir selber nicht genau wissen, was sie eigentlich erreichen soll? Wie soll es dann erst deinen Kollegen gehen? In den Teams, die wir begleiten, ist das ein ziemlicher Dauerbrenner. Nur wenige Führungskräfte nehmen sich die Zeit, genau zu definieren, was erreicht werden soll. Die Kollegen versuchen ihr Bestes in der Interpretation, stochern dabei aber im Nebel. Und trotz aller Bemühungen sind am Ende alle mit dem Ergebnis unzufrieden. Garbage in, Garbage out.

Ein gutes Briefing enthält vier Bausteine: Die Definition von Ziel und Kontext, den Zeitrahmen, mögliche Beteiligte und Stakeholder sowie sonstige Rahmenbedingungen. Nur eines enthält es auf keinen Fall: Aussagen dazu, *wie* dieser Auftrag umgesetzt werden soll.

> **Toolbox: Fragen zur Vorbereitung des Briefings**
>
> ▶ **Ziel & Kontext:** Was soll erreicht werden? Warum soll es erreicht werden?
>
> ▶ **Zeit & Priorität:** Welche Zeit steht zur Umsetzung zur Verfügung? Welche Priorität hat diese Aufgabe?
>
> ▶ **Beteiligte & Stakeholder:** Wer ist noch involviert? Wer hat ein berechtigtes Interesse an der Aufgabe und warum? Was sind die Ziele der Beteiligten?
>
> ▶ **Rahmenbedingungen:** Welche Ressourcen sind verfügbar: Zeit, Menschen, Geld? Welche Freiräume gibt es? Was darf entschieden werden, was nicht?

Mit diesem Briefing bist du perfekt vorbereitet für den zweiten Schritt: Die Vorstellung deines Auftrags im Rahmen eines ersten Briefing-Backbriefing mit deinen Kollegen.

**Aufgabenklärung.** Du beginnst das Meeting, indem du deiner Kollegin das Briefing vorstellst. Ganz wichtig: Gehe *nicht* auf einen möglichen Weg zur Umsetzung ein, auch wenn er dir eigentlich ganz klar scheint. Klingt einfach, ist es aber nicht. Wir sind es gewöhnt, immer gleich auch Anweisungen zur Umsetzung zu geben. Aber: Ab dem Moment, in dem du das machst, bist du dein eigener Gefangener. Denn

## Verantwortung: Übergeben und Loslassen 103

dann übernimmst du die Verantwortung für die Ausführung. Eine echte Übergabe von Verantwortung ist hier bereits gefährdet – und zwar durch dich selber!

Das Briefing wird nun durch das Backbriefing beantwortet. Deine Kollegin fasst ihr Verständnis des Auftrags in ihren eigenen Worten zusammen und ihr klärt eventuelle Verständnislücken.

Neben der reinen Aufgabenübergabe ist das gegenseitige Kennenlernen ein zentraler Aspekt des „Führens mit Auftrag". Über den Austausch lernst du deine Kollegin besser verstehen. Welche Perspektive hat sie? Wie versteht und bewertet sie die Situation? Welche Kompetenzen hat sie, was muss sie noch lernen? Wo musst du helfen, wo kann sie alleine laufen? Wenn du dich in diesen Briefings auf deine Kollegen einlässt und ihnen aktiv zuhörst, entsteht tiefes Vertrauen und eine echte Beziehung. Ihr beide gewinnt Sicherheit im Umgang miteinander. Das beste dabei: Das passiert im Arbeitsprozess, ohne besondere „Kennenlerntermine".

Das erste Briefing-Rebriefing ist abgeschlossen, wenn ihr ein gemeinsames Bild der Aufgabe geschaffen habt.

**Ausarbeitung.** Jetzt ist es Zeit für die Kollegin, ins „stille Kämmerlein" zu gehen und ihren Weg zum Ziel zu entwickeln. Auch für das Backbriefing gibt es ein einfaches Template.

Es startet mit der Zieldefinition, gefolgt vom Ansatz zu Realisierung des Auftrags. Dabei arbeitet sie nicht nur das Vorgehen aus, sondern definiert auch, welche Ergebnisse sie liefern will. Idealerweise schlägt sie auch Erfolgskennziffern vor. Damit übernimmt sie im wahrsten Sinne des Wortes Rechenschaft. Indem sich deine Kollegin mit der Aufgabe und der Entwicklung ihres eigenen Weges auseinandersetzt, baut sie ihre Verpflichtung zur Aufgabe auf und übernimmt Verantwortung. Denn der Weg, den sie vorschlägt, ist *ihr* Weg und keine ungeprüfte Vorgabe von oben.

> **Backbriefing-Fragen**
>
> ▸ **Zieldefinition:** Mein Verständnis des Ziels und des Kontexts
>
> ▸ **Umsetzung:** Was werde ich tun, um das Ziel zu erreichen? Welche Ergebnisse will ich liefern? Wie messe ich den Erfolg?
>
> ▸ **Zeitrahmen:** Bis wann werde ich liefern? Wieviel Zeit brauche ich für was?
>
> ▸ **Notwendige Schnittstellen & Ressourcen:** Wie werde ich mit den Beteiligten zusammenarbeiten? Was brauche ich von ihnen? Was stelle ich bereit?
>
> ▸ **Meilensteine & Updates:** Was sind die Meilensteine? Wann werden sie voraussichtlich erreicht? Wann machen wir die gemeinsamen Updates?

**Verantwortungsübergang.** Nun kommt die zweite Briefing-Backbriefing-Runde. Deine Kollegin stellt vor, wie sie die Aufgabe umsetzen will. Höre aktiv zu und stelle erst mal nur Verständnisfragen. Erst wenn das klar ist, kannst du deine eigenen Ideen zur Umsetzung ergänzen. Gemeinsam könnt ihr jetzt den Vorschlag optimieren. Mit dem erneuten Zuhören und kritischen Diskurs stärkt ihr euer Vertrauen weiter. Durch den Briefing-Backbriefing-Prozess siehst du, ob die Kollegin alles versteht

## Menschenführung: Selbstverantwortung schaffen

und über die richtigen Fähigkeiten verfügt. Das gibt dir Sicherheit. Auch die Kollegin gewinnt Sicherheit. Sie kann mutiger agieren, da sie weiß, was du willst und dass du ihre Entscheidungen grundsätzlich mitträgst. Durch den wechselseitigen Input steigt auch die Qualität der Umsetzung. Ihr integriert beide Perspektiven: Das Gesamtbild und die operative Erfahrung.

Schließlich einigt ihr euch auf die Kernelemente der Auftragserfüllung: Vorgehen, Ergebnis, Meilensteine, Fertigstellung. Ganz wichtig: Die Termine für die Updates zum Stand der Umsetzung. Du weißt nun, wie viel Unterstützung deine Kollegin braucht und kannst damit entscheiden, wie eng du die Umsetzung begleitest. Bei neuen oder unerfahrenen Kollegen werdet ihr häufigere Updates vereinbaren als bei erfahrenen Kollegen. Wenn alles klar ist, geht die Verantwortung final auf die Kollegin über.

**Updates & Abnahme.** Der fünfte Schritt in der Verantwortungsübergabe sind die Updates, die ihr in Schritt Vier verabredet habt. In den Updates legt die Kollegin Rechenschaft über den Fortschritt ab. Da ihr die Ziele und das Vorgehen gemeinsam diskutiert und beschlossen habt, fühlt sich diese Rechenschaftspflicht jetzt ganz natürlich an. Es geht nicht darum, die Kollegin vorzuführen, sondern ihr überprüft gemeinsam den Fortschritt der Arbeit. Die Erkenntnisse aus den Updates sind auch die Basis für das Feedback und das Coaching deiner Kollegin.

Updates gibt es natürlich auch, wenn sich die Lage unerwartet ändert, oder wenn die Kollegin von ihrem Plan abweichen will. In diesem Fall sollte sie mit eigenen Vorschlägen zum weiteren Vorgehen auf dich zukommen. Vorsicht: Diese Updates sind ein gerne gewählter Zeitpunkt der Rückübertragung von Verantwortung. Pass auf, dass dir der Affe „Verantwortung" nicht schnell mal wieder auf die Schultern gesetzt wird.

**Superkraft Verantwortungsübergabe.** „Führen mit Auftrag" ist eine echte Superkraft der Führung, die systematisch alle Stufen der Vertrauenspyramide adressiert. Mit etwas Übung könnt ihr mit dem „Führen mit Auftrag" eine Kultur der Eigenverantwortung schaffen. Wenn du an die Verantwortungsübergabe auch noch Feedback und das Coaching der Kollegen hängst, ist der persönliche Entwicklungszyklus komplett.

### Growth Leader Live: Experiment Verantwortungsübergabe

Letztes Jahr haben wir ein Experiment gewagt. Einen Großteil unseres Führungsteams hatten wir bereits im Haus, das Mitarbeiterwachstum war groß. In dieser Zeit sind Dominik und ich für fünf Monate in die USA gegangen. Damit waren beide Geschäftsführer für mehrere Monate nicht vor Ort. Für das Team war das Stress. Da hat man gemerkt, wie sehr wir einerseits die Abhängigkeit und andererseits das Loslassen von den Gründern managen müssen. Wir haben erlebt, dass nicht alles, was im Unternehmen passiert, von uns abhängig sein darf und sollte. Das Ziel ist, dass sich möglichst viel auf Führungsteam und Mitarbeiter verteilt.

*Maria Sievert, inveox*

# Verantwortung: Übergeben und Loslassen

## Tipps zur praktischen Umsetzung

„Führen mit Auftrag" bedeutet für die meisten von uns ein ziemliches Umdenken: Du machst dir mehr Gedanken zu den Aufgaben, die du übergeben willst, dokumentierst sie gegebenenfalls sogar. Die Briefings kosten mehr Zeit, als wenn du deinen Kollegen einfach nur Anweisungen über den Zaun wirfst. Du musst dich intensiv mit den Menschen auseinandersetzen und dir ihre kritischen Nachfragen zu deinem Auftrag anhören. Auch das ist nicht immer angenehm. Außerdem ist das Prinzip für kleinere Aufgaben scheinbar überdimensioniert.

Daher geben viele Führungskräfte diesen Ansatz nach der ersten Begeisterung schnell wieder auf. Wie aber bleibst du am Ball? Mit den gleichen Ansätzen, mit denen du auch sonst Gewohnheiten umstellst:

- Mach dir klar, wie viel Gutes dieser Ansatz mit sich bringt und male dir plastisch aus, wie es sich anfühlt, wenn wirklich alle Kollegen anfangen, Verantwortung zu übernehmen.
- Starte mit ausgewählten Kollegen. Verpflichte dich selber, indem du ihnen erklärst, was du vorhast und warum dieses Führungsinstrument so mächtig ist. Ich wette, deine Kollegen haben großes Interesse, diesen Ansatz gemeinsam mit dir zu lernen, da er auch ihre Arbeit massiv erleichtert.
- Nutze den Ansatz erst mal bei mittelgroßen Projekten, bei denen du das Gefühl hast, dass sich der Aufwand des Briefings lohnt. Bei kleinen Verantwortungsübergaben kannst du die Checkliste einfach im Kopf durchgehen. Mach dir klar, dass es ums Prinzip geht, nicht um Regeltreue.
- Gehe ergebnisoffen in diesen Prozess. Nichts ist demotivierender, als wenn du den Prozess nominell durchläufst, aber eigentlich ganz genau weißt, wohin du willst. Dann fühlen sich deine Kollegen manipuliert und werden sich der Verantwortung entziehen.

Mit zunehmender Übung wird diese neue Arbeitsweise immer natürlicher werden. Wenn du schließlich selber ein gutes Gefühl hast, lohnt es sich, das Prinzip des „Führens mit Auftrag" im gesamten Unternehmen zu verankern. So wie bei der Bundeswehr. In ihren Führungsleitlinien steht unter den Grundsätzen der inneren Führung: *„Anwendung des Prinzips »Führen mit Auftrag«"*. Eindeutiger kann man sich nicht verpflichten.

---

### Selbstreflektion

- Wie delegierst du bisher? In welchen Situationen wurde die Verantwortung wirklich übernommen, wann nicht? Was war der Unterschied?
- Geh eine Situation, in der es nicht funktioniert hat, nochmal in Gedanken durch. Was ändert sich, wenn du mit „Führen mit Auftrag" arbeitest?
- Wie kannst du die nachhaltige Verantwortungsübergabe in deinen Alltag einbauen? Was hilft dir, sie wirklich zu verinnerlichen?

Menschenführung: Selbstverantwortung schaffen

# Feedback: Dünger für persönliches Wachstum

> *I think it's very important to have a feedback loop, where you're constantly thinking about what you've done and how you could be doing it better.*
>
> Elon Musk

Jeder will es und doch drückt sich jeder drum. Das ist die Realität des mächtigsten aller Führungsinstrumente: Feedback. Wobei eigentlich schon der Name falsch ist, denn gutes Feedback ist eigentlich ein Feedforward. Aber dazu später mehr ...

Feedback ist eigentlich nichts anderes als eine Rückmeldung auf das Verhalten einer Person. Das Ziel: Das Verhalten so zu entwickeln, dass alle gemeinsam über sich hinauswachsen.

Richtig gemacht zahlt Feedback auf unsere tiefsten Bedürfnisse ein und stärkt damit unser Selbstvertrauen:

- **Sicherheit:** Ich bekomme eine Rückmeldung, ob das, was ich tue passt oder nicht passt und fühle mich damit sicherer.

- **Verbindung:** Jemand macht sich Gedanken über mich und will mir helfen, ich fühle mich verbunden.

- **Meisterschaft:** Ich entwickle mich weiter und lerne dazu.

Aber warum tun wir uns so unendlich schwer damit, Feedback zu geben, geschweige denn eine gute Feedback-Kultur zu etablieren?

Die meisten denken bei Feedback an negative Rückmeldungen auf „falsches" Verhalten: Ich sage dir, was du falsch gemacht hast. Die zugrundeliegende These: Persönliches Wachstum entsteht, wenn man unproduktive Verhaltensweisen abstellt. Das Dumme daran: Ein solches Feedback weckt die dumpfe Angst vor einer Bestrafung – und die meiden wir. Und genau hier liegt der Hase im Pfeffer. Und zwar auf zweierlei Weise.

Zum einen unterstützt Feedback nur dann die Weiterentwicklung, wenn neue Handlungsmöglichkeiten erarbeitet werden. Zum anderen muss Feedback nicht negativ sein, positives Feedback wirkt viel stärker.

---

**Growth Leader Live: Feedback**

Es ist extrem wichtig, Feedback annehmen zu können. Ich weiß, wie schwer es ist, ehrliches Feedback zu geben und anzunehmen. Leider lernt man das nirgendwo. Feedback hilft einem, die Eigen- und Fremdwahrnehmung zu spiegeln. Feedback muss fair, konstruktiv und in der richtigen Form gegeben werden. Dann kann man damit ganz gut arbeiten. Feedback hilft einem, die eigenen Stärken und Schwächen zu verstehen und klarer über sich zu werden. Ich glaube, jeder möchte sich verbessern. Aber wenn man nicht weiß, wo die eigenen Stärken und Schwächen liegen, ist das schwierig.

*Fabian Spielberger, Pepper.com*

### Feedback: Dünger für persönliches Wachstum

> Offenes Feedback fängt bei mir als Gründer an, wenn ich den Leuten das Gefühl gebe, dass mir jeder alles sagen kann. Das ist der Anspruch. Für mich ist es wichtig, ansprechbar zu bleiben, dass jeder sagen kann: „Das glaube ich gerade nicht, was du da denkst". Das muss man sich bewahren. Und bisher ist uns das aufgrund der Nähe zu den Leuten auch ganz gut gelungen.
>
> *Philipp Westermeyer, OMR/Ramp 106*

**Vom Feedback zum Feedforward.** Mit der Entwicklung besserer Handlungsalternativen macht ihr aus einem Feedback ein Feedforward: Die aktive Gestaltung der Zukunft. In dieser Form ist es besonders sinnvoll und hilfreich. Ohne die Zukunftsperspektive geht vor allem negatives Feedback schnell nach hinten los. Denn die Kritik am falschen Verhalten resultiert dann in einer „Weg von"-Haltung. Die schwierige Situation wird gemieden, nicht verbessert. Und das hilft keinem weiter.

**Die Macht des positiven Feedbacks.** Viel zu oft vergessen, wenn nicht sogar für unwirksam erklärt, wird das positive Feedback. Vor einiger Zeit hatte ich mit einem menschenzentriert denkenden CEO ein inspirierendes Gespräch über gute Führung. Beim Thema Feedback stockte es ... *„Das mit der Feedback-Kultur ist schwierig. Es fällt allen im Team schwer, Kritik an den Kollegen zu üben."* Ok. Kennen wir. Keine Überraschung.

Überrascht war ich aber, als auf meine Frage nach dem Einsatz von positivem Feedback nur ein langes Schweigen kam. *„Jaaaa ... Neee. Positives Feedback – davon halte ich nichts."* Zwei Tage später mit einem anderen CEO die gleiche Geschichte. Aber warum? Positives Feedback verbinden viele mit unspezifischer Lobhudelei: „Du bist toll", „Du machst das super". Das hören wir gerne, können daran aber nicht wachsen.

Einen viel besseren Effekt hat ein klar begründetes, positives Feedback: *„Toll, wie du das Projekt gesteuert hast, die Teammitglieder haben sich zu jeder Zeit abgeholt gefühlt."* Ein solches Feedback ist nachhaltig, denn es zeigt, welche unserer Verhaltensweisen besonders geschätzt werden und resultiert in einer „Hin zu"-Haltung. Wir lieben Lob, also tun wir das, was als positiv hervorgehoben wurde, gerne wieder.

**Positives Feedback modelliert Wunschverhalten**: Positives Feedback wirkt aber nicht nur auf der individuellen Ebene. Mit positivem, öffentlich geäußertem Feedback modellieren wir das Verhalten unserer gesamten Organisation. Lob darf daher, im Gegensatz zur Kritik, gerne auch öffentlich gegeben werden. Denn damit prägt ihr eure Kultur. Idealerweise gebt ihr 3-4mal so häufig positives Feedback wie Entwicklungsfeedback.

Die Quintessenz: Erfolgreiche Unternehmen und starke Kulturen bauen wir, wenn wir die positiven Verhaltensweisen und Stärken unserer Kollegen betonen und wenn wir das kritische Feedback mit einer Entwicklungsperspektive verbinden. Denn dann wird aus dem Feedback ein Feedforward, euer Team wächst über sich hinaus und ihr schafft eine echte Wachstumskultur.

**Feedback leicht gemacht:** Nachdem nun klar ist, wie wichtig Feedback für das Wachstum deiner Kollegen und damit für das Wachstum deines Unternehmens ist, kommen wir jetzt zum *Wie*. Schon mal vorweg: Mit der richtigen Methode und dem richtigen Mindset wirst du ganz schnell zum Feedback-Profi. Der Merksatz dazu: SBID-Feedback ist SPITZE.

## Menschenführung: Selbstverantwortung schaffen

**SBID = Situation – Behaviour – Impact – Development.** SBID steht für die Struktur guten Feedbacks. Starte dein Feedback mit einer klaren Beschreibung der Situation, auf die sich dein Feedback bezieht. Wenn du siehst, dass dein Gegenüber die gleiche Situation vor Augen hat, kommt der zweite Schritt: Du beschreibst das Verhalten (Behaviour), auf das du Feedback geben willst. Beschreibe deine Beobachtungen dabei so neutral und faktenbasiert wie möglich. Und checke wiederum, ob dein Gegenüber dieses Verhalten wiedererkennt. So weit, so gut. Noch sind wir auf dem sicheren Boden der Fakten.

**Feedback-Paradoxon.** Jetzt kommt der heikle Teil: Du beschreibst die Auswirkung, die das Verhalten deines Gegenübers auf dich gehabt hat. Beschreibe, was du als Reaktion auf das Verhalten gedacht oder gefühlt hast. Und zwar so *subjektiv* wie möglich. Aber warum denn jetzt möglichst subjektiv? Sollte Feedback nicht möglichst faktenbasiert sein? Hier kommt das Feedback-Paradoxon ins Spiel. Je subjektiver du dein Feedback formulierst, desto objektiver wird es wahrgenommen und desto leichter wird es akzeptiert.

Das muss man sich auf der Zunge zergehen lassen!

Woran liegt das? Wenn du Feedback (scheinbar) objektiv formulierst – z. B. „Dein Projekt macht keine Fortschritte", kann der Feedbacknehmer jederzeit behaupten, dass er das anders sieht und auf Abwehr schalten. Und schon stockt das Feedback.

Anders, wenn du die Auswirkung auf dich beschreibst: *„Ich sehe nur wenig Fortschritt. Das verunsichert mich."* Nur ein kleiner Dreh, aber mit einem großen Hebel. Hier kann der Feedbacknehmer nicht einfach widersprechen. Du hast das gefühlt oder gedacht. Jetzt habt ihr die Basis, um zu überlegen, woran das liegt und wie ihr das ändern könnt. Vielleicht stimmt dein Gefühl, und er ist wirklich nicht weit gekommen. Oder dein Gefühl trügt dich und dein Kollege hast sich zurückgehalten, um das Meeting nicht noch mehr in die Länge zu ziehen. In jedem Fall habt ihr jetzt die Basis, gemeinsam zu überlegen, wie die Situation beim nächsten Mal besser gemeistert wird.

|  | **Postives Feedback** | **Entwicklungsfeedback** |
|---|---|---|
| **Situation** | Vorhin im Teammeeting | |
| **Behaviour** | … hast du dein neues Projekt mit einer tollen Balance aus Detail und Überblick präsentiert. | … hast du nur wenig Informationen über den Stand deines Projekts gegeben. |
| **Impact** | Ich habe mich damit wirklich gut abgeholt gefühlt. | Das hat bei mir ein Gefühl der Unsicherheit über den Projektfortschritt hinterlassen. |
| **Development** | Hast du eine Idee, wie du das deinen Kollegen beibringen kannst? | Hast du eine Idee, wie du das Projekt klarer darstellen kannst? |

*Feedback entlang des SBID-Modells*

Nach der Formulierung der Auswirkung heißt es erst mal: Tief durchatmen, ankommen lassen. Idealerweise quittiert der Feedbacknehmer das Feedback mit einem

„Danke". Das „Danke" als Reaktion auf Feedback ist nicht nur höflich, sondern hilft dem Feedbacknehmer auch, das Gehörte erst mal setzen zu lassen.

**Development.** Nach dieser Atempause wird dann vom Rückwärts- in den Vorwärtsgang geschaltet. Jetzt entwickelt ihr eine positive Handlungsalternative. Der Feedbacknehmer bekommt eine Idee, wie er weiterarbeiten kann, statt in die Vermeidungstaktik zu fallen.

Und was macht Feedback SPITZE?

- S **wie spezifisch und subjektiv.** Spezifisch und objektiv in der Situationsbeschreibung, subjektiv in der Auswirkung.
- P **wie positiv.** Gib Feedback immer aus einer positiven Haltung heraus. Auch wenn etwas schiefgelaufen ist: Feedback funktioniert nur, wenn du glaubst, dass es dein Gegenüber gut meint, und dass er in der Lage und willens ist, sich wirklich zu entwickeln.
- I **wie Intention.** Sei dir klar, was du mit dem Feedback erreichen willst. Was soll sich ändern? Welches Verhalten soll gestärkt werden? Ohne diese Klarheit ist dein Feedback kraftlos.
- T **wie Taten.** Feedback sollte immer eine Tat bewerten: Das Verhalten und die Auswirkung auf das Miteinander. Und nicht den Menschen. „Dein Verhalten irritiert" ist etwas, das ich ändern kann. „Du irritierst" wirkt wie ein unveränderliches Schicksal.
- Z **wie zeitnah und Zeitpunkt.** Gib Feedback möglichst kurz nach der betreffenden Situation. Finde aber auch den richtigen Zeitpunkt. Wenn dein Gegenüber aufgrund eines Misserfolgs besonders gestresst ist, wird dein Feedback versanden. Starte Feedback immer mit der Frage *„Darf ich dir Feedback geben?"*. Wenn dein Gegenüber im Moment nicht bereit ist, musst du eventuell auch mal etwas abwarten, aber maximal eine Woche.
- E **wie empathisch.** Schließlich sollte Feedback immer empathisch sein. Ohne Empathie ist Feedback einfach nur SPITZ – und das willst du nicht. Zeige deinem Gegenüber, dass dir an ihm oder ihr liegt. Du möchtest dem Menschen helfen, besser zu werden. Mit Empathie ist Feedback ein super Dünger für das persönliche Wachstum und für den Aufbau des gegenseitigen Vertrauens.

Mit dem SBID-Modell und den SPITZE-Prinzipien sollte es dir leichtfallen, den Feedback-Schweinehund zu verjagen und dich auf das gemeinsame Wachstum zu freuen.

---

**Selbstreflektion**

- Was prägt deine Haltung gegenüber Feedback? Wie kannst du eine positivere Haltung entwickeln?
- Wie oft gibst du positives und negatives Feedback? Schaffst du mit deinem Feedback eine Entwicklungsperspektive?
- Wie hast du bisher Feedback gegeben? Kam es bei deinem Gegenüber an? Was würdest du jetzt anders machen?

Menschenführung: Selbstverantwortung schaffen

# Coaching: Anstoß zur Selbstentwicklung

> *„Coaching is unlocking people's potential to maximize their own performance. It is helping them to learn rather than teaching them."*
>
> Sir John Whitmore

Du hast deinen Kollegen Verantwortung nach dem Prinzip „Führen mit Auftrag" gegeben. Zur Realisierung ihrer Aufgabe haben sie von dir starkes Feedback entlang des SBID-Modells bekommen. Nun willst du ihnen helfen, zu wachsen und ihre eigenen Lösungen zu entwickeln.

Das zentrale Werkzeug hierzu ist das Coaching deiner Mitarbeiter. Das klingt erst mal nach aufwändigen Entwicklungsprozessen und externer Unterstützung. Kann sein, muss es aber nicht. Die Coaching-Grundlagen sind gar nicht so kompliziert. Und das Coaching ist vor allem eine Grundhaltung des Führens.

Tatsächlich wurden die ersten Coaching-Bücher nicht für Coaches geschrieben, sondern für Führungskräfte. Auch der „Papst" des strukturierten Coachings, Sir John Whitmore, hat sich mit seinem Standardwerk *„Coaching for Performance"* explizit an Führungskräfte gewandt, die ihr Team zu Höchstleistung bringen wollen.[17]

**Coaching-Mindset.** Was macht diese Grundhaltung aus? Im Coaching-Mindset unterstützt du deine Kollegen in ihrem aktiven Lernprozess. Du weißt, dass persönliche Entwicklung nur greift, wenn sich deine Kollegen selber auf den Weg begeben. Keiner kann zum Jagen getragen werden. Du vertraust darauf, dass deine Kollegen über alle notwendigen Ressourcen und die Motivation verfügen, die sie für diesen nächsten Lernschritt brauchen. Im Coaching begegnest du ihnen empathisch, neugierig und offen. Coaching ist ein intensiver explorativer Austausch, in dem sich beide Seiten auf Augenhöhe begegnen, sich besser kennenlernen und Vertrauen aufbauen.

---

### Growth Leader Live: Coaching statt Antworten

Viele Gründer:innen sind es gewohnt, Antworten zu geben. Bis zu einer Organisation von 50, 60 Leuten ist das normal. Da kommt jemand in dein Büro, hat ein Problem und du löst es. Daran hatte ich mich auch gewöhnt. Die ersten Teammitglieder sind ja oft nicht so senior. Also gewöhnt man sich daran, klare Antworten zu geben. Aber irgendwann braucht es den Shift von: Wir geben klare Antworten, hin zu: Wir stellen die richtigen Fragen.

*Christoph Behn, Better Ventures, ex Kartenmacherei*

---

Die persönliche Entwicklung über einen Coaching-Ansatz führt zum Erfolg, wenn deine Kollegen eigenverantwortlich agieren. Coaching muss explizit von deinem „Coachee" gewünscht sein. Ein Coaching gegen den Willen der Kollegen funktioniert nicht. Das Wunderbare an dieser Haltung: Du lässt die Verantwortung bei deinen Kollegen. Du bist ihr Lernpartner, aber es ist ihre Sache, ob sie diese Unterstützung annehmen oder nicht. Und das nimmt eine unglaubliche Last von deinen Schultern.

## Coaching nach dem GROW-Modell

Mit der wichtigsten Kompetenz des Coachings hast du dich bereits auseinandergesetzt: Dem aktiven Zuhören. In einem guten Coaching-Gespräch redet dein Coachee 90 % der Zeit, du hörst vor allem zu und stößt mit Fragen weitere Überlegungen an.

Ein gutes Coachinggespräch kannst du entlang der Formel „GROW" in vier Phasen strukturieren:

- G **wie Goal.** Klärt das Ziel des Gesprächs.
- R **wie Reality.** Versteht die Situation möglichst umfassend.
- O **wie Options.** Entwickelt Lösungsansätze.
- W **wie Will.** Legt die nächsten Schritte fest.

Mit der aktiven Steuerung dieser Phasen hilfst du deiner Kollegin, sich strukturiert von der Problemlage hin zu einer umsetzbaren Lösung zu bewegen. Hilfreich ist die Einhaltung der Phasen vor allem am Anfang deiner Coaching-Versuche. Mit der Zeit wirst du zunehmend freier in der Anwendung und du gewöhnst dich immer mehr daran, deine Kollegen mit den richtigen Fragen zu einer eigenen Lösung zu führen.

**Gute Fragen stellen.** Die zweite Coaching-Kompetenz ist das Stellen guter Fragen. Gute Coaching-Fragen sind offen, sie verlangen keine Ja- oder Nein-Antworten. Am besten sind Wie- oder Was-Fragen: Wie hast du etwas gemacht? Was ist genau passiert? Diese Fragen sind offen, bewertungsfrei und lassen Raum für die Exploration. Hilfreich sind auch Informationsfragen, also Wer-, Wo- oder Wann-Fragen. Diese Fragen helfen euch vor allem in der Klärung der Situation. Vermeiden solltest du dagegen die Warum-Frage. „Warum" hat oft den Beiklang einer Bewertung und bringt dein Gegenüber in die Defensive. Und das ist das Letzte, was du willst.

Damit zu den Phasen und möglichen Fragen.

**Goal: Ziel des Gesprächs klären.** Im ersten Schritt hilfst du deiner Kollegin Klarheit darüber zu bekommen, welches Problem sie eigentlichen lösen will. Klingt einfach, ist es aber oft nicht. Viele Menschen sehen in schwierigen Situationen den Wald vor lauter Bäumen nicht. Sie müssen erst mal verstehen, was eigentlich der Kern der Frage ist, die ihnen am Herzen liegt. Ein klares Verständnis der Problematik und die Exploration des Ziels sind oft schon ein wichtiger Schritt zur Lösung.

Startet euer Gespräch damit, dass deine Kollegin erst mal ihr Anliegen erläutert. Was bewegt sie wirklich? Was möchte sie erreichen? Welches Problem gilt es zu lösen? Hilf deiner Kollegin, ihr Ziel zu definieren. Am besten findet sie ein SMARTes Ziel: spezifisch, messbar, attraktiv, realistisch und terminiert. Das ist nicht immer einfach, vor allem wenn es um Gefühle geht. Hier könnt ihr auch mit virtuellen Skalen von 0 „Vollkatastrophe" bis 10: „Alles bestens" arbeiten.

Ziele können sowohl Leistungsziele als auch Ergebnisse sein. Möchte deine Kollegin z. B. ihren Umsatz um x % steigern? Oder möchte sie neue Kompetenzen lernen? Versucht, dieses Ziel so genau und klar wir möglich zu definieren. Die Goal-Phase ist beendet, wenn ihr ein gutes Ziel für das Gespräch gefunden habt.

## Menschenführung: Selbstverantwortung schaffen

**Goal: Fragen nach dem Ziel**

- Was bewegt dich aktuell?
- Was ist dein Ziel für dich bzw. dein Team? Was willst du erreichen?
- Wie kann ich dich dabei unterstützen, dein Ziel zu definieren?
- Kannst du mir etwas mehr erzählen? Was ist hier wichtig für dich?
- Was kann ein realistisches Ziel für dieses Gespräch sein?
- Was würde für dich ein positives Ergebnis dieser Unterhaltung darstellen?
- Was würdest du am Ende des Gesprächs haben, was du jetzt nicht hast?
- Wie erkennst du, ob du dieses Ziel erreicht hast?
- Wie würde sich ein erfolgreiches Gespräch anfühlen? Was wäre anders?
- Bei großen Zielen: Was wäre ein erster Schritt in die richtige Richtung oder ein mit machbarem Aufwand erreichbares Zwischenziel?
- Wie könnte eine mögliche Lösung für dich aussehen?

**Reality: Die Situation verstehen.** In diesem Schritt erforscht ihr die Situation und schaut sie aus verschiedenen Perspektiven an. Diese Phase ist die wichtigste, sie darf gut 70-80% der Zeit kosten. Denn nur, wenn ihr die ganze Situation versteht und auch mal die Sichtweise der anderen Parteien einnehmt, könnt ihr eine gute Lösung finden. Ermutige dein Gegenüber dazu, möglichst objektiv zu bleiben, die Situation wirklich „neutral" zu beschreiben. Hinterfrage Bewertungen.

**Reality: Fragen nach der Situation**

- Erzähl mir etwas darüber. Was geht da vor?
- Wie fühlst du dich dabei, was denkst du dabei?
- Was hast du bisher/davor getan, um dein Ziel zu erreichen?
- Warst du schon mal in einer ähnlichen Situation und was hast du da getan?
- Welchen Handlungsspielraum hast du?
- Was könnte daraus Gutes für dich/dein Team entstehen?
- Nenn mir ein Beispiel dafür aus der letzten Zeit.
- Was ist dabei wichtig für dich?
- Auf einer Skala von 1 bis 10: Wie wichtig ist …?
- Wenn eine andere Person das beobachtet hätte, was würde sie sehen/hören/fühlen?
- Welchen Rat würdest du einem Freund/Kollegen geben?
- Du kennst deine Arbeit am besten: Was würdest du mir raten, wenn ich in dieser Situation wäre?

Versucht die Situation umfassend aufzudecken und versteht die Wirkung, die diese Situation auf deine Kollegin hat: Welche Emotionen weckt sie, was sind Erwartungen, die eventuell nicht artikuliert wurden? Der Übergang von der Realität zu den Optionen ergibt sich oft von selbst. Ist die Situation erst einmal voll und ganz verstanden, wechselt deine Kollegin automatisch zur Entwicklung der Optionen. Der klassische Aha-Effekt: Ich sehe alternative Perspektiven, damit sehe ich auch neue Handlungsmöglichkeiten.

**Options: Lösungsansätze entwickeln.** Wenn ihr die Situation voll erfasst habt, kommen oft schon die ersten Ideen für mögliche Wege zum Ziel. Belasst es nicht nur bei einem Weg, sondern versucht verschiedene Alternativen zu finden. Es lohnt sich dabei auch, mögliche Hindernisse auf dem Weg zum Ziel durchzugehen und auch dafür Lösungen zu finden. Gerne werden in dieser Phase Lösungsoptionen mit Sätzen wie „Das hat noch nie funktioniert", „Da würden die nie mitmachen" oder „Dafür reicht die Zeit/das Budget nicht" blockiert. Deine Aufgabe in dieser Phase ist es, diese Denkblockaden zu identifizieren und sie dann mit klugen Fragen einzureißen: *„Was wäre, wenn du mehr Leute hättest?"* oder *„Was wäre, wenn du alle Zeit/alles Geld der Welt hättest?"*.

Wenn ihr merkt, dass ihr in dieser Phase nicht weiterkommt, lohnt es sich, nochmal zur Beschreibung der Realität zurückzugehen. Habt ihr etwas übersehen? Was könnte anders betrachtet werden? Mit der Ausarbeitung und Bewertung der verschiedenen Optionen schafft ihr schließlich den Übergang zur finalen Phase.

**Options: Fragen nach Handlungsoptionen und Alternativen**

- Was würdest du jetzt einem Freund in deiner Situation raten?
- Was sind deine Optionen?
- Was kannst du außerdem tun?
- Was ist möglich/unmöglich?
- Welche Hürden können sich bei der Umsetzung ergeben?
- Wie könnest du sie lösen?
- Was könnte eine Alternative sein? Was könnest du sonst noch machen?
- Wie leicht ist es, das umzusetzen – auf einer Skala von 1 bis 10?
- Wie wichtig ist es, das umzusetzen – auf einer Skala von 1 bis 10?
- Welche Optionen würden deine Kollegen sehen?
- Wo könntest du zusätzliche Unterstützung/Ressourcen/neue Möglichkeiten gewinnen?

**Will: Die nächsten Schritte festlegen.** Zur Lösung wird eine Handlungsoption erst, wenn sie umgesetzt wird. Definiert in dieser letzten Phase die genauen nächsten Schritte und Erfolgskriterien. Seid dabei so konkret wie möglich. Gut ist es, diese letzte Phase in vier Teilschritten zu machen: Zusammenfassung des Ergebnisses, Definition der konkreten nächsten Schritte, Eruieren des weiteren Unterstützungsbedarfs und am Ende die Dokumentation. Das klingt trivial, ist es aber nicht. Ich

## Menschenführung: Selbstverantwortung schaffen

habe oft genug erlebt, dass Coachees nach der Entwicklung der ersten Optionen so euphorisch sind, dass sie die Konkretisierung am liebsten überspringen. Es ist ja alles so klar, das wird schon kommen. Tut es dann aber nicht. Nur wenn ihr jetzt ganz konkret werdet, entsteht echte Verantwortung und Rechenschaft für die erarbeitete Lösung. Und nur damit schafft ihr den Weg zu Top-Leistungen.

> **Will: Fragen nach den nächsten Schritten**
> ▶ Fass doch mal die Ergebnisse unserer heutigen Diskussion zusammen.
> ▶ Was wird dein erster Schritt sein? Wann?
> ▶ Wie könntest du die Situation anders erleben?
> ▶ Wann ist unser nächstes Meeting, was wirst du bis dahin machen?
> ▶ Welche Unterstützung brauchst du dafür und von wem?
> ▶ Wie wirst du mit den Hindernissen umgehen, die wir diskutiert haben?
> ▶ Was würde die Lösung nachhaltig blockieren?
> ▶ Auf einer Skala von 1 bis 10, wie sicher bist du, dass du deinem Plan umsetzt? Was bräuchtest du, um eine 10 zu erreichen?
> ▶ Kannst du mir den Plan nochmal zusammenfassen?

### Erfolgsfaktoren des Coachings

Coaching wird erfolgreich, wenn sich beide Parteien, du und dein Gegenüber, in der richtigen Haltung begegnen, wenn ihr das richtige Umfeld wählt und wenn ihr wisst, wo die Grenzen des Coachings sind.

**Lösungsbereitschaft.** Coaching braucht zunächst einmal ein Gegenüber, das „coachbar" ist. Dein Gegenüber muss sich hinterfragen und eine eigne Lösung erarbeiten wollen, statt nur auf einfache Antworten und Anweisungen zu warten. Das heißt auch, dass dein Kollege immer seine eigenen Themen mitbringen sollte. Diese Themen können sich natürlich aus dem externen Anstoß deines Feedbacks ergeben, aber es sollte der Kollege sein, der den Prozess anstößt, denn nur dann übernimmt er auch die Verantwortung für die Erarbeitung einer Lösung.

**Aufmerksamkeit.** Du bist im Coaching vor allem ein guter Zuhörer. Sei mit deiner Aufmerksamkeit voll und ganz bei deinem Kollegen: Höre auf die Antworten, stelle Folgefragen, paraphrasiere und kläre. Höre auch intensiv auf Änderungen in der Energie, Stimmung oder im Tonfall deines Gegenübers. Diese „Zwischentöne" enthalten oft wichtige Informationen. Sei dabei mutig und äußere es, wenn sich die Stimmung merklich ändert, drücke Empathie aus, z. B. „Ich höre, du bist frustriert von XX".

Wichtig ist es, dass du in diesem Prozess auch deine eigenen Annahmen über dein Gegenüber neugierig reflektierst: Ist dieser Mensch wirklich so, wie ich vermute, oder lerne ich ihn gerade von einer ganz neuen Seite kennen? Agiere als Unterstützer des Prozesses. Strukturiere den Austausch in Richtung einer Lösung, lass aber deinen Kollegen selber seinen nächsten Schritt wählen.

**Ruhe.** Coaching kann schon mal ad hoc passieren. Idealerweise nehmt ihr euch aber explizit Zeit für ein solches Gespräch und findet einen ruhigen Ort. Ein guter Rahmen sind eure 1:1-Meetings. Lasst euch beide im Coachinggespräch ankommen. Stellt sicher, dass ihr ganz und gar dabei seid. Nur dann wird das Gespräch den Fluss entwickeln, der zu großartigen Lösungen führt.

**Augenhöhe.** Coaching ist sinnvoll in der Arbeit mit besonders leistungsfähigen Menschen, deren langfristige Entwicklung du mit dem Coaching unterstützt. Im Coaching musst du fachlich nicht voraus sein. Daher eignet sich Coaching sehr gut für die Führung von Experten. Gerade Experten schätzen die kritische Reflektion und Exploration und werden dich als ernstzunehmenden Sparringspartner schätzen lernen.

Mit einem Coaching-Ansatz sprichst du die Bedürfnisse deiner Kollegen in besonderem Maße an und förderst damit Vertrauen, Motivation und Engagement. Das intensive Gespräch stärkt eure Verbindung. Du widmest dich deinem Gegenüber intensiv und zeigst ihm damit seine Bedeutung. Du hilfst ihm, eine eigene Lösung zu finden und besser zu werden. Das fördert Meisterschaft und Autonomie. Und das alles in einem sicheren Umfeld. Besser geht es kaum.

**Grenzen des Coachings.** Wie jedes gute Werkzeug ist auch Coaching nicht für jede Situation geeignet. Verzichte auf einen Coachingansatz, wenn du genau weißt, wie eine bestimmte Arbeit zu erledigen ist. In diesem Fall ist eine direkte Anweisung oft besser und klarer. Wenn du mit Blick auf dein definiertes Ziel hin coachst, wird sich dein Gegenüber manipuliert und ausgefragt fühlen.

Coaching ist auch nicht der richtige Ansatz für Situationen, in denen die akute Kontrolle oder Sicherheit eine große Rolle spielt. Mal etwas überspitzt: An die richtige Anwendung des Roten Knopfes kannst du keinen Menschen herancoachen …

Schließlich solltest du auf Coaching verzichten, wenn du nicht daran glaubst, dass dein Coachee sein Ziel erreichen kann oder wenn dein Gegenüber mit ernsthaften Leistungsproblemen kämpft. Überlege in diesen Fällen erst mal, ob und wie dein Kollege die Kompetenzen lernen kann, die er braucht, um eigene Lösungen zu entwickeln. Und hilf deinem Kollegen dann, diese Lücken über einen klassischen Lernweg zu schließen.

Wie die Verantwortungsübergabe und Feedback ist Coaching ein starkes Führungsinstrument, das auf alle Ebenen der Vertrauenspyramide einzahlt und damit Grundlage für die Entstehung von Hochleistung ist: Es fördert durch den intensiven Austausch das gegenseitige Vertrauen. Indem du dein Gegenüber hinterfragst, geht ihr in den kritischen Diskurs. Es ist ein Weg der Selbstverpflichtung und stellt durch die Definition einer klaren Lösung die Rechenschaft sicher. Schließlich geht es beim Coaching immer um die Schaffung exzellenter Lösungen.

## Menschenführung: Selbstverantwortung schaffen

**Selbstreflektion**

▶ Hast du selber schon mal gutes Coaching erlebt? Was hat das mit dir gemacht? Hat es dich gestärkt?

▶ In welchen Situationen möchtest du einen Coaching-Ansatz einsetzen? Wie würde sich dann deine Interaktion mit deinen Kollegen ändern?

## 1:1-Meetings: Produktive bilaterale Meetings

*„Neunzig Minuten deiner Zeit alle zwei Wochen können die Arbeitsqualität deines Mitarbeiters und dein Verständnis dessen, was er tut, nachhaltig verbessern. Ihr entwickelt eine gemeinsame Informationsbasis und ähnliche Vorgehensweisen. Das ist der einzige Weg, auf dem eine effiziente und effektive Verantwortungsübergabe stattfinden kann."*

*nach Andy Grove*

Verantwortungsübergabe, Feedback, Coaching ... Viele große Themen – aber wann willst du das alles machen?! Der richtige Rahmen für diese Themen sind die 1:1-Meetings mit deinen Mitarbeitern. Hier findet deine individuelle Führungsarbeit statt. Sie gehören daher zu den wichtigsten Meetings, die du hast.

Die Realität sieht leider meist anders aus: Viele bilaterale Meetings sind unstrukturiert und wirken wie aus der Hüfte geschossen. Im besten Fall wird einfach grob durchgegangen, was so in den letzten Tagen passiert ist. Noch viel öfter fallen diese Termine aber auch der allgemeinen Hektik zum Opfer oder werden grundsätzlich als überflüssig wahrgenommen.

Zeit für einen neuen Blick auf diese Meetings. Daher erstmal zurück auf Null. Was macht erfolgreiche 1:1-Meetings aus? Was soll in ihnen passieren? Was ist deine Rolle?

Der Schlüssel zum Erfolg deiner 1:1-Meetings ist ein Perspektivwechsel: Der Eigentümer dieser Meetings bist nicht du, sondern dein direkter Mitarbeiter. Deine Mitarbeiter haben jenseits dieser Meetings nur wenige Möglichkeiten einer strukturierten Rückmeldung und Informationsübergabe. Regelmäßige 1:1-Meetings schaffen den notwendigen Raum für essenzielle Führungsthemen: Beziehungsaufbau, Abstimmung, Verantwortungsübergabe, Feedback und persönliche Weiterentwicklung.

**Deine Führungsrolle.** In regelmäßigen bilateralen Meetings lernt ihr euch gegenseitig kennen und baut Vertrauen auf. Damit schafft ihr die Basis für eine offene Kommunikation, aufrichtiges Feedback und eine produktive Zusammenarbeit. Als Führungskraft unterstützt du deine Kollegen in diesen Meetings mit guten Fragen dabei, effektiver zu werden und zu wachsen. Gehe daher in die Meetings nicht als „Chef-Ansager", sondern als Coach oder Mentor deiner Mitarbeiter. Deine wichtigste Leistung in diesen Meetings ist es, voll und ganz präsent zu sein, aktiv zuzuhören

# 1:1-Meetings: Produktive bilaterale Meetings

und gute Fragen zu stellen. Idealerweise hörst du 90% der Zeit zu und redest nur 10% der Zeit.

> **Growth Leader Live: 1:1-Meetings**
>
> Ich habe ein wöchentliches 1:1 mit all meinen Direct Reports. Wir haben einen Block „To Discuss", zum Besprechen von Themen, und dann einen Block „To Dos". Das sind in der Regel Aufgaben, die man beim letzten Mal vereinbart hat. Und dann gibt es Feedback: Feedback von mir an die Person und Feedback von der Person an mich. All das schreibe ich vorab auf. Warum? Weil es manchmal gar nicht so einfach ist, das über die Lippen zu bringen. Wenn man es aufschreibt, dann nimmt man sich die Zeit, es so zu formulieren, dass man auch wirklich die Message rüberbringt. Wenn man dann im Meeting sitzt und das aufmacht, gibt es auch kein Zurück mehr. Dann werden die Sachen besprochen und direkt vereinbart: „Okay, wie gehe ich jetzt damit um?" Oder „Ist es überhaupt wichtig?" Dieses Setting haben wir im ganzen Unternehmen. Diese 1:1-Meetings gibt es jede Woche.
>
> *Fritz Trott, Zenjob*

**Häufigkeit.** Die Häufigkeit der 1:1-Meetings hängt von der Zahl deiner direkten Mitarbeiter ab. Bei bis zu fünf Kollegen sind wöchentliche einstündige Meetings möglich, in jedem Fall solltest du zweiwöchentliche Meetings anstreben. Stelle sicher, dass diese Meetings wirklich stattfinden, idealerweise persönlich. Blocke dir die Zeit im Kalender und verschiebt nur, wenn es gar nicht anders geht.

## Themenfelder von 1:1-Meetings

Die Meetings werden produktiv, wenn ihr die richtigen Themen adressiert. Überlege dir jeweils vor den Meetings, welche Fragen du deinem Kollegen stellen willst. Eine gute Basis sind die folgenden 5 Fragen:

- Was ist das Wichtigste, das wir heute diskutieren müssen?
- Was sind deine wichtigsten Erfolge seit unserem letzten Meeting?
- Was sind die wichtigsten Dinge, die du bis zu unserem nächsten Meeting in Angriff nimmst?
- Mit welchen Herausforderungen kämpfst du gerade besonders?
- Wie kann ich dich unterstützen? Was soll ich machen? Was lassen?

Jenseits dieser Kernfragen solltest du folgende Themenfelder regelmäßig adressieren:[18]

- Persönliche Leistung: Wo stehst du im Hinblick auf deine Ziele und KPI? Was lernst du daraus?
- Beziehung zu den Kollegen: Wie gut interagierst du mit deinen Kollegen? Wie haltet ihr die übergreifenden Prozesse am Laufen?

## Menschenführung: Selbstverantwortung schaffen

- Teamführung: Wie führst du dein Team? Wie motivierst du dein Team zu Höchstleistung? Wie bekommst du die richtigen Menschen ins Team?
- Persönliche Entwicklung: Was hast du zuletzt gelernt? Was möchtest du gerne lernen? Hast du das Gefühl voranzukommen? Wie siehst du deine nächsten Schritte?

Hole dir in den 1:1-Meetings auch Feedback zur Entwicklung des Gesamtunternehmens und zu deiner Arbeit: Was macht uns besser? Was ist das größte Problem in unserer Organisation? Warum? Wen bewunderst du, wer ist besonders schwierig? Welche Chance verpassen wir gerade? Was sollte ich aufhören, weitermachen oder anfangen?

## Gestaltung der Meetings

Es ist ok, wenn diese Meetings keine feste Agenda haben, sondern an die aktuelle Situation angepasst werden. Was nicht heißt, dass ihr euch nicht vorbereitet. Lass dir von deinen Kollegen vorab eine Liste der Themen schicken, die sie im Meeting besprechen wollen. Damit siehst du, wie sie ihre Prioritäten setzen und stellst gleichzeitig sicher, dass sie Verantwortung für die Gestaltung eures Meetings und ihrer Arbeit übernehmen. Natürlich bereitest du auch deine Themenliste vor.

**Check-in.** Startet eure bilateralen Meetings unabhängig von den anstehenden Themen mit einem persönlichen Check-in: Wie geht es dir persönlich? Im privaten Umfeld und im Arbeitsumfeld? Bleibt dabei nicht beim Small Talk hängen, sondern nehmt euch durchaus Zeit für tiefere Gespräche. Damit lernst du deine Kollegen besser kennen und erfährst frühzeitig, ob es persönliche Herausforderungen gibt, die die Arbeit beeinflussen. Vor allem zeigst du deinen Kollegen, dass dir wirklich an ihnen liegt. *„Du siehst uns als Menschen, nicht nur als Arbeitskraft"* ist eine der schönsten Rückmeldungen, die ihr bekommen könnt.

**Themenabgleich.** Nach dem persönlichen Check-in folgt der Abgleich eurer Themen. Startet dabei mit den Themen, die dein Kollege unbedingt besprechen will. Wenn eure Prioritäten voneinander abweichen, ist das die Basis für eine wichtige Diskussion: Warum erachtet dein Kollege bestimmte Themen als wichtig? Warum siehst du es anders? Woher kommen die unterschiedlichen Perspektiven? Bereits diese Diskussion ist ein gegenseitiger Feedback- und Coaching-Prozess.

**Arbeitsphase.** Startet dann mit den Themen, die ihr beide auf eurer persönlichen Agenda hattet. Idealerweise dokumentiert ihr die wichtigsten Punkte und Entscheidungen und erleichtert es euch damit, euch gegenseitig in die Verantwortung zu nehmen.

Oft fällt es anfangs schwer, diese neue Routine aufrecht zu erhalten. Wenn ihr aber erlebt, wie produktiv und hilfreich diese Meetings sind und wie sie die Kommunikation und das Vertrauen zwischen euch verbessern, werdet ihr bald nicht mehr auf sie verzichten wollen.

Wenn du deine 1:1-Meetings konsequent durchführt, sind sie der perfekten Rahmen für alle Aufgaben der Menschenführung. Du lernst deine Kollegen intensiv kennen. Du hörst ihnen aktiv zu und entwickelst sie entlang der Sequenz Verantwortungsübergabe, Feedback und Coaching. Und du etablierst eine Kultur der Verantwortung und des Lernens.

**Selbstreflektion**
- Mit wem machst du 1:1-Meetings? Wie nutzt du sie aktuell?
- Wie gut kennst du deine Kollegen bereits? Wie kannst du die 1:1-Meetings nutzen, um eure Beziehung zu vertiefen?
- Wie willst du deine 1:1-Meetings künftig gestalten? Wie bereitest du dich auf diese Meetings vor? Wie reflektierst du sie?

# Check-out

Du hast jetzt eine gut gefüllte Werkzeugkiste für die Führung deiner Kollegen. Du unterstützt deine Kollegen, ihre Arbeit effektiver zu machen, zu wachsen und sich weiterzuentwickeln. Hin auf euer gemeinsames Ziel.

**Bedürfnisse: Der Schlüssel zur Hochleistung.** Mehr Druck heißt nicht mehr Leistung. Vertrauen, Motivation und Engagement bekommt ihr durch eine Führung, die die Bedürfnisse eurer Kollegen adressiert. Exzellent werdet ihr, wenn ihr auf dieser Basis gemeinsam in den kritischen Diskurs geht, euch gegenseitig verpflichtet und zur Rechenschaft zieht. Und das Ganze mit klarem Blick auf eure gemeinsamen Ziele.

**Vom Chef-Ansager zum Zuhörer.** Statt klare Ansagen zu machen, nimmst du dir Zeit zuzuhören. Als aktiver Zuhörer bist du ganz und gar bei deinem Gegenüber und gibst ihm Raum. Eine echte Offenbarung, denn damit lernst du die Menschen im Team und ihre Stärken ganz neu kennen.

**Verantwortung übergeben und loslassen.** Mit dem Prinzip „Führen mit Auftrag" übergibst du nachhaltig Verantwortung. Zunächst machst du dir klar, was das Ziel der Aufgabe ist. Über das Briefing und Backbriefing stellst du sicher, dass dein Auftrag wirklich verstanden wird. Dann überlässt du deinen Kollegen die Ausarbeitung des konkreten Vorgehens. Die umfassende Klärung der Aufgabe und die Abstimmung des Lösungsansatzes geben dir das Vertrauen, dass dein Gegenüber richtig aufgestellt ist. Jetzt erlebst du, dass das Team wirklich Verantwortung übernimmt – und du endlich loslassen kannst.

**Feedforward statt Feedback.** Feedback ist euer Dünger für Wachstum. Besonders schätzt du Feedforward: Ihr bleibt nicht bei der Rückmeldung auf das Verhalten stehen, sondern helft euren Kollegen, eine Zukunftsperspektive zu entwickeln. Dafür arbeitest du mit dem SBID-Modell: Du erklärst die Situation, dann das Verhalten (Behavior), das dich irritiert oder gefreut hat, und schließlich die Wirkung,

## Menschenführung: Selbstverantwortung schaffen

die dieses Verhalten auf dich oder das Team hatte. Wenn all das verstanden und akzeptiert ist, widmet ihr euch dem „Development", der Entwicklung der nächsten Schritte. Du gibst oft Feedback, gerne auch positives und entwickelst dein Team damit effektiver als mit den üblichen Jahres- und Halbjahresgesprächen.

**Du wirst zum Coach.** Aus eigener Erfahrung weißt du, dass sich Menschen am besten aus sich selbst heraus entwickeln. Daher lernst du grundlegende Coaching-Techniken, allen voran das Stellen guter Fragen, und beflügelst damit deine Kollegen. Du nutzt dazu das GROW-Modell. Ihr startet mit der Erkundung des Gesprächs-Ziels (Goal) und exploriert dann die Realität. Auf Basis dieser Klarheit kann dein Gegenüber dann verschiedene Optionen erarbeiten. Schließlich entscheidet er oder sie sich für eine Handlungsoption und definiert in der Will-Phase ganz konkret die nächsten Schritte.

**Zeit für die Führung.** Führung ist ein fester Bestandteil deiner Zeitplanung. Du machst regelmäßige 1:1-Meetings mit den Kollegen. Diese Meetings gehören deinen Kollegen, sie definieren die Themen und die Agenda. Indem du gut zuhörst und Fragen stellst, erfährst du in diesen Meetings, wie deine Mitarbeiter ihre Aufgaben angehen und Prioritäten setzen. Das schafft ein tiefes Vertrauen. Hier habt ihr Raum für das vertiefte Kennenlernen, Verantwortungsübergabe, Feedback und Coaching. Diese Meetings kosten zwar Zeit, die holt ihr aber locker durch die bessere Zusammenarbeit wieder rein.

**Führung als neuer Standard.** Wenn ihr diese Instrumente und die Haltung dahinter verinnerlicht, schafft ihr ein Hochleistungsteam und eine Kultur des Wachstums. Und das Ganze vollständig integriert in den Arbeitsalltag. Effektiver geht es nicht. Daher macht machst du den Einsatz dieser Führungsinstrumente zum Standard im Unternehmen: Wenn alle wissen, worauf ihr hinauswollt, sind diese Instrumente nochmal so effektiv.

### Deine Rolle als CEO

- Die Umstellung vom Top-Down-Führungsstil der „klaren Ansagen", hin zur echten Übergabe von Verantwortung ist eine der größten Herausforderungen vieler Gründer. Gehe diesen Weg bewusst, hole dir Feedback und lass dich gegebenenfalls unterstützen.

- Die vorgestellten Führungsinstrumente sind die Basis starker Führung. Sei ein Vorbild fürs Team: Wenn du diese Instrumente nutzt, werden sie sich auch im Gesamtteam verbreiten. Arbeitet auch im Gründer- und Führungsteam mit diesen Instrumenten. Wenn ihr sie hier übt, steigt eure Glaubwürdigkeit im Gesamtteam.

- Am allerwichtigsten: Nimm dir Zeit für diese Führungsaufgaben. Ihre Rendite ist gigantisch. All diese Instrumente sparen Zeit, die ihr sonst für unproduktive Abstimmungsrunden und Fehlerkorrekturen braucht. Zudem motivieren sie dein Team. Eine bessere Investition gibt es nicht, zumal sich die meisten dieser Führungsansätze nahtlos in deinen normalen Arbeitstag integrieren lassen.

# Check-out

## Reflektion & Aktion

Du weißt jetzt, wo die Reise hingehen soll. Sicher gehen dir viele neue Gedanken durch den Kopf. Versuche diese als Basis für deinen Aktionsplan zu reflektieren:

- Verstehst du die Bedürfnisse deiner Kollegen? Was kommt zu kurz?
- Wie hoch ist dein Zuhörer-Anteil in Meetings? Wie kannst du ihn weiter erhöhen?
- Wie kannst du das „Führen mit Auftrag" einsetzen? Wie nutzt du es bei größeren Projekten? Wie nutzt du das Mindset auch bei kleineren Aufgaben?
- Wie und wann willst du Feedback einsetzen? Wie stellst du sicher, dass es voll in den Alltag integriert ist?
- Wie setzt du Coaching im Alltag ein? Wie in konkreten Gesprächen? Wie bekommst du ein Coaching-Mindset?
- Wie willst du deine 1:1-Meetings künftig gestalten?

Diskutiere diese Punkte auch gemeinsam mit deinen Führungskollegen. Wie wollt ihr insgesamt führen? Welche Instrumente helfen euch? Wie könnt ihr eure Grundhaltung weiterentwickeln? Schau dir auch nochmal die Aufbruchssignale an. Und setze dann einen Plan zur Entwicklung deiner eigenen Führungskompetenzen auf. Mit welchen Instrumenten willst du beginnen? Wie teilst du das deinen Kollegen mit, damit sie dich in deinem Lernprozess unterstützen? Wie rollst du diese Instrumente und Haltung in der gesamten Organisation aus?

Kommuniziere dein und euer Vorhaben und das geplante Timing frühzeitig an das Team. Damit signalisiert ihr, dass ihr künftig anders führen wollt: Mit echter Verantwortungsübergabe und einem verstärkten Fokus auf das individuelle Wachstum. Gehe als Gründer und CEO explizit in die Verantwortung, hole dir Feedback zu deiner eigenen Entwicklung. Stellt auch bereits die KPI vor, an denen ihr den Erfolg eurer Führungsarbeit messen wollt. Macht dem Team vor allem klar, dass ihr nur gemeinsam eine neue Führungskultur schaffen könnt. Viel Erfolg!

# TEAMFÜHRUNG: HOCHLEISTUNGS-FÜHRUNGSTEAM

„Eine der seltenen Gaben eines Unternehmers ist es,
ein Team aufzubauen und Teil eines Teams zu sein.
Es ist eine besondere Gabe. Es ist eine besondere Zeit."

David Hieatt, Gründer und CEO von Hiut Denim Co[19]

## Teamführung: Hochleistungs-Führungsteam

Ein starkes Führungsteam ist der CEO in Groß und das Unternehmen im Kleinen.

Dein Führungsteam vergrößert deine Reichweite als CEO, indem es deine Werte teilt, mit einer Stimme spricht, die wesentlichen Entscheidungen trifft und sie systematisch umsetzt. Damit ist es der CEO in Groß.

Gleichzeitig ist ein gutes Führungsteam das Unternehmen im Kleinen. Es reflektiert die wesentlichen Bereiche des Unternehmens und deckt alle Kompetenzen ab, die ihr braucht, um euer Unternehmen in die Zukunft zu führen.

In dieser Doppelfunktion hat dein Führungsteam eine unglaublich wichtige Signalwirkung für das Unternehmen. Als Vorbild lebt ihr die Werte und die Kultur des Unternehmens vor. Ein starkes Führungsteam zeigt, wie du Verantwortung teilst. Die Teammitglieder zeigen, was die Übernahme von Verantwortung bedeutet. Gemeinsam arbeitet ihr an der Weiterentwicklung des Unternehmens. Kein Platz für Bereichsegoismen! Euer geschlossener Auftritt und eure klare Ausrichtung geben dem Gesamtteam Sicherheit und Orientierung. Ihr arbeitet an den großen strategischen Themen und gestaltet die Zukunft eures Unternehmens.

Mit dieser Signalwirkung ist klar: Der Aufbau und die Führung eines High Performance-Führungsteams ist eine zentrale Führungsaufgabe. Und sie liegt im Wesentlichen in deinen Händen.

Ein Führungsteam zu Hochleistung zu führen, ist eine große Herausforderung. Ab Tag Eins arbeitet ihr unter höchster Anspannung an erfolgskritischen Themen. Hochleistungs-Führungsteams bestehen aus den Top-Leuten des Unternehmens: Ambitionierte Menschen mit umfangreichen Erfahrungen und starken Charakteren. Wenn ihr eure Energie nicht in Wettbewerb und Statuskämpfen verbrennen wollt, müsst ihr lernen, mit Stolz, Ambition und Ego-Themen umzugehen.

Eine solche Gruppe von Menschen zu einem echten Hochleistungsteam zusammenzuschweißen, ist die hohe Schule der Führung. Denn die ganze Zeit vereinst du scheinbar widersprüchliche Interessen:

- Inhaltliche Themen vorantreiben *und* den Teamgeist fördern.
- Verbundenheit schaffen *und* starken Individuen Raum geben.
- Das ganze Unternehmen *und* die einzelnen Bereiche führen.
- Das Unternehmen transformieren *und* Sicherheit schaffen.

Wenn du diese Führungsaufgabe meisterst, hast du eine starke Mannschaft, mit der du deine zentralen Führungsaufgaben teilst. Du schaffst dir ein sicheres Umfeld, in dem du dich auch mal fallen lassen kannst, und einen Raum für Experimente, mit denen ihr die Zukunft gestalten könnt. Und du schaffst ein Team, das mittelfristig deine Rolle übernehmen kann und dir damit die unternehmerische Freiheit gibt, von der du im tiefsten Herzen träumst.

> **Growth Leader Live: Erfolgsfaktor Führungsteam**
>
> Ich glaube unverändert fest daran, dass Teams bei komplexen Problemen besser funktionieren als Einzelne. Im Wachstum ist die Teamdynamik meist nicht stabil, aus vielen Gründen, die exogen oder endogen sein können. Und deswegen musst du da besonders dran arbeiten.
>
> Christoph Braun, Acton

Die Führung eines High Performance-Führungsteams ist ein Prozess, der ständige Aufmerksamkeit und Achtsamkeit verlangt. Gemeinsam lernt ihr im laufenden Arbeitsprozess neue Arbeitsweisen. Es zeigt echte Stärke und Selbstbewusstsein, wenn du diesen Prozess durch einen Coach begleiten lässt, der mit dir und gemeinsam mit dem Team arbeitet. In ihrem Buch *„Trillion Dollar Coach"* beschreiben Eric Schmidt et al. sehr eindrücklich, wie sehr die langjährige Zusammenarbeit mit „Coach Bill" der Google-Führung geholfen hat, ein echtes Hochleistungsteam zu werden. In dieser Zusammenarbeit sind alle über sich hinausgewachsen. Die einzelnen Führungskräfte, das Team und das gesamte Unternehmen.

# Check-in

> Ein Führungsteam zur Performance zu führen und mit ihm gemeinsam die Transformation zu gestalten ist eine lohnenswerte, aber große Herausforderung. Am besten kannst du dich auf die Entwicklung eures Führungsteams einstimmen, wenn du dir die folgenden Fragen stellst:
>
> ▸ In welchen Strukturen führen wir heute unser Unternehmen?
>
> ▸ Wenn ihr als Team gegründet habt: Wie arbeiten wir heute zusammen? Passt das so? Was würde ich gerne ändern?
>
> ▸ Was bedeutet das Führen im Team für mich? Welche Freiräume bringt es mir? Was müsste ich lernen?
>
> ▸ Wie sollte mein ideales Führungsteam aussehen? Mit welchen Menschen möchte ich intensiv am Unternehmen arbeiten?
>
> ▸ Was macht für mich ein High Performance-Führungsteam aus? Welche Stimmung verbreitet es? Woran arbeiten wir?
>
> ▸ Wie sieht unser Arbeitsalltag aus? Wie arbeiten wir zusammen?
>
> ▸ Wie lernen wir gemeinsam und wie gehen wir mit Konflikten um?
>
> ▸ Welche Rolle will ich im Team haben? Heute und in 5 Jahren?
>
> Es gibt eine ganze Reihe von Aufbruchssignalen, die zeigen, dass es Zeit für eine aktive Entwicklung eures Führungsteams ist. Schau dir diese Liste an und diskutiere sie in eurer aktuellen Führungs- oder Gründerrunde.

## Teamführung: Hochleistungs-Führungsteam

**Aufbruchssignale „Führungsteam"**

*Bewerte die Signale auf einer Skala von 1: keine bis 5: große Herausforderung*

| | |
|---|---|
| Ihr kommt mit Entscheidungen nicht nach und blockiert das Wachstum. | ☐ |
| Eure Managementrunde besteht aus 10 Personen und mehr. | ☐ |
| Das Management arbeitet nebeneinander her, jeder an seinem Thema. | ☐ |
| Trotz Führungsteam landet die finale Verantwortung immer bei dir. | ☐ |
| Ihr arbeitet primär operativ, die strategischen Themen kommen zu kurz. | ☐ |
| Du hängst zu sehr in der Umsetzung und bekommst den Kopf nicht frei. | ☐ |
| Das Gesamtteam fragt sich, was das Management eigentlich macht. | ☐ |
| Dir ist unklar, ob deine Management-Kollegen noch voll dabei sind. | ☐ |
| Ihr diskutiert viel, aber keiner übernimmt die Verantwortung. | ☐ |
| Ihr sprecht nicht mit einer Stimme, das Team ist irritiert. | ☐ |
| Im Management eskalieren regelmäßig Status- und Verteilungskonflikte. | ☐ |
| Ihr meidet intensive Diskussionen und schließt faule Kompromisse. | ☐ |
| Die Meetings sind Reporting-Schlachten, die euch nicht voranbringen. | ☐ |
| Entscheidungen aus den Meetings werden nicht umgesetzt. | ☐ |

Je mehr Fragen du mit 3 und mehr Punkten bewertet, desto klarer ist das Signal: Zeit für den Aufbruch.

Auch wenn es nur einzelne Herausforderungen gibt: Die Entwicklung eines High Performance-Führungsteams ist ein ständiger Prozess. Es lohnt sich am Ball zu bleiben, auch wenn aktuell alles bestens läuft.

### Ausblick auf das Kapitel „Teamführung"

In diesem Kapitel geht es darum, wie du aus einer Gruppe von Menschen ein echtes Hochleistungsteam machst. Im Fokus steht das Führungsteam, die Tools sind aber auch für jedes andere Team nutzbar.

**Die Basis.** Zunächst werfen wir einen Blick auf die Grundlagen der Führung von und mit Teams: Warum führen wir im Team und was macht das Führungsteam so besonders? Welchen Prozess durchläuft ein Team von der Formierung bis zur Performance? Was sind die fünf Kernprozesse, die „Fünf K" der Teamführung? Diese Grundkompetenzen werden in den folgenden Abschnitten vertieft.

**Konzeption.** Bei der Konzeption geht es um die grundsätzliche Aufstellung des Teams und die Auswahl der Teammitglieder. Was definierst du vor dem Start des Teams? Wie stellst du das optimale Team zusammen?

**Kick-off.** Mit dem Kick-off startet die gemeinsame Arbeit. Jetzt lernt ihr euch neu kennen, baut Vertrauen auf und definiert gemeinsam eure Aufgaben, eure Rollen und die grobe Roadmap. Das Ergebnis: Eure gemeinsame Team-Charta.

**Kooperation.** Die laufende Kooperation wird durch zielorientiertes Arbeiten an den übergreifenden Themen geprägt. Klar strukturierte, effiziente Meetings, in denen ihr an den richtigen Themen arbeitet und gute Entscheidungen trefft, sind Hebel für euren gemeinsamen Erfolg.

**Kontinuierliche Verbesserung.** Echte Teams durchlaufen einen ständigen Lernprozess. Sie reflektieren ihre Arbeit und werden damit immer besser. Das Mittel der Wahl: Gemeinsame Retrospektiven.

**Konfliktmanagement.** Ein wesentlicher Teil eurer Arbeit liegt in der Bewältigung von Konflikten. An sich sind Konflikte gut, aber nicht jeder Konflikt ist konstruktiv. Lernt eure Konfliktstile zu verstehen und Konfliktklärungsgespräche zu führen.

Wenn du diese fünf Kernprozesse der Teamführung beherrschst, kannst du jedes (Führungs-)Team zum Erfolg bringen und über sich hinauswachsen lassen.

## Die Basis: Hochleistungsteam schaffen

*„Ein herausragendes Führungsteam macht dein Unternehmen stark; es ist eine der Säulen der Führungsinfrastruktur"*

*Robert Sher[20]*

Führen im Team ist ein Schlüsselthema für Startups. Die meisten Startups werden durch Teams gegründet und die Zusammensetzung des Teams gilt vielen Investoren als wesentlicher Erfolgsfaktor. Die Qualität des Führungsteams spielt also von Anfang an eine große Rolle.

Tatsächlich starten die meisten Gründer als Hochleistungsteam. Ihr arbeitet intensiv und gemeinsam am Aufbau, ergänzt euch mit euren Kompetenzen und Mindsets. Nähe und Vertrauen sind in der Aufbruchsphase typischerweise sehr ausgeprägt.

Das ändert sich mit dem Durchstarten. In dieser Phase wird aus der intensiven Teamarbeit schnell ein nebeneinanderher arbeiten. Jeder hat seinen Aufgabenbereich. Abstimmungen werden seltener, die gemeinsame Erarbeitung kritischer und neuer Themen rückt unter dem Druck des Operativen zunehmend in den Hintergrund.

Sukzessive entstehen die ersten Führungsstrukturen. Um die Teamleiter mit in die Führung einzubinden, werden Managementrunden etabliert, die sich regelmäßig zur Entwicklung des Unternehmens austauschen. Typischerweise wächst diese Runde mit der Anzahl der Mitarbeiter im Unternehmen. Anfangs waren es vielleicht nur du und deine Mitgründer, dann kamen immer mehr Teamleads dazu. Nicht selten bestehen diese Runden irgendwann aus 10-20 Führungskräften.

## Teamführung: Hochleistungs-Führungsteam

Je größer diese Runde wird, desto weniger arbeitet ihr gemeinsam an Themen. Bald schon sind es reine Reportingschlachten. Reihum wird berichtet, was gerade läuft. Und zwar im Wesentlichen Richtung Gründer, während sich der Rest der Truppe langweilt. Immer mal wieder flammt eine Diskussion auf, aber erarbeitet und entschieden wird wenig. Wie auch, bei der großen Runde? Das alles hat nur begrenzten Nährwert und hinterlässt dich und alle Teilnehmer dieser Meetings frustriert und desillusioniert. Die Schlussfolgerung: Führung im Team funktioniert nicht.

### Team oder Pseudoteam, das ist hier die Frage!

Und in der Tat: *So* funktioniert Führung im Team nicht. Denn statt eines echten Teams habt ihr ein Pseudoteam geschaffen: Eine Runde von Menschen mit ähnlichen Funktionen, die sich gegenseitig informieren und vereinzelt gemeinsam entscheiden.

Das Thema High Performance-Führungsteam bewegt fast alle Menschen, mit denen wir arbeiten. Oft sind sowohl das Gründerteam als auch die Managementrunden zu Pseudoteams verkommen. Viele Gründer treffen sich zu selten. Es wird dann zwar vieles entschieden, aber kaum an strategischen Themen gearbeitet. Zwischen den Gründern gibt es viele Schwarze Löcher: Kritische Themen, die aus Sorge, dem anderen zu nahe zu treten, nicht mehr angesprochen werden. Immer wieder gibt es auch Gründer, die sich nicht mehr in der umfassenden Verantwortung sehen möchten, sondern sich lieber auf eine Teilaufgabe fokussieren.

| Echtes Führungsteam | Pseudo-Team |
|---|---|
| Geteilte Führungsrolle | Zentrierte Führung, „Nabe und Speiche" |
| Individuelle *und* gegenseitige Rechenschaft | Rechenschaft nur für eigene Funktion |
| Gemeinsame Teamziele und Ergebnisse | Keine expliziten Teamziele und Ergebnisse |
| Aktive Themenentwicklung mit offenen Diskussionen und Problemlösung | Reporting und Rechtfertigung, wenig Diskussion und Erarbeitung |
| Leistungsmessung durch Bewertung der gemeinsamen Arbeitsprodukte | Klare Verantwortlichkeit fehlt, keine Leistungsmessung |
| Gemeinsame Diskussion, Entscheidung und Projektarbeit | Fokus auf Diskussion, Entscheidung und Delegation |
| Mitglieder agieren auch dann als Team, wenn sie nicht zusammen sind | Mitglieder erleben sich nur im Meeting als Team, sonst jeder für sich |
| 3 bis maximal 9 Mitglieder | Oft 10 bis über 20 Teilnehmer |

*Eigene Entwicklung nach Hawkins, P. (2017): Leadership Team Coaching. London. S. 35.*

Die größeren Managementrunden sind selten wirklich zur gemeinsamen Arbeit und Entscheidung ermächtigt, dazu sind zu viele Menschen beteiligt. Die Meetings frustrieren alle, da außer Reporting eigentlich nichts passiert. Sprich: Sie sind

# Die Basis: Hochleistungsteam schaffen

eigentlich nur Pseudo-Teams. Solche Teamkonstellationen versagen bei dem, was jetzt ansteht: Gemeinsam als Hochleistungsteam die Transformation des Unternehmens zum Wachstumsführer voranzutreiben.

> **Growth Leader Live: Echtes Führungsteam**
>
> Ein echtes Führungsteam sieht sich als Team, die Kollegen sehen sich gegenseitig als Peers und übernehmen Verantwortung füreinander. Sie sind als Team verantwortlich für den Unternehmenserfolg, arbeiten zusammen und unterstützen sich gegenseitig. Im Wachstum konzentriert man sich oftmals nur auf die unmittelbar eigenen Aufgaben, da in der täglichen Arbeit noch so viel „kreatives Chaos" herrscht. Da neigt man schnell dazu, in den „Fight or Flight"-Modus zu gehen und sich nur noch um die operativen Tasks zu kümmern. Dadurch rutschten die Führungskräfte schnell tiefer in ihr eigenes Department hinein, und der Teamgeist wird schwächer. Das gilt es zu überwinden.
>
> *Maria Sievert, inveox*

Mit der „Führung des Führungsteams" könnt ihr nicht früh genug starten. In der Aufbruchsphase eures Unternehmens gewinnt ihr, wenn ihr euch im Gründerteam die Zeit nehmt, euch mit euren Stärken und Arbeitsstilen intensiv kennenzulernen und tiefes Vertrauen aufzubauen. Damit legt ihr die Basis für euer Hochleistungsteam.

In der Phase des Durchstartens solltet ihr besonders darauf achten, ein echtes Team zu bleiben und nicht zum Pseudoteam zu verkommen. Stellt sicher, dass die neuen Teammitglieder gut in das Team integriert werden und verhindert, dass ihr eine „Gründer und sonstige"-Runde werdet.

Wenn ihr das verpasst habt, steht in der Turbulenz-Phase ein Reset des Führungsteams an. Die Runde wird verkleinert und wieder arbeitsfähig gemacht. Die jeweiligen Rollen und Verantwortlichkeiten werden geklärt. Nicht immer einfach, aber notwendig, damit ihr wieder Tempo aufnehmt.

Egal auf welchem Level ihr an der Arbeitsfähigkeit eures Führungsteams arbeitet: Es lohnt sich! Typische Rückmeldungen aus unserer Arbeit: „Endlich können wir auch die kritischen Themen diskutieren", „Wir arbeiten jetzt wieder wirklich am Unternehmen" oder „Wir nehmen uns jetzt ganz anders in die gegenseitige Verantwortung".

---

**Selbstreflektion**

▶ Wie erlebst du aktuell euer Führungsteam? Seid ihr ein echtes Team oder seid ihr ein Pseudoteam?

▶ Was müsstet ihr ändern, damit ihr zu einem echten Team werdet?

## Teamführung: Hochleistungs-Führungsteam

### Dynamik der Teamentwicklung

Nachdem dir klar ist, welche Eigenschaften ein Hochleistungsteam hat, stellt sich die Frage, wie du mit dem Team dorthin kommst. Um aus eurem Führungsteam ein Hochleistungsteam zu machen, führst du es auf zwei Ebenen: Du steuerst den strukturellen Aufbau des Teams mit den richtigen Strukturen und Prozessen und du steuerst als „Leader of Leaders" die Dynamik im Team.

Die Dynamik in Teams wird gerne mit dem Konzept der „Teamuhr" beschrieben. Danach durchläuft jedes Team vier Entwicklungsstufen. Deine Aufgabe ist es, das Team beim zügigen Durchlaufen dieser Entwicklung zu unterstützen, denn erst in der vierten Entwicklungsstufe erreicht ihr eure volle Leistungsfähigkeit.

Von diesen Stufen hast du sicher schon mal gehört:

- **Forming**: In der Kennenlernphase sind alle noch vorsichtig im gegenseitigen Umgang. Ihr lernt zu verstehen, wer wie tickt und welche Rollen und Aufgaben ihr in dieser Runde habt.
- **Storming**: Es folgt die Streitphase, in der ihr um die Klärung eurer Rollen, Aufgaben und Positionen ringt. Es ist eine Phase der Statusspiele. Euer Ziel: Löst diese Konflikte und lernt euch mit euren Stärken *und* Schwächen schätzen.
- **Norming**: Jetzt lernt ihr, wirklich zu kooperieren. Aus verdeckten Konfrontationen wird ein offener, kritischer Diskurs. Jeder hat seine Rolle gefunden und bringt sich zum Wohle aller ein. Ihr habt ein klares gemeinsames Ziel und eine starke Teamkultur.
- **Performing**: Ihr seid zusammengewachsen, alle ziehen am gleichen Strang. Hochleistung pur: Ihr seid gemeinsam im Flow, habt Spaß und löst auch komplexe Aufgaben effizient.

Verändert sich die Teamkonstellation, z. B. weil neue Teammitglieder dazu stoßen, fallt ihr in die ersten Phasen zurück, müsst den Prozess also erneut durchlaufen. Je öfter ihr die Konstellation ändert, desto länger braucht ihr, um wieder eure volle Leistungsfähigkeit zu erreichen.

Als Leader of Leaders beobachtest du diesen Prozess genau und stellst durch die richtigen Impulse sicher, dass sich das Team zügig in Richtung Performing bewegt. Mit der Entwicklung des Teams ändert sich auch deine Rolle: Vom Manager zum Coach des Teams.[21]

**Team-Leader.** In der Phase des Formings braucht das Team deine aktive Steuerung. Du wirst jetzt vom Manager, der jedes Mitglied eurer Managementrunde einzeln geführt hat, zum Team-Leader. In dieser Rolle führst du das entstehende Team durch den Prozess und hilfst ihm, die gemeinsamen Ziele zu klären. Du stellst sicher, dass ihr euch Zeit nehmt, euch auch als Team zu erfahren. Jetzt solltest du ein offenes Ohr für die Unsicherheiten im Team haben und den Fokus auf den Aufbau des gegenseitigen Vertrauens legen.

**Team-Orchestrator.** Die Überwindung des Storming unterstützt du, indem du schwelende Konflikte offen adressierst, Kritik aktiv aufnimmst und das Team zu Lösungen im Sinne eures gemeinsamen Ziels bringst. In dieser Phase ist es wichtig, das Team immer wieder zur gemeinsamen Arbeit zurückzubringen und den für diese Phase typischen Grüppchenbildungen und Statusspielen entgegenzuwirken.

Das Norming forcierst du, indem du sicherstellst, dass sich alle an die gemeinsamen Prinzipien halten und jeder seine Stärken ausspielen kann. Schaffe eine gemeinsame Verantwortung für das Nachhalten und die Weiterentwicklung der gemeinsamen Regeln. Stärke die Bindungen zwischen den Teammitgliedern, indem du immer wieder Teilaufgaben an Subteams übergibst. Alleingänge einzelner Teammitglieder solltest du dagegen unterbinden.

> **Growth Leader Live: CEO als Team-Coach**
>
> Voraussetzung für die Team Performance war es, die Kultur und Werte konsequent festzulegen. Das ist die Grundlage. Und das andere ist, dass wir eine Coaching-Rolle haben. Wenn wir merken, dass die Leute nicht vorwärts kommen, dann helfen wir. Dann greifen wir notfalls unter die Arme, sagen halt, wie wir es machen würden oder wie es aus unserer Sicht sein müsste. Diese Kombination ist, glaube ich, für mich der Schlüssel gewesen, dass es funktioniert.
>
> *Alex Mahr & Jan Sedlacek, Stryber*
>
> Früher dachte ich, ich muss das Führungsteam anleiten und an mich reporten lassen. Heute sehe ich meine Verantwortung darin, das Team erfolgreich zu machen, zu coachen und zu führen. Das macht uns erfolgreich.
>
> *Fritz Trott, Zenjob*

In den Phasen des Stroming und Norming nimmst du dich bereits etwas mehr zurück und agierst vor allem als Team-Orchestrator. Als solcher hilfst du dem Team, die Bindungen untereinander zu stärken und tragfähige Verbindungen zu allen Stakeholdern des Führungsteams aufzubauen.

**Team-Coach:** In der Performing-Phase kannst du dich dann noch weiter zurückzuziehen. Das Führungsteam organisiert sich jetzt selber und hat alle Kompetenzen, um die Aufgaben komplett zu übernehmen. Damit erreichst du deine finale Rolle: Als Coach des Teams forderst und förderst du das Team und jeden Einzelnen. Feiert euch, wenn ihr ins Performing kommt, denn das gelingt längst nicht allen Teams.

**Selbstreflektion**

- In welcher Entwicklungsstufe der Teamuhr seid ihr als Team?
- Was müsstest du tun, damit ihr euch in Richtung Performing bewegt?
- Wie kannst du deine Rolle weiterentwickeln? Was brauchst du dafür?

## Teamführung: Hochleistungs-Führungsteam

### Teamprozesse

Damit kommen wir von der Teamdynamik zu den Kernprozessen der Teamführung. Diese Prozesse lassen sich am besten entlang von 5 K's beschreiben: Konzeption, Kick-off, Kooperation, kontinuierliche Verbesserung und Konfliktmanagement. Hier nur ein kurzer Überblick. Die Details werden in den folgenden Kapiteln vorgestellt.

**KONTINUIERLICHE VERBESSERUNG**
- Retrospektiven

**KONZEPTION**
- Zieldefinition
- Auswahl Team

**KICK-OFF**
- Kennenlernen
- Teamcharta

**KOOPERATION**
- Zielorientiertes Arbeiten
- Meetingmanagement

**KONFLIKT-MANAGEMENT**
- Konfliktklärungsgespräche

Die 5 K des strukturierten Teamaufbaus

**Konzeption.** Ihr startet den Teamaufbau mit der Klärung des Auftrags und der Aufstellung des Teams. Dazu stellt ihr euch die folgenden Fragen:

- **Was soll das Team erreichen?** Was sind die Aufgaben und welche Ergebnisse sollen erzielt werden? Wie wird der Erfolg gemessen?

- **Wie soll das Team aufgestellt sein?** Welche Kompetenzen, Erfahrungen und Mindsets braucht ihr? Habt ihr die Kompetenzen bereits im Team oder müsst ihr sie von außen dazugewinnen?

- **Wer wird Teil des Teams?** Wer ist an der Entscheidung beteiligt?

Die Konzeption ist abgeschlossen, wenn das Team erstmalig in der neuen Aufstellung zusammenkommt.

**Kick-off.** Der perfekte Rahmen für die Formierung des Führungsteams ist ein ein- bis zweitägiger Kick-off-Workshop. Der Kick-off ist erfolgreich, wenn ihr drei Ziele erreicht: Ihr lernt euch vertieft kennen, definiert eure Ziele und erarbeitet eine Teamcharta, in der ihr die Ziele und Regeln eurer Zusammenarbeit festlegt. Ein explizites Team-Kick-off lohnt sich auch dann, wenn ihr zwar in der gleichen Konstellation weiterarbeiten, euch aber neu aufstellen wollt. Mit dem Vertrauensaufbau, dem kritischen Diskurs und der Verpflichtung zur gemeinsamen Charta zahlt ein Kick-off-Workshop nachhaltig auf die Vertrauenspyramide und das Entstehen von Hochleistung ein.

**Kooperation.** Ihr startet die gemeinsame Arbeit. Ein Baustellen-Backlog und gemeinsame OKR sorgen für die Zielorientierung eurer Arbeit. Mit einer guten

Meetingsequenz stellt ihr sicher, dass ihr die operativen und strategischen Themen systematisch abarbeitet und euch ausreichend Zeit für die Teamentwicklung nehmt.

**Kontinuierliche Verbesserung.** Nehmt euch Zeit, um euch als Team weiterzuentwickeln. Reflektiert im Rahmen von Retrospektiven die Ergebnisse eurer Arbeit und den gemeinsamen Arbeitsprozess: Wie gut und effektiv arbeitet ihr zusammen? Wie gut seid ihr als Team zusammengewachsen? Was könnt ihr tun, um noch besser zu werden?

**Konfliktmanagement.** Wo gehobelt wird, da fallen Späne. Gesunde Konflikte sind das Kennzeichen guter Führungsteams. Aber leider laufen Konflikte immer mal wieder aus dem Ruder. Entwickelt ein Vorgehen zur Konfliktbewältigung und identifiziert potenziell toxische Konflikte frühzeitig.

## Konzeption: Team zusammenstellen

> „Die Qualität des Führungsteams ist einer der drei wichtigsten Faktoren für den Erfolg eines wachsenden Unternehmens."
>
> Zitat eines VC[22]

In der Konzeptionsphase klärst du den Auftrag des Führungsteams, legst die grundsätzliche Struktur fest und wählst die Mitglieder aus. Diese Aufgabe obliegt weitgehend dir in Zusammenarbeit mit deinen Gründerkollegen. Solltet ihr einen Beirat haben, kann es sinnvoll sein, auch diesen an der Definition des Führungsauftrags zu beteiligen.

### Aufgaben und Mission des Führungsteams

Die Definition der Kernaufgaben des Führungsteams ist einfach: Eure Aufgabe ist es, eine nachhaltige Zukunft für euer Unternehmen schaffen und es resilient zu machen.

Um das zu realisieren,

▶ entwickelt ihr euren großen Traum (Vision, Mission), eure Strategie und definiert klare Ziele,

▶ entwickelt und implementiert ihr skalierbare Strukturen,

▶ entwickelt ihr eure Wachstumskultur und lebt sie vor,

▶ seid ihr am Puls eurer Kunden und Kollegen und sichert die Energiezufuhr eures Unternehmens,

▶ schafft ihr eine lernende, innovative Organisation und

▶ kommuniziert ihr mit allen Stakeholdern.

## Teamführung: Hochleistungs-Führungsteam

Eine solche Liste ist schnell geschrieben, aber herausfordernd umzusetzen. Jede einzelne Aufgabe ist riesig und verlangt die Balance zwischen taktischem und strategischem Denken, zwischen Risiko und Innovation. Ihr steckt mitten im operativen Geschäft, dürft aber die strategische Perspektive nicht aus den Augen verlieren.

Die Motivation für diese immense Aufgabe zieht ihr aus einer inspirierenden Mission. Einer eigenen Mission, in der ihr den speziellen Beitrag des Führungsteams zum Gelingen des Unternehmens definiert. Hinterlegt diese Mission mit klaren Zielen und einer groben Roadmap zur Umsetzung. Ohne klare Mission und Ziele verlieren viele Führungsteams ihre Traktion. Aktionistisch fangen sie an, irgendwelche Aufgaben zu übernehmen und Entscheidungen zu treffen. Hauptsache, es passiert etwas! Solche Führungsteams wirken wie zahnlose Tiger – nicht gerade das, was ihr wollt.

## Grundsätzliche Struktur

Die Teamstruktur ergibt sich aus den notwendigen Kompetenzen und der angestrebten Teamgröße. Stellt das Team so auf, dass es länger zusammenarbeiten kann und stattet es mit allen notwendigen Ressourcen aus.

**Optimale Teamgröße.** Ein produktives Führungsteam sollte nicht mehr als neun Mitglieder haben. Dabei sollte es alle Schlüsselkompetenzen abdecken, die ihr braucht, um euer Unternehmen zum Wachstumsführer zu machen. Je kleiner euer Team ist, desto enger wird die Zusammenarbeit. Hattet ihr zuvor eine größere Managementrunde, müsst ihr euch jetzt entscheiden, wer künftig nicht mehr zum engeren Führungskreis gehört.

Das bringt euch bei der Aufstellung eures Führungsteams tendenziell in ein Dilemma. Eventuell müsst ihr treuen Mitstreitern der ersten Stunde erklären, dass sie nicht mehr Teil des engeren Führungskreises sind. Oder Menschen ausschließen, denen der Status wichtig ist und die nun drohen, das Unternehmen zu verlassen. Sei mutig bei der Zusammensetzung des Teams und gehe keine Kompromisse ein. Mach dir klar: Zu viele oder falsche Teammitglieder schwächen dein Führungsteam und damit deine Führung. Findet lieber alternative Beteiligungsmöglichkeiten für geschätzte Kollegen, die keinen Platz bekommen. Das sollte auch kein Problem sein. Wenn ihr wachst, gibt es genug für jeden zu tun, der Verantwortung übernehmen möchte und dem es nicht nur um sein Ego geht.

**Stabilität.** Euer Führungsteam wird effizient, wenn es über einen längeren Zeitraum stabil zusammenarbeitet. Erst dann agiert es als Team und nicht als Gruppe von Einzelpersonen. Es braucht Zeit, bis die Teammitglieder ihre gegenseitigen Stärken und Schwächen verstehen und sich damit optimal unterstützen können. Idealerweise stellst du dein Führungsteam so auf, dass es für mindestens zwei Jahre intensiv zusammenarbeiten kann. Müssen dennoch neue Mitglieder hinzugezogen werden, solltet ihr einen guten Integrationsprozess für sie aufsetzen.

> **Growth Leader Live: Stabilität des Führungsteams**
>
> Das Kernteam für die operative Führung sind wir, also die Co-CEOs, CTO, CPO und CMO. Sprich: Die Kernwertschöpfungskette des Unternehmens. Wir haben mit diesem Kernteam von fünf Leuten wirklich ein High Performance-Team. Mit dieser Konfiguration gehen wir extrem behutsam um. Wenn da jetzt noch jemand dazu kommt, wäre die Teamdynamik vielleicht schwieriger. Wir achten sehr darauf, nicht willkürlich und zu schnell in ein System einzugreifen, das funktioniert. Wir haben auch nicht alle gleichzeitig eingestellt, dementsprechend ist das Team gewachsen. Ich würde sagen, dass man dem Team da schon ein, zwei Jahre geben muss, um wirklich ins Performing zu kommen.
>
> Alex Mahr & Jan Sedlacek, Stryber

**Vernetzung.** Als Mitglieder des Führungsteams habt ihr immer zwei Hüte auf: Den eures Bereichs und den der übergreifenden Führung. Durch diese vernetzte Zusammenarbeit löst ihr die Silos auf und schafft sinnvolle Gesamtlösungen. Macht euch klar, dass diese Doppelrolle sowohl intellektuell als auch emotional extrem anspruchsvoll ist. Denn sie verlangt eine ständige Balance zwischen Unternehmens- und Bereichsinteressen, konkreter und konzeptioneller Arbeit. Eine vernetzte Zusammenarbeit wird nur möglich, wenn die Teammitglieder genügend Ressourcen für beide Rollen haben: Zeit, Budgets und sonstigen Support, inklusive Coaching-Unterstützung.

**Klarheit.** Es reicht nicht, die Strukturen einzurichten. Sie funktionieren nur, wenn sie jeder im Unternehmen versteht. Macht allen klar, dass wesentliche Entscheidungen künftig gemeinsam im Führungsteam getroffen werden und nicht mehr allein durch die Gründer. Jede Entscheidung, die ihr als Gründer jenseits des Führungsteams trefft, beschneidet dieses in seiner Leistungsfähigkeit und Glaubwürdigkeit.

## Auswahl der Teammitglieder

> *I would rather have someone who's much less brilliant and who's a team player, who's straightforward, than somebody who's very brilliant and toxic to the organization.*
>
> Arianna Huffington

Bei der konkreten Auswahl der Teammitglieder sind die fachlichen Kompetenzen ein wichtiger Punkt. Noch wichtiger aber sind die persönlichen Kompetenzen und die richtige Mischung des Teams.

Idealerweise kommen im Führungsteam Menschen zusammen, die sich als Leader ihrer jeweiligen Bereiche und gleichzeitig als Leader des Unternehmens betrachten. Sie sehen das große Ganze, können abstrakt und konzeptionell denken. Dabei sind sie integer und empathisch. Du brauchst Menschen, die dich herausfordern. Und es müssen Menschen sein, die sich infrage stellen, die sich als Lernende und nicht als Wissende verstehen. Gemeinsam seid ihr ein diverses Team, geeint durch gemeinsame Werte und eine gemeinsame Mission.

# Teamführung: Hochleistungs-Führungsteam

> **Toolbox: Anforderungen an die Mitglieder des Führungsteams**
>
> ▶ **Teamplayer:** Die Mitglieder deines Führungsteams sollten starke Teamplayer sein. Menschen, die ihre Teams und das Unternehmen jederzeit vor die eigenen Bedürfnisse stellen.
>
> ▶ **Werte- und Kulturfit:** Eure Führungsteam-Mitglieder sollten dafür geschätzt werden, dass sie die Kultur und die Werte eures Unternehmens vorleben. Was ihr nicht vorlebt, kommt nicht im Gesamtteam an. Es reicht ein Teammitglied, das eure Werte negiert, und ihr seid unglaubwürdig.
>
> ▶ **Neugierde und Lernbereitschaft:** Mit dem Wachstum eures Unternehmens betretet ihr immer wieder Neuland. Dafür brauchst du unabhängige Geister und konzeptionelle Denker, die sich neugierig auf die Exploration neuer Möglichkeiten einlassen. Der Erfolg eures gemeinsamen Handelns hängt davon ab, dass ihr immer wieder neue Kompetenzen lernt. Menschen, die meinen, alles zu wissen, blockieren eure Arbeit.
>
> ▶ **Pragmatisch:** Suche nach realistischen Umsetzern, die ihre jeweiligen Bereiche aktiv und pragmatisch gestalten und dabei immer hervorragende Ergebnisse erzielt haben.
>
> ▶ **Empathie und Vertrauen:** Herausragende Teams zeichnen sich durch einen hohen Grad an Empathie und Vertrauen aus. Wenn jeder für die anderen mitdenkt, wird das Team resilient. Dann ist es auch kein Problem, wenn mal ein Teammitglied ausfällt, denn seine oder ihre Perspektive wird weiterhin berücksichtigt.
>
> ▶ **Integrität und Verlässlichkeit:** Du suchst nach Menschen, die sich und ihren Haltungen treu sind, die kritische Themen auch dann adressieren, wenn das negativ für sie sein könnte. Auf integre Teammitglieder könnt ihr euch jederzeit verlassen. Sie setzen gemeinsam getroffene Entscheidungen um und stellen sicher, dass jeder im Team zu seiner Verantwortung steht. Sie wahren die Vertraulichkeit der Diskussionen im Führungsteam und sprechen gemeinsam mit ihren Teamkollegen mit einer Stimme.
>
> ▶ **Unabhängigkeit:** Dein Führungsteam ist besonders stark, wenn alle Mitglieder eine eigene, fundierte Meinung entwickeln und diese auch vertreten. Ja-Sager kannst du nicht gebrauchen.

**Vielfalt der Mindsets.** Ein erfolgreiches Führungsteam lebt nicht nur von starken Charakteren, sondern auch von der richtigen Mischung. Suche nach Menschen mit unterschiedlichen Erfahrungen und Denkweisen. Du bekommst ein starkes Führungsteam, wenn die Kollegen deine Perspektiven, Stärken und Arbeitsweisen ergänzen und dich damit herausfordern. Idealerweise repräsentieren die Kollegen des Führungsteams die Vielfalt deines Unternehmens, sowohl auf Kunden- als auch Kollegenseite. Kombiniere introvertierte und extrovertierte Menschen, Frauen und Männer, unterschiedliche kulturelle Hintergründe sowie alte Hasen aus dem Kernteam und neue Führungskräfte, die erst kürzlich von außen dazu gekommen sind.

> **Growth Leader Live: Vielfalt der Mindsets**
>
> Die Menschen im Management-Team müssen komplementär sein. Wir haben nur Menschen im Team, die andere Stärkenprofile haben als ich. Die kommen auch mit ganz anderen Themen. Beispiel OKR. Mir sind die eher egal. Für unseren VP Engineering ist das aber ein Mega-Thema. Der will, dass wir eine Vision, Mission und OKRs haben und treibt

das. Das ist super. Ich beteilige mich an der Diskussion, bin aber nicht der, der das machen muss. Zu sehen, dass das funktioniert, dass du einen hast, der sagt „Nee, wir brauchen das jetzt aber", das sind coole Momente. Da treibt jemand Dinge, die mir nicht wichtig waren, die aber wichtig für die Firma sind. Und der hat total Spaß dran.

*Manuel Hinz, CrossEngage*

Nicht selten agieren Gründer nach dem klassischen Peter-Prinzip. Du holst dir Typen rein, die sind wie du. Aber wie sollen die dich weiterbringen, wenn sie den gleichen Arbeitsstil, die gleiche Meinung und Vision haben wie du? Du wirst so nie zu dem Punkt kommen, wo du auch einmal selbst kritisch gechallenged wirst. Nicht nur das oberste Management, sondern auch die zweite Ebene muss in der Lage sein, sich offen gegenüberzustehen. Es muss eine Kultur gelebt werden, in der es selbstverständlich ist, dass auch kritische Aspekte offen angesprochen werden können. Dazu braucht es einen CEO, der auf andere Meinungen vertraut und nicht meint, dass er allein immer die richtige Meinung hat.

*Dorothee Seedorf, Advisor*

**Zukunftssicherheit.** Das Team sollte alle Kompetenzen abdecken, die für die Unternehmensentwicklung der nächsten ein bis zwei Jahre benötigt werden. Damit das Führungsteam über einen längeren Zeitraum stabil bleiben kann, sollte jedes der Teammitglieder das Potenzial haben, noch ein bis zwei Level zu wachsen. Suche nach erfahrenen Kollegen und Kolleginnen, die auf ihren Gebieten mehr Erfahrung haben als du, und denen du mit gutem Gewissen umfangreiche Aufgaben übergeben kannst. Bildet im Führungsteam schließlich möglichst viele Bereiche eures Unternehmens ab. Damit fließen im Führungsteam die Informationen aus der ganzen Organisation zusammen.

**Alle für einen, einer für alle.** Wenn ihr euer Führungsteam nach diesen Regeln zusammenführt, wird es euch leichtfallen, ein Klima der Wertschätzung, des Vertrauens und der Verbundenheit zu schaffen. Dann hört ihr euch gegenseitig zu und geht in den kritischen Diskurs. Damit trefft ihr gute Entscheidungen, hinter denen alle stehen, die ihr geschlossen kommuniziert und konsequent umsetzt. Das Ergebnis: Die gemeinsame Arbeit macht allen Spaß, ihr fühlt euch produktiv und energiegeladen. Diese Freude an der gemeinsamen Arbeit strahlt auf das gesamte Unternehmen aus.

## Besetzungsprozess

Gestaltet euren Besetzungsprozess so, dass ihr möglichst viele der gefragten Eigenschaften sehen könnt. Ideal ist die Kombination aus einer Motivationspräsentation vor einem Auswahlgremium, einem 360-Grad-Feedback aus dem Team, vertiefenden Interviews mit dir und ein bis zwei anderen Gründern oder Beiräten und der Check des Teamfits.

**Motivationspräsentation.** Auch wenn du gezielt Menschen für das Führungsteam ansprichst – jeder Kandidat sollte klar motivieren können, warum gerade er oder sie einen wichtigen Beitrag für die Führung des Unternehmens liefert. Die Präsentation sollte drei Fragen beantworten:

## Teamführung: Hochleistungs-Führungsteam

- Was ist meine Vision für das Unternehmen und was sind aus meiner Sicht die größten Herausforderungen auf dem Weg dahin?
- Welche Rolle hat das Führungsteam aus meiner Sicht und welche Aufgaben übernimmt es?
- Wie trage ich mit meinen Erfahrungen, Kompetenzen und meinem Mindset zum Erfolg des Führungsteams bei?

Diese Motivationspräsentation sollten die Kandidaten vor einem Auswahlgremium halten. Meist bestehen diese Gremien aus den Gründern und ein oder zwei Beiräten. In der Präsentation und der nachfolgenden Diskussion könnt ihr beobachten, ob eure Kandidaten strategisch denken, ob sie sich auf andere Meinungen und die Entwicklung gemeinsamer Ideen einlassen und wie sie die Balance zwischen dem „Ich" und dem „Wir" gestalten.

**360-Grad-Feedback.** Mit einem 360-Grad-Feedback eurer Kandidaten erkennt ihr, wie ihre Führungsleistung vom Team und den Kollegen bewertet wird. Lebt er oder sie bereits die Werte eures Unternehmens? Ist es ein echter Growth Leader? Wo sind Lücken im Führungsverhalten?

**Persönliches Interview.** Auf Basis von Motivationspräsentation und Feedback kannst du als nächstes ein vertiefendes, persönliches Gespräch führen. Was ist den Kandidaten wichtig? Was sind ihre Wünsche an die Zusammenarbeit? Was treibt sie an? Teste die Verbindlichkeit der Kandidaten, indem du den Aufwand und die Herausforderungen dieser Rolle verdeutlichst. Gerade gute, reflektierte Kandidaten haben oft die Sorge, dieser Rolle nicht gerecht werden zu können. Und frage dich selbst: Habe ich ein gutes Gefühl bei diesem Menschen? Freue ich mich auf die gemeinsame Arbeit?

**Teamfit.** Idealerweise checkt ihr auch den Teamfit der Kandidaten. Mit einer Teamdiagnostik wie den Belbin-Teamrollen (siehe Abschnitt *Kick-off*) oder dem Myers-Briggs-Test erkennst du, ob und wie die Persönlichkeit der Kandidaten das Team ergänzt.

Indem du eine reale Teamsituation beobachtest, kannst du sehen, wie sich die Kandidaten verhalten, wenn sie gemeinsam mit anderen eine Aufgabe lösen sollen. Welche Rolle nehmen sie ein? Wie passen sie zu den anderen im Team? Bringen sie sich ein oder dominieren sie?

---

### Fragen zur Bewertung der Kollegen für das Führungsteam[23]

Mit diesen Fragen kannst du dein Bauchgefühl zu den Kandidaten für das Führungsteam aktivieren:

- Hilft uns dieser Mensch, unser Unternehmen auf das nächste Level zu bringen?
- Würde ich diesen Menschen noch mal einstellen, wenn er oder sie nicht bereits im Unternehmen wäre?
- Skizziere das Organigramm der Zukunft mit leeren Kästchen. Hat diese Person eine der führenden Rolle in der künftigen Organisation inne?

# Kick-off: Gemeinsam durchstarten

- Hat sich diese Person bereits als Teamplayer oder Teamleader bewiesen, oder nur in individuellen Rollen?
- Ist er oder sie diesen Weg bereits in einer früheren Rolle gegangen? Wenn nicht: Lernt diese Person begeistert?
- Wie sieht das Feedback zur Führungskompetenz dieses Menschen aus?

In jedem Fall musst du den Prozess so steuern, dass du sicher sein kannst, dass das richtige Team entsteht. Kommuniziere deine Entscheidungen klar und transparent, auch wenn das mit der einen oder anderen schmerzlichen Absage verbunden ist. Ein Prozess, in dem du zur Bewerbung einlädst, aber eigentlich schon weißt, wen du im Team haben willst, geht schnell nach hinten los und wird als manipulativ betrachtet. Das ist nicht die Basis, auf der du die Zusammenarbeit mit dem Führungsteam starten möchtest.

### Selbstreflektion

- Mit welchen Kompetenzen und Stärken willst du dich im Team ergänzen?
- Welche Werte und Eigenschaften sollen die Teamkollegen mitbringen?
- Wie strukturierst du den Besetzungsprozess?

## Kick-off: Gemeinsam durchstarten

> „Great teams consist of individuals who have learned to trust each other. Over time, they have discovered each other's strengths and weaknesses, enabling them to play as a coordinated whole."
>
> *Amy Edmondson*

Du hast ein cooles Team von Top-Leuten aufgesetzt, mit denen du ab jetzt dein Unternehmen gemeinsam führen willst. Alle sind heiß darauf, die Arbeit zu starten und große Dinge zu bewegen.

Ihr könntet euch jetzt natürlich einfach in die Arbeit stürzen, angefangen mit einer der vielen Baustellen, die ihr alle vor Augen habt. Das fühlt sich nach Aktion an, macht euch aber nicht schneller, sondern langsamer. Denn bald schon seht ihr den Wald vor lauter Bäumen nicht mehr und löscht wieder ein Feuer nach dem anderen. Das, was dich in der Vergangenheit alle deine Energie gekostet hat, kostet nun das ganze Team Energie. Gemeinsamer Burnout. Keine gute Idee!

Startet den Bau eures Führungsteams mit dem richtigen Fundament. Dieses Fundament besteht aus drei Blöcken:

- **Vertrauen aufbauen.** Lernt euch vertieft kennen und baut Vertrauen ineinander auf. Denn ohne Vertrauen keine Hochleistung.

## Teamführung: Hochleistungs-Führungsteam

- **Zusammenarbeit definieren.** Definiert die Eckpunkte eurer Zusammenarbeit und fasst sie in einer Teamcharta zusammen: Was wollt ihr gemeinsam erreichen? Was sind eure Aufgaben und eure Verantwortung? Wie wollt ihr zusammenarbeiten?
- **Gesamtsicht herstellen.** Verschafft euch den Überblick über die Herausforderungen, die ihr Angriff nehmen wollt, um euer Unternehmen auf Wachstum einzustellen. Und fasst diese Themen in einem Wachstums-Backlog zusammen.

Vertrauen aufbauen, Zusammenarbeit definieren, Gesamtsicht herstellen: Drei große Themenfelder, die ihr nicht mal eben in euren wöchentlichen Meetings erledigt. Startet eure Zusammenarbeit oder den Reset eures Führungsteams am besten mit einem zweitägigen Offsite, idealerweise irgendwo weit draußen, wo ihr durch nichts gestört werdet. Und wo ihr den Abend als gemeinsame Zeit genießen könnt.

Und so könnte die Agenda für ein 2-tägiges Kick-off aussehen:

| Tag 1 | Agendapunkte | Tag 2 | Agendapunkte |
|---|---|---|---|
| 9:00–9:30 | Check-in & Agenda & Erwartungshaltung | 9:00–9:15 | Check-in |
| 9:30–10:00 | Neu kennenlernen | 9:15–10:15 | Teamrollen verstehen |
| 10:00–10:30 | Einführung Teamcharta | 10:15–10:45 | *Durchatmen* |
| 10:30–10:30 | *Durchatmen* | 10:45–12:15 | Unsere „Kunden" und Wertversprechen |
| *10:30–13:30* | *Unser Mandat* | 12:15–12:45 | Unsere Mission |
| *12:30–13:30* | *Lunch* | *12:45–13:45* | *Lunch* |
| 13:30–15:00 | Baustellenbegehung Teil 1 | 13:45–14:30 | Zentrales Arbeitsthema |
| *15:00–15:30* | *Durchatmen* | 14:30–15:30 | Wrap up und Kommunikation |
| 15:30–17:00 | Baustellenbegehung Teil 2 | 15:30–16:00 | Check-out |
| 17:00–18:15 | Hochleistungsteam werden | | |
| 18:15–18:30 | Wrap up erster Tag | | |

Beispiel-Agenda eines Kick-offs

## Check-in

Ihr seid alle angekommen. Zumindest physisch. Aber durch euren Kopf jagen noch die Themen, die euch zuletzt umgetrieben haben. Mit einem kurzen Check-in legt ihre diese Themen mental zur Seite und macht den Kopf frei für die gemeinsame Arbeit.

> **Toolbox: Meeting-Check-in**
>
> Egal welches Meeting ihr vor euch habt: Ein kurzer Check-in hilft allen Teilnehmern, gedanklich anzukommen. Hier drei Check-ins, die Spaß machen und Energie geben:
>
> - **Ampel.** Jeder sagt bei Start des Meetings, welches Ampellicht seine aktuelle Stimmung beschreibt: Rot für schwierig, Gelb für vermischt und Grün für super. Und erklärt dann kurz, warum. Seid so offen wie möglich, erzählt auch, was euch privat bewegt. Wenn jemand schlecht drauf ist, ist es wichtig zu wissen, ob das Problem im Unternehmen liegt oder ob es etwas Persönliches ist. Seid bei der Beschreibung gerne auch kreativ: Geht es dir Grün mit gelben Punkten? Selten ist die Welt so eindeutig!
> - **Gute Nachricht.** Jeder sagt in einem Satz, was ihr oder ihm in den letzten Tagen Gutes passiert ist. Das schafft gute Laune und vertieft das Vertrauen.
> - **Dankeschön!** Jeder bedankt sich bei einem anderen in der Runde für etwas, das in den vergangenen Tagen gut gelaufen ist. Damit stärkt ihr eure Verbindung und zeigt Wertschätzung.

Hilfreich ist es, wenn ihr zu Beginn des Workshops ein paar Rollen verteilt:

- Der Protokollant notiert alle wesentlichen Entscheidungen.
- Der Energiemanager signalisiert Pausenbedarf.
- Der Time-Keeper sichert die Einhaltung der Arbeitsphasen.

Für dich als Moderator des Meetings ist es eine unglaubliche Entlastung, wenn du nicht auch noch auf diese Themen achten musst. Und du zeigst: Der Erfolg dieses Meetings ist unsere gemeinsame Verantwortung!

## Neu kennenlernen

Ihr arbeitet teilweise schon lange zusammen; als Gründer hast du vermutlich jeden in dieser Runde persönlich eingestellt. Und doch wette ich, dass ihr euch nicht wirklich kennt und auch nicht wisst, wie ihr euch gegenseitig wahrnehmt. Startet daher mit einer umgekehrten Vorstellung.

Nehmt euch dazu Post-its. Jeder schreibt nun zu jedem anderen Teammitglied auf, was er oder sie an diesem Menschen besonders schätzt. Stellt dann Kollege für Kollege eure Punkte vor und hängt die Post-its auf. Das Resultat: Eine Galerie der Wertschätzung.

Was macht die umgekehrte Vorstellung so wertvoll? Sie zeigt Wertschätzung und schafft ein starkes Gefühl der Verbindung. Im Alltag bekommen wir selten so geballtes, positives Feedback. Und es schafft das wunderbare Gefühl: Ich werde mit dem, was mich besonders macht, gesehen und ich bin mit diesen Stärken ein wichtiger Teil dieses Teams.

## Teamführung: Hochleistungs-Führungsteam

Was auch immer euch vor dem Kick-off noch umgetrieben hat: Spätestens nach dieser Vorstellungsrunde ist jeder voll dabei und ihr könnt mit Freude und Energie an die inhaltliche Arbeit gehen.

### Teamcharta

Fangt als nächstes an, euch mit eurer Teamcharta auseinanderzusetzen. In der Teamcharta dokumentiert ihr die Eckpunkte eurer Zusammenarbeit: Warum gibt es dieses Team? Was soll es tun? Wie wollt ihr arbeiten?

> **Unsere Teamcharta**
> - **Mission:** Was wollen wir für unser Unternehmen erreichen? Was ist der ganz besondere Beitrag des Führungsteams?
> - **Kunden:** Wer sind unsere „Kunden"? Welchen Mehrwert liefern wir ihnen?
> - **Mandat:** Was sind unsere Aufgabenbereiche? Was entscheiden wir?
> - **Verantwortung:** Für welche Ziele und KPI sind wir verantwortlich?
> - **Werte:** Welche Werte prägen unsere Zusammenarbeit?
> - **Arbeitsprinzipien:** Wie wollen wir zusammenarbeiten?
> - **Grüne-Karten-Verhalten:** Welches Verhalten fördert die Zusammenarbeit?
> - **Rote-Karten-Verhalten:** Welches Verhalten blockiert die Zusammenarbeit?
> - **Unsere Rollen:** Wer hat welche Teamrolle?
> - **Verpflichtung:** Unterschrift aller Teammitglieder

Euer Kick-off war erfolgreich, wenn ihr es schafft, die Teamcharta im Kern zu erarbeiten. Das gibt euch Klarheit und Fokus, eignet sich aber auch hervorragend zur Kommunikation an das Gesamtteam. Idealerweise wird sie ein lebendiges Dokument, das ihr immer weiterentwickelt.

### Teammandat und Verantwortung

Hinter der Teamcharta steht das Modell des Golden Circle von Simon Sinek: Warum gibt es uns, was wollen wir tun und wie? Auch wenn Simon Sinek „Start with Why!" fordert, der einfachste Einstieg in die Entwicklung der Teamcharta erfolgt über die Beschreibung eures Mandats, dem „Was" eurer Tätigkeit. Nehmt euch für diese Diskussion 2 bis 2,5 Stunden Zeit.

Du könntest jetzt natürlich vorstellen, was du dir in der Konzeptionsphase zu den Aufgaben des Führungsteams überlegt hast. Doch dann machst du genau das, was du beenden willst: Du übernimmst die Verantwortung für die Ergebnisse. Außerdem willst du, dass sich alle im Team zu den gemeinsamen Aufgaben verpflichten. Und das geht nur, wenn sich jeder mit seinen Erfahrungen und Wünschen einbringen kann. Bitte daher alle Teammitglieder, ihre Gedanken zu zwei Fragen zu teilen:

▸ Was ist die Aufgabe dieser Runde? Was entscheiden wir?
▸ Woran erkennen wir, dass wir unsere Aufgabe erfolgreich erfüllen?

Beim Zusammentragen der verschiedenen Aufgabenfelder erkennt ihr schnell, wo große Einigkeit herrscht, und welche Aufgaben vielleicht nur Einzelne sehen. Daraus könnt ihr jetzt die Liste eurer Aufgabenfelder ableiten. Überlegt auch, welche Entscheidungen ihr im Führungsteam trefft und welche im Team getroffen werden.

Mit den Antworten auf die zweite Frage bekommt ihr eine Indikation, mit welchen KPI ihr den Erfolg eurer Arbeit messen könnt. Am Ende dieser Diskussion habt ihr eine Liste all euer Aufgaben- und Verantwortungsbereiche, jeweils verbunden mit einem Erfolgsindikator.

## Baustellenbegehung

Noch ist die Liste eurer Aufgaben relativ abstrakt. Jetzt geht es an die Konkretisierung: Was sind eure operativen und strategischen Baustellen? In unserer Arbeit hat sich ein zweistufiger Ansatz als hilfreich erwiesen: Startet die Diskussion mit einem „Segel, Anker und Proviant"-Brainstorming und vertieft diese Themen mit einer strukturierten Diskussion der sechs Wachstumshebel (siehe Kapitel *Gründer oder CEO*, Abschnitt *Lebenszyklus – Höhenflug*). Nehmt euch für diese Diskussion am besten 3-4 Stunden Zeit.

**Segel, Anker und Proviant.** Macht ein Brainstroming zu den drei Fragestellungen:

▸ **Segel**: Was gibt uns heute Rückenwind? Was funktioniert bereits gut? Worauf können wir uns verlassen? Was sollten wir verstärken?
▸ **Anker**: Was bremst uns? Wo haben wir uns verhakt? Wo brennt es? Welche Probleme müssen wir lösen?
▸ **Proviant**: Was würde uns jetzt am meisten Energie geben? Was hilft uns, die Bremsen zu lösen?

Mit dieser Übung erkennt ihr an, worauf ihr aufbauen könnt. Ihr habt aber auch eine erste Liste der kritischen Themen. Mit der Betrachtung eures Proviants werft ihr einen Blick auf eure kulturellen Erfolgsfaktoren. Nun gilt es, diese Themen weiter zu strukturieren. Diskutiert dazu die:

**Wachstumshebel.** Um euer Unternehmen in den Höhenflug zu bringen, müsst ihr sechs Wachstumshebel (Kunde, Strategie, Leadership, Team, Umsetzung und Finanzen) in die optimale Stellung bringen. Diskutiert Hebel für Hebel: Wo wollen wir in ein bis zwei Jahren stehen? Wo stehen wir heute? Wo hakt es? Sammelt für jeden Hebel die Herausforderungen und entwickelt erste Ideen für Projekte, die

## Teamführung: Hochleistungs-Führungsteam

einen echten Unterschied machen. Wenn ihr meint, dass eure Themenliste vollständig ist, lohnt sich noch ein letzter Check. Steht da wirklich alles? Oder gibt es Tabuthemen, „Pink Elephants", die keiner ansprechen will?

Das Ergebnis der Baustellenbegehung ist eine lange Liste an Herausforderungen. Auf dieser Liste steht alles, was ihr adressieren und lösen müsst, um euer Unternehmen in den Höhenflug zu bringen. Wahrscheinlich ist es eine bunte Mischung strategischer und operativer Themen. Erschlagend, aber verbunden mit dem guten Gefühl, endlich mal alles auf den Tisch gelegt zu haben. Diese Baustellen-Liste führt ihr später in euer Wachstums-Backlog über, das euch im Alltag begleitet und sicherstellt, dass ihr immer wisst, was grundsätzlich ansteht. Mehr dazu im Abschnitt *Kooperation*.

## Hochleistungsteam werden

Mit der Diskussion der Aufgaben und Baustellen habt ihr euch so richtig warmgelaufen und euch in der konkreten Zusammenarbeit erlebt. Jetzt ist der perfekte Zeitpunkt, um euch mit eurer Entwicklung zum High Performance-Team auseinanderzusetzen. Was macht ein Hochleistungsteam aus? Wie soll unsere Zusammenarbeit aussehen? Wie bringen wir uns ein? Das sind die Fragen des nächsten ca. 2 bis 2,5 stündigen Blocks.

Macht euch zunächst einmal mit dem Modell der Vertrauenspyramide vertraut (Kapitel *Menschenführung*, Abschnitt *Die Basis*). Wo stehen wir entlang der verschiedenen Stufen? Wie sehr vertrauen wir uns? Führen wir offene, kritische Diskussionen? Wie stellen wir sicher, dass wir uns zu unseren Entscheidungen verpflichten? Wie sieht gegenseitige Rechenschaft aus? Was sind unsere Ziele, wie erarbeiten wir sie?

> **Growth Leader Live: Team Kick-off**
>
> Unser Führungsteam ist komplett neu. Da sind die drei Gründer und sieben Leute, die im letzten Jahr dazugekommen sind. Mit dem Führungsteam haben wir gerade ein Offsite organisiert. Wir waren für vier Tage auf einem Weingut und haben bei der Weinlese mitgeholfen. Und meine Executive-Coach war auch mit dabei. Wir haben dann immer einen halben Tag im Weinberg gearbeitet und einen halben Tag im Seminar verbracht. Wir haben über uns als Team gesprochen und die Zwei-Jahres-Strategie erarbeitet. Das hatten wir vorher noch nie so gemacht.
>
> Vorab haben wir alle das Buch „5 Dysfunctions of a Team" gelesen. Damit war klar: Am wichtigsten ist es, dass wir lernen, miteinander zu arbeiten. Was heißt das? Das heißt vor allem, sich gegenseitig Feedback zu geben und zu verstehen, wie man funktioniert. Wir haben alle einen MBTI-Test gemacht und dann darüber gesprochen. Außerdem hat sich jeder vorgestellt. Und zwar nicht nur die Eckpunkte, sondern richtig umfassend: Was treibt mich an? Wie bin ich aufgewachsen? Was hat mich dazu gebracht, den Job zu machen, den ich vor Zenjob hatte? Was hat mich dazu gebracht, zu wechseln? Warum mache ich das Ganze hier? Was erhoffe ich mir für mich? Wo möchte ich in den nächsten Jahren hinkommen? Also wirklich ganz umfassend.

### Kick-off: Gemeinsam durchstarten

Und wir haben gelernt, uns bewusst Feedback zu geben. Geübt haben wir das Feedback dann im Weinberg. Wein liest man immer zu zweit an einer Zeile, einer rechts, einer links. Dabei haben wir uns Feedback gegeben.

Im Alltag kommt es natürlich immer noch zu Konflikten. Das ist weiterhin harte Arbeit. Aber zumindest haben wir gelernt, unsere Konflikte besser anzugehen.

*Fritz Trott, Zenjob*

**Werte und Arbeitsprinzipien.** Übersetzt diese Erkenntnisse dann in die Prinzipien eurer Zusammenarbeit. Nutzt die Diskussion rund um die Eigenschaften von High Performance-Teams, um euch zu überlegen, „Wie" ihr zusammenarbeiten wollt:

- Welche Werte prägen unsere Zusammenarbeit: Offenheit? Vertrauen? Respekt? Integrität? Was bedeuten sie genau?
- Mit welchem Verhalten fördern wir die verschiedenen Ebenen der Vertrauenspyramide?
- Wo hat es bisher gehakt? Wie wollen wir künftig damit umgehen?
- Wie treten wir nach außen auf?

Gemeinsame Arbeitsprinzipien schaffen einen Standard für die Arbeit und Führung im Team und nehmen alle Teammitglieder in die Pflicht. Sie helfen euch, euer konkretes Handeln in Einklang mit euren Werten zu bringen. Auf Basis dieser Regeln könnt ihr euch gegenseitig zur Rechenschaft ziehen.

Diskutiert auch die persönlichen Anforderungen der Teammitglieder an eine gute Zusammenarbeit. Gebt jedem in der Runde die Chance, negative wie positive Teamerfahrungen aus der Vergangenheit zu reflektieren und in die Gestaltung eures Miteinanders einzubringen.

Die leitenden Fragen hierzu lauten: Wie sieht eine Zusammenarbeit aus, in der ich mich optimal einbringen kann? Was sollten wir vermeiden, da es mich frustriert und meine Leistungsfähigkeit eingeschränkt?

#### Toolbox: Ray Dalios „Prinzipien des Erfolgs"

Ray Dalio hat den größten Hedgefonds der Welt, Bridgewater Associates, aufgebaut und ihn strikt mit klar definierten Arbeitsprinzipien geführt. Diese Prinzipien richten das gesamte Team auf einen verbindlichen Verhaltenskodex aus. Hier seine Top-Level-Prinzipien für die richtige Kultur:[24]

- Auf radikale Wahrhaftigkeit und radikale Transparenz vertrauen.
- Sinnerfüllte Arbeit und sinnerfüllte Beziehungen kultivieren.
- Eine Kultur schaffen, in der es in Ordnung ist, Fehler zu machen, und inakzeptabel, nicht aus Fehlern zu lernen.
- Sich synchronisieren und synchronisiert bleiben.
- Bei der Entscheidungsfindung nach Glaubwürdigkeit gewichten.
- Verstehen, wie man Meinungsverschiedenheiten hinter sich lässt.

## Teamführung: Hochleistungs-Führungsteam

**Grüne- und Rote-Karten-Verhalten.** Ihr konkretisiert diese Arbeitsprinzipien, indem ihr Grüne- und Rote-Karten-Verhalten definiert:[25] Welches Verhalten ist super und darf öfter vorkommen? Welches Verhalten blockiert uns und sollte nicht wieder vorkommen?

Konkrete Arbeitsprinzipien lassen sich am besten anhand konkreter Situationen entwickeln. Gib jedem Teammitglied grüne und rote Karten. Wann immer ihr künftig im Team oder bei einzelnen Teammitgliedern Verhaltensweisen seht, die förderlich sind oder blockieren: Auf die entsprechende Karte schreiben. Bei euren Retrospektiven geht ihr dann durch die Karten und ergänzt eure Teamcharta. Damit verbindet ihr die Arbeit an konkreten Inhalten mit der Arbeit an eurer Team-Performance.

### Teamrollen verstehen

Werdet euch als nächstes darüber klar, mit welchem Arbeits- und Kooperationsstil ihr euch im Team einbringt und dort zur gemeinsamen Zielerreichung beitragt.

> **Growth Leader Live: Verstehen der Persönlichkeiten**
>
> Für unsere Zusammenarbeit war es extrem wichtig zu verstehen, wie unterschiedlich wir ticken: Unterschiedliche Persönlichkeitsmerkmale, Erfahrungen und Wissen – und mit diesem Potpourri dann eine gute Einheit zu werden. Wie im Buch „5 Dysfunctions of a Team". Wenn wir als Führungsteam kein Vertrauen aufbauen und in die künstliche Harmonie fallen, dann können wir nie mit einer Sprache in die Organisation gehen. Eine gemeinsame Story zu haben, die vielleicht unterschiedliche Facetten oder Blickwinkel hat, war extrem wichtig für uns.
>
> *Christoph Behn, Better Ventures, ex Kartenmacherei*

Hilfreich für dieses Verständnis ist das Belbin-Teamrollen-Modell. Es beschreibt alle Rollen, die ein Team braucht, um effektiv und effizient zu arbeiten, sowie die Stärken und Schwächen dieser Rollen. Dabei differenziert es zwischen Rollen, die das Team zum Handeln bringen, die das notwendige Wissen beisteuern und solchen, die die Kommunikation sicherstellen. In starken Teams sind alle Rollen abgedeckt.

Schaut euch die Profile an und überlegt zunächst einzeln, welche ein oder zwei Rollen ihr typischerweise einnehmt. Alternativ könnt ihr auch einen (Online-)Test zu den Teamrollen machen.[26]

Legt nun eure Rollen übereinander. Was sagt das über uns? Wie passt das zu den individuellen Stärken, die wir in der umgekehrten Vorstellung kennengelernt habt? Gibt es Rollen, die besonders stark vertreten sind? Dann müsst ihr sicherstellen, dass diese Arbeitsweisen nicht zu dominant werden. Oder gibt es Rollen, die gar nicht besetzt sind? Überlegt, wie ihr diese Rolle abdeckt, damit euer Team keine blinden Flecke bekommt.

Mit der Diskussion eurer Rollen, ihrer Stärken und Schwächen seid ihr einen ersten Schritt in Richtung Verletzlichkeit und Vertrauen gegangen. Darauf könnt ihr in der weiteren Zusammenarbeit aufbauen.

| HANDLUNGSORIENTIERTE ROLLEN | WISSENSORIENTIERTE ROLLEN | KOMMUNIKATIONS- ORIENTIERTE ROLLEN |
|---|---|---|
| **UMSETZER** Praktischer Verstand, setzt Pläne in Aktionen um, organisiert die Arbeit, die getan werden muss. **Stärken:** Praktisch, zuverlässig, effizient. **Schwächen:** Etwas unflexibel. Langsam in der Reaktion auf neue Möglichkeiten. | **BEOBACHTER** Untersucht Vorschläge auf Machbarkeit, bleibt am Boden, sieht alle Möglichkeiten. Urteilt genau. **Stärken:** Zäh, nüchtern, klug, strategisch. **Schwächen:** Wenig inspirierend und motivierend, bremst aus, kann zu kritisierend sein. | **WEICHENSTELLER** Erforscht Möglichkeiten, entwickelt Kontakte. Richtet die Gruppe nach Bedürfnissen externer Schnittstellen aus. **Stärken:** Enthusiastisch, kommunikativ neugierig. **Schwächen:** Verliert schnell Interesse, zu optimistisch. |
| **PERFEKTIONIST** Qualitätskontrolleur, kümmert sich um die Details, vermeidet Fehler. **Stärken:** Zuverlässig, gewissenhaft, pünktlich. **Schwächen:** Zaghaft, kontrollsüchtig, delegiert ungern. | **SPEZIALIST** Tüftler, steuert das nötige, aktuelle Fachwissen bei. Hat Zugang zu schwer zu findenden Informationen. **Stärken:** Selbstbezogen, engagiert. **Schwächen:** Verliert sich in technischen Details. | **TEAMARBEITER** Helfer im Hintergrund, verbessert die Kommunikation und baut Reibungsverluste ab. **Stärken:** Umgänglich, sensibel, sanft, kooperativ, diplomatisch. **Schwächen:** Vermeidet Konfrontationen, unentschlossen bei Zerreißproben. |
| **MACHER** Drängt die anderen zum Handeln, hat den Mut, Hindernisse zu überwinden. **Stärken:** Herausfordernd, dynamisch, macht Druck, stressresistent. **Schwächen:** Provokativ, ungeduldig, überrollt andere. | **NEUERER** Spinner der Truppe, bringt frische Ideen, denkt quer und provokant. **Stärken:** Kreativ, phantasievoll, unorthodox. **Schwächen:** Ignoriert Kleinkram, gedankenverloren, schlechte Kommunikation. | **KOORDINATOR** Erklärt Ziele. Delegiert wirksam. Idealer Teamleiter, fördert Entscheidungen, verstärkt gute Ideen. **Stärken:** Ruhig, selbstsicher, kontrolliert, erkennt Talente. **Schwächen:** Tendenziell manipulierend, will Arbeit loswerden. |

Belbin-Teamrollen

## Kunden und Mission

Ihr habt euch miteinander und mit euren Aufgaben vertraut gemacht. Versucht nun, eure Überlegungen zu einer Teammission zusammenzufassen: Warum gibt es das Führungsteam? Welchen Mehrwert liefert ihr euren „Kunden"? Was gibt euch die Kraft, euren jeweiligen Bereich *und* das Unternehmen zu führen? Nehmt euch für diese Diskussion gut 2 Stunden.

**Kunden.** Der erste Schritt zur Entwicklung eurer Mission ist das Verständnis eurer „Kunden" und ihrer Bedürfnisse. Eure Kunden oder Stakeholder sind alle Menschen, die mit euch, dem Führungsteam, interagieren. Neben den echten Kunden und den Kollegen gehören dazu eure Shareholder, aber auch Lieferanten, Partner

## Teamführung: Hochleistungs-Führungsteam

oder eure Community. Diskutiert die verschieden „Kunden" des Führungsteams entlang von zwei Fragen: Was erwarten und brauchen diese Kunden von uns? Welchen Mehrwert versprechen und liefern wir ihnen?

Und integriert dann die verschiedenen Wertversprechen in eine Mission, in einen Satz. Die Diskussion der gemeinsamen Mission kann durchaus emotional werden, denn hier geht es letztlich auch um eure ganz persönlichen Prioritäten: Was erwarte ich vom Führungsteam? Was will ich mit ihm erreichen?

Eventuell schafft ihr es innerhalb der zwei Tage nur, diese Mission anzureißen. Stellt auf jeden Fall sicher, dass ihr die Mission innerhalb der nächsten Wochen definiert und zusammen mit der gesamten Teamcharta dem Gesamtteam präsentiert.

### Erstes zentrales Arbeitsthema

Ihr habt nun zwei Tage sehr intensiv gearbeitet. Ihr habt erstes Vertrauen aufgebaut, ein übergreifendes Verständnis eurer Aufgaben und Herausforderungen sowie eine gemeinsame Mission entwickelt. Herzlichen Glückwunsch! Ein super Schritt auf dem Weg zum High Performance-Führungsteam.

Ein konkretes Problem habt ihr damit aber noch nicht gelöst. Auf eurer Baustellen-Liste steht mindestens ein Jahresprogramm an Arbeit. Alles gleichzeitig zu machen ist keine Option. Eure neue Prio Nr. 1 heißt Fokus!

Ihr müsst euch also auf ein erstes zentrales Arbeitsthema einigen. Stellt euch dazu die folgende Frage: Mit welchem Wachstumshebel können wir unser Unternehmen in den nächsten drei Monaten am weitesten nach vorne bringen? Zwingt euch, exakt *ein* Thema auszuwählen und dass dann wirklich durchzuziehen. Ein klarer Fokus hat drei positive Effekte:

**Teamarbeit lernen.** Lernt an einem großen Thema, was es heißt, gemeinsam als Team zu arbeiten. Bei mehreren Themen verteilt ihr die Aufgaben und arbeitet nicht wirklich als Team. Unterschätzt auch nicht die Zeit, die es braucht, bis ihr zur vollen Performance kommt. Jede Minute, die ihr im Rahmen eines konkreten, gemeinsamen Projekts in die Stärkung eurer Zusammenarbeit investiert, zahlt sich doppelt und dreifach aus.

**Fokus und Klarheit.** Ihr kommt wahrscheinlich aus einer Phase, in der ihr alle Themen gleichzeitig erledigen wolltet und euch dabei verzettelt habt. In vielen Unternehmen ist die Liste laufender strategischer Projekte länger als die Anzahl der Mitarbeiter. Wie wenig Kraft da für die einzelnen Themen bleibt, wissen wir alle. Jeder im Unternehmen wird euch dankbar sein, wenn ihr künftig *ein* großes Thema mit vollem Herzen und in einem definierten Zeitrahmen vorantreibt. Diese Fokussierung löst auch viele Konflikte, die entstehen, wenn zu viele Projekte gleichzeitig um begrenzte Ressourcen (Zeit, Geld, Mitarbeiter) ringen.

**Erfolgsbeweis.** Als Führungsteam seid ihr nur dann erfolgreich, wenn ihr das Vertrauen des Gesamtteams habt. Bis ihr bewiesen habt, dass ihr wirklich ein starkes Führungsteam seid, wird jeder eurer Schritte kritisch beäugt. Ich habe es live erlebt, wie die erste Begeisterung für ein neues Führungsgremium in massive Skepsis kippte. Der Grund: Das Führungsteam hatte sich zu viel vorgenommen und konnte nicht schnell genug Ergebnisse vorweisen. Das hilft keinem weiter.

Das Vertrauen des Gesamtteams gewinnt ihr mit einem fokussierten Auftritt und klarer Kommunikation, aber vor allen Dingen mit greifbaren Ergebnissen. Machen, nicht quatschen. Ein großes Projekt gemeinsam und zeitnah auf die Straße gebracht zu haben, mit sichtbar guter Teamarbeit und hoher Energie: Das ist der wahre Erfolgsbeweis eurer Arbeit.

Wenn ihr an die Priorisierung der Wachstumshebel geht, behaltet immer im Kopf, dass ihr euch im Führungsteam vor allem um die wichtigen strategischen Themen kümmern sollt und nicht nur um die dringenden operativen Themen. Die melden sich schon von selbst...

**Prio 1: Der große Traum.** Die wichtigste Herausforderung der meisten Wachstumsunternehmen ist die Entwicklung des großen Traums und einer klaren Strategie. Ich habe noch kein Wachstumsunternehmen erlebt, in dem sich nicht alle nach einer klaren Mission und Vision sehnen, die ihrer Arbeit Sinn und Orientierung gibt.

Solltet ihr bereits über eine klare Strategie zu verfügen, gibt es noch zwei weitere Themen, die viele Unternehmen in dieser Phase bewegen:

- Die Förderung einer Wachstumskultur, in der jeder größtmögliche Eigenverantwortung übernimmt und die so attraktiv ist, dass ihr jederzeit die Menschen gewinnen und halten könnt, die ihr im Team haben wollt.
- Die Schaffung robuster Strukturen, in denen alle ihre Verantwortung kennen, die Prozesse rund laufen und alle wissen, wie sie mit ihrer Arbeit zu den strategischen Zielen beitragen können.

Alle drei Arbeitspakete braucht ihr, um in den Höhenflug zu kommen. Aber jedes Paket ist ein großes Projekt für sich. Kommt nicht auf die Idee, alles gleichzeitig machen zu wollen. Denn dann scheitert ihr garantiert. Egal, welches große Projekt ihr euch für die nächsten 3-4 Monate vornehmt. Mit dieser Entscheidung seid ihr bereit, loszulaufen.

## Wrap-up und Kommunikation

Geht in der letzten Stunde eures Kick-offs nochmal gemeinsam durch, was ihr erarbeitet habt:

- Welche Entscheidungen habt ihr getroffen? Sind sie allen klar?
- Wie weit ist die Teamcharta? Wann stellt ihr sie fertig?
- Was sind eure nächsten Schritte? Wer übernimmt die Verantwortung? Bis wann macht ihr sie?

## Teamführung: Hochleistungs-Führungsteam

Und die allerwichtigste Frage:

- Was kommuniziert ihr dem Gesamtteam?

Die Einrichtung eines Führungsteams oder der Reset der bestehenden Runde ist ein wichtiges Signal für euer gesamtes Team: Wir stellen die Führung des Unternehmens neu auf und wollen anders arbeiten! Die Erwartungen an euch sind riesig: Ihr sollt schnell etwas zustande bringen, zeigen, dass ihr als Team agiert, keine Ja-Sager-Truppe sein, Transparenz und Klarheit schaffen. All das sollte eure Kommunikation an das Team transportieren.

*Was* **kommuniziert ihr?** Nehmt euch ausreichend Zeit, um genau zu überlegen, was ihr dem Team über euren Kick-off erzählt. Könnt ihr eure Teamcharta kommunizieren? Oder zumindest Teile? Mit welchem großen Thema geht ihr in die Verantwortung? Was sind eure nächsten Schritte? Je konkreter und ehrlicher, desto besser. Es ist völlig ok, dass ihr nach zwei Tagen noch keine neue Strategie habt. Sprecht aber gerne darüber, was ihr tut, um ein starkes Team zu werden. Denn damit lebt ihr vor, was ihr von allen anderen Teams erwartet.

*Wie* **kommuniziert ihr?** Wichtig ist auch die richtige Art der Kommunikation. Trägst du als CEO vor oder übernehmen eine oder mehrere aus der Runde die Kommunikation? Wie auch immer ihr entscheidet: Mach euch klar, dass jedes Wort, jedes Verhalten von euch unter maximaler Beobachtung steht. Erste Eindrücke sind nur schwer wieder auszugleichen. Auch wenn es pathetisch und übertrieben wirkt: Mit dieser Kommunikation setzt ihr den Tonfall für die weitere Arbeit des Führungsteams.

Und dann seid ihr wirklich durch. Zwei Tage intensiver Zusammenarbeit liegen hinter euch. Ihr habt euch besser kennengelernt und den Rahmen eurer Arbeit definiert. Jetzt könnt ihr wirklich durchstarten.

---

### Selbstreflektion

- Wie gut kennt ihr euch bereits im Führungsteam? Wie könnt ihr euer Vertrauen über einen expliziten Reset stärken?
- Wie klar seid ihr euch im Führungsteam über die Grundsätze eurer Zusammenarbeit? Über welche Teile einer Teamcharta verfügt ihr bereits?
- Sind euch alle operativen und strategischen Herausforderungen bewusst? Seid ihr euch über die Prioritäten einig?

# Kooperation: Zielorientierte Arbeit, gute Meetings

*„Be fiercely committed to the health of the leadership team!"*

*Startup CEO*

Ihr führt euer Unternehmen ab jetzt gemeinsam als Team. Aber wie sieht diese Zusammenarbeit im Alltag aus? Wie strukturiert ihr euch so, dass ihr die dringenden, operativen Probleme löst, gleichzeitig aber nicht den Blick für die wichtigen, strategischen Themen verliert? Wie integriert ihr eure Arbeit am Team in den neuen Alltag?

Die wichtigsten Tools für die Gestaltung eures Arbeitsalltags sind eure Führungsteam-Meetings und das zielorientierte Arbeiten z. B. mit OKR und Wachstums-Backlog.

## Zielorientiertes Arbeiten

Im Kick-off habt ihr eine lange Liste operativer und strategischer Themen erstellt. Diese Liste müsst ihr jetzt regelmäßig priorisieren und abarbeiten. Dafür eigenen sich zwei Tools: OKR und Backlog-Management.

**OKR.** „Objectives and Key Results" eignen sich besonders gut für das Management der größeren, strategischen Herausforderungen. Die Wahrscheinlichkeit ist hoch, dass ihr schon von OKR gehört habt oder bereits nach dieser Methode arbeitet. Daher nur eine kurze Zusammenfassung.

### Toolbox: OKR in Kurzform[27]

- OKR sind eine einfache und effektive Führungsmethode. OKR schaffen Ambition, Fokus, Disziplin und Transparenz, sie unterstützen die Kooperation im Team, fördern Autonomie und Selbstverantwortung. Damit sind sie ein wichtiges Instrument zur Förderung einer Wachstumskultur.

- OKR verbinden die Ziele („Objectives") eures Unternehmens mit den Zielen eurer Kollegen und definieren die zentralen Ergebnisse („Key Results"), die ihr erreichen wollt. Pro Teamebene werden 3-5 Objectives und pro Objective 3-5 Key Results definiert. Die OKR der verschiedenen Ebenen sind miteinander vernetzt und bilden die OKR des Unternehmens ab.

- Ein typischer OKR-Zyklus dauert 3-4 Monate. Grundlage der OKR sind die Vision und die Strategie eures Unternehmens. Jeweils am Anfang des Zyklus werden die Objectives und Key Results im Rahmen von Planungsmeetings festgelegt. Dabei werden die übergreifenden Ziele und Ergebnisse mit denen der Teams abgeglichen. Während der Umsetzung gibt es wöchentliche Check-ins. Hinzu kommen einmal monatlich Retrospektiven zur Zusammenarbeit (siehe Abschnitt *Kontinuierliches Lernen*). Abgeschlossen wird der Zyklus mit einem großen Review und einer großen Retrospektive. Dann startet der nächste Zyklus.

## Teamführung: Hochleistungs-Führungsteam

> ▶ Damit die Einführung von OKR gelingt, braucht es Übung. Am besten führt ihr OKR erst nur im Führungsteam ein und übt sie für 1-2 Zyklen, bevor ihr diese Systematik im gesamten Unternehmen einführt.

**Wachstums-Backlog.** Neben den strategischen Themen dürft ihr auch die operativen Baustellen nicht aus dem Auge verlieren. Am besten fasst ihr alle anstehenden Aufgaben in einem Wachstums-Backlog zusammen. Das funktioniert grundsätzlich wie ein Product-Backlog im Scrum, nur dass ihr jetzt euer Unternehmen weiterentwickelt, kein Produkt.

Im Wachstums-Backlog stehen alle Themen, die ihr lösen wollt, um euer Unternehmen auf das nächste Level zu bringen. Es ist eine agile Liste, die ihr immer wieder neu justiert und ergänzt. Über das sorgfältige Management eures Wachstums-Backlogs stellt ihr sicher, dass euch kein Thema durch die Lappen geht, auch wenn ihr es zwischendurch mal depriorisiert. Und ihr erhaltet eine Liste, mit der ihr alle eure Entscheidungen dokumentieren und nachhalten könnt. Das ist die perfekte Basis für eure gegenseitige Verpflichtung und Rechenschaft.

| Status | Wirkung 1–10 | Aufwand in Std | Start-Zeitpunkt | Thema | Ziel | Level | Verantwortlich | Fällig | Ergebnis |
|---|---|---|---|---|---|---|---|---|---|
| Fertig | 10 | 5 | xx | Kunde | Traumkunden verstehen | Paket | Dorothea | Erledigt | Traumkunde definiert, Dokument xy |
| Läuft | 10 | 20 | XX | Strategie | Mission und Vision entwickeln & kommunizieren | Initiative | Jasper | Ende 02 | Nächstes Strategieoffsite |
| Offen | 6 | 1 | xx | Team | Ideen Sommerfest | Bug Fix | Jakob | KW 12 | |
| Offen | 3 | 100 | xx | Team | People Prozesse neu aufsetzen | Projekt | Henry | Q4 | Ggf. vorziehen |

*Exemplarisches Wachstums-Backlog*

**Aufgabenbeschreibung.** Im Wachstums-Backlog beschreibt ihr alle anstehenden und entschiedenen Aufgaben und Projekte entlang der folgenden Parameter: Status der Aufgabe, Wirkung der Aufgabe (Skala von 1 – unwichtig bis 10 – sehr bedeutsam), geschätzter Aufwand in Stunden, Startzeitpunkt, Themenfeld/Wachstumshebel, Ziel der Aufgabe, aktueller Detaillierungslevel, Verantwortlicher, Fälligkeit und das Ergebnis bzw. die getroffene Entscheidung.

**Iterationen.** Ihr arbeitet euer Wachstums-Backlog in verschiedenen Iterationen ab. In euren monatlichen Meetings bewertet ihr die Priorität eure Aufgaben, schätzt den Arbeitsaufwand und definiert den Verantwortlichen für die Aufgabe. Hier entscheidet ihr auch, welche Themen als Nächstes angegangen werden. In den wöchentlichen Meetings überprüft ihr den Fortschritt und passt gegebenenfalls die Priorisierung an.

**Levels.** Ihr brecht die großen Aufgaben und Projekte in immer kleinere Arbeitsblöcke herunter. Große Projekte werden erst in Initiativen aufgeteilt, diese in Arbeitspakete und schließlich in einzelne Jobs. Diese Jobs sollten so groß sein, dass sie innerhalb von einer oder zwei Wochen umgesetzt werden können. Dazu kommen noch „Bug Fixes", operative Probleme, die ihr mit hoher Priorität lösen müsst.

**Priorisierung und Planung.** Eine wichtige Aufgabe ist die gemeinsame Priorisierung der Aufgaben. Die erste Frage lautet immer: Muss diese Aufgabe oder Entscheidung wirklich vom Führungsteam übernommen werden? Wenn nein: Verantwortung konsequent abgeben. Schätzt dann gemeinsam, wie groß die Auswirkung der verschiedenen Aufgaben auf euer Unternehmen ist und welcher zeitliche Aufwand mit ihnen verbunden ist. Ohne eine klare Priorisierung und das Zurückweisen von Aufgaben, die andere genauso gut können, werdet ihr in kürzester Zeit untergehen. Schließlich müsst ihr euch überlegen, wieviel Zeit ihr für eure übergreifenden Aufgaben habt. Auf Basis dieser Entscheidungen könnt ihr dann die Arbeit im Team verteilen. Rahmen für diese Planungen sind eure monatlichen Meetings.

Es ist unglaublich hilfreich, eine gemeinsame Liste aller Themen zu haben, die ihr in euren wöchentlichen Meetings nachhalten und teilweise direkt erarbeiten könnt. Super ist es auch, ein Dokument zu haben, in dem alle Entscheidungen kurz dokumentiert sind.

## Effektive Meetingstruktur

Euer wichtigstes Arbeitsformat sind eure gemeinsamen Meetings. Meetings sind in den meisten Teams ein wunder Punkt. Viele erleben ihre Meetings als frustrierend und unproduktiv. Endlosdiskussionen mit wenigen relevanten Themen, Reportingschlachten, Rechtfertigungs- und Selbstdarstellungsorgien. Die Teilnahme ist eine mühselige Pflicht, eigentlich würden alle lieber „was Richtiges arbeiten".

Das muss nicht so sein. Gute Meetings und die richtige Arbeitstaktung sind absolut machbar! Mit einer effektiven Meetingstruktur bündelt ihr die richtigen Themen miteinander und stellt sicher, dass sowohl die operativen als auch die strategischen Themen zu ihrem Recht kommen. Eine effiziente Meetingkultur stellt sicher, dass ihr die Themen richtig diskutiert, solide Entscheidungen trefft und diese auch wirklich umsetzt.

Gute Meetings sind das A und O der Entwicklung von Hochleistungsteams. Versucht diese Meetings soweit es geht persönlich zu machen, das fördert den Teamgeist. Denn in euren Meetings arbeitet ihr gemeinsam an allen relevanten Themen, den dringenden und den wichtigen. Ihr spürt eure Produktivität, die Teilnahme macht Spaß, füllt euch mit Energie und stärkt den Zusammenhalt.

Baut eure Meetings so auf, dass sie die vier wesentlichen Bereiche der Zusammenarbeit explizit adressieren:

- **Gemeinsame Abstimmung.** Was läuft gerade im Unternehmen? Wer arbeitet woran? Wo hakt es gerade? Wo brauchen wir Unterstützung? Kurze, regelmäßige Updates verschaffen euch den Überblick und bauen Vertrauen auf. Löst potenziell kritische Themen schnell auf, statt sie im Untergrund wabern und zu schwarzen Löchern werden zu lassen.
- **Lösung operativer Probleme.** Euer Wachstums-Backlog ist voll von operativen Problemen. Neue, dringende Themen tauchen in atemberaubender Geschwindigkeit auf. Nehmt euch die Zeit, um diese Themen systematisch und mit guter Taktung

## Teamführung: Hochleistungs-Führungsteam

abzuarbeiten. Der Flow dieser akuten Problemlösungen schafft euch im Gesamtteam eine grundlegende Glaubwürdigkeit. Aber mehr auch nicht.

- **Strategische Führung, Kultur- und Organisationsentwicklung.** Das sind die Themen, an denen das Gesamtteam euren wirklichen Erfolg misst, denn sie bestimmen die Zukunft und den Spirit in der Organisation. Ihr könnt euren Laden noch so gut operativ führen, ihr seid nur dann ein wirklich starkes Führungsteam, wenn ihr die strategischen Themen aktiv gestaltet.
- **Entwicklung zum Hochleistungsteam.** Mit dem Kick-off seid ihr die ersten Schritte als Team gegangen. Aber eben nur die ersten Schritte. Ihr beschleunigt euren Weg zur Performance, wenn ihr systematisch reflektiert, wie eure Zusammenarbeit funktioniert und dann euer Verhalten und eure Arbeitsweisen anpasst.

Alle diese Aufgaben brauchen Zeit. Aber bitte nicht gleichzeitig. Trennt die operative und strategische Arbeit und blockt Zeit für die Teamreflektion. Sonst werden die wichtigen, strategischen Themen ganz schnell von den dringenden, operativen Problemen überwuchert. Und ihr landet in einer operativen Hektik, in der unnötige Konflikte jeglichen Teamgeist zerstören.

**Produktive Meetings.** Wir schätzen Meetings, wenn sie vor allem mit produktiver, gemeinsamer Arbeit verbracht werden. Schlagt den Bogen vom Verständnis der Probleme, über die Diskussion und Entscheidung hin zur Verantwortungsübernahme und Dokumentation. Nehmt euch auch Zeit für die Reflektion der Zusammenarbeit und die Vorbereitung der Kommunikation an das Gesamtteam. Das gelingt, wenn ihr all eure Meetings entlang der folgenden Blöcke strukturiert:

- **Check-in**: Startet wie beim Kick-off mit einem Check-in.
- **Ziel-Definition und Nachhalten**: Behaltet die großen Ziele immer im Blick. Nehmt euch Zeit zur Definition und zum Nachhalten der Quartalsziele und OKR. Damit bewahrt ihr euren Fokus und zieht euch gegenseitig zur Rechenschaft.
- **Backlog-Management**: Widmet euch regelmäßig dem Wachstums-Backlog. Welche neuen Themen gibt es? Wie werden die großen Themen weiter heruntergebrochen? Wer ist verantwortlich?
- **Kunden-Feedback**: Reflektiert das Feedback eurer „Kunden": Endkunden, Team, Lieferanten und Beirat. Jedes Teammitglied sollte eine Beobachtung mitbringen. Damit werdet ihr zu besseren Zuhören eures Umfeldes.
- **Arbeitsphase, inkl. Entscheidung**: Das ist immer der längste Block. Hier nehmt ihr euch Themen vor, die ihr nur gemeinsam erarbeiten und entscheiden könnt.
- **Retrospektive**: Setzt euch in jedem Meeting mit der Entwicklung eures Teams auseinander. Wie läuft es gerade? Wo stehen wir? Was können wir noch besser machen?
- **Dokumentation und Kommunikation**: Dokumentiert alle Ergebnisse und besprecht, wie ihr diese an das Team kommuniziert.

## Kooperation: Zielorientierte Arbeit, gute Meetings

Und so kann eine Meetingsequenz aussehen, die alle Themen adressiert:

**Wöchentliche Arbeitsmeetings:** Fokus der 90-minütigen wöchentlichen Meetings ist neben dem Austausch zu Zielen, Backlog und Kunden-Feedback die Erarbeitung konkreter operativer Fragestellungen.

| Agendapunkt | | Fragestellung |
|---|---|---|
| Check-in | 5 min | Ampel oder Gute Nachricht |
| OKR-/Ziel-Update | 15 min | Was wurde in der letzten Woche erreicht? Was steht jetzt an? |
| Backlog-Update | 15 min | Welche operativen Aufgaben sind gelöst, was ist neu? Was machen wir heute? |
| „Kunden"-Feedback | 10 min | Was sagen unsere Stakeholder? |
| Problemlösung | 30 min | Lösung und Entscheidung von 2–3 konkreten Problemen. |
| Mini-Retro | 10 min | Wie lief die Zusammenarbeit in den letzten Tagen? |
| Kommunikation | 5 min | Welche Ergebnisse werden ins Team kommuniziert, von wem? |
| | 90 min | |

*Agenda-Vorschlag Wöchentliche Meetings*

**Monatliches Führungsteam-Meeting:** Viele operative Themen sind zu groß für eure wöchentlichen Treffen. Und an den strategischen Themen wollt ihr auch jenseits der vierteljährlichen Offsites arbeiten. Gönnt euch daher einmal im Monat einen halben Tag. Am Anfang eurer Zusammenarbeit kann das auch mehr Zeit oder öfter sein. Die Agenda der monatlichen Meetings gleicht derjenigen der wöchentlichen, mit mehr Zeit für die einzelnen Themenfelder und einer strategischeren Ausrichtung.

| Agendapunkt | | Fragestellung |
|---|---|---|
| Check-in | 5 min | Ampel oder Gute Nachricht |
| OKR-/Ziel-Review | 30 min | Welche Quartalsziele wurden erreicht? Wo gibt es Blockaden? Wie können wir Ziele leichter erreichen? |
| Backlog-Überarbeitung | 30 min | Wie haben sich die Prioritäten entwickelt? Welche Themen nehmen wir uns für die nächsten 4 Wochen vor? |
| „Kunden"-Feedback | 20 min | Was sagen unsere Stakeholder? |
| Problemlösung | 90 min | Bearbeitung größerer operativer Themen oder Teile eures strategischen Projekts, die mehr Zeit brauchen. |
| Retrospektive | 45 min | Wie lief die Zusammenarbeit im letzten Monat? |
| Kommunikation | 20 min | Welche Ergebnisse werden ins Team kommuniziert? Wie? |
| | 240 min | |

*Agenda-Vorschlag Monatliche Meetings*

**Vierteljährliches Strategie-Offsite:** Der größte Baustein eurer Meetingsequenz sind die vierteljährlichen, 1-2 tägigen Strategie-Offsites. Wie der Name schon sagt, sollten diese Meetings außerhalb des Unternehmens stattfinden und strategischen Themen sowie der Planung vorbehalten sein: Review der Quartalsziele, Erarbeitung der nächsten OKR und Quartalsziele sowie der Arbeit am Gesamtsystem.

## Teamführung: Hochleistungs-Führungsteam

| Agendapunkt | | Fragestellung |
|---|---|---|
| Check-in | 10 min | Ampel, Gute Nachrichten oder Dankeschön |
| KPI Plan-Ist | 1–2 h | Wo stehen wir mit unseren Zahlen? |
| OKR-/Ziel-Review Vorquartal | 1–2 h | Was ist erreicht, was noch offen? Welche Probleme hatten wir bei der Arbeit an unseren Zielen? Welche Blockaden gab es und wie können wir sie lösen? |
| OKR Entwicklung neues Quartal | 2–3 h | An welchem Wachstumshebel wollen wir im neuen Quartal arbeiten? Welche Ziele und OKR leiten sich daraus ab? |
| Vordefinierte Deep Dives | 4–6 h | Konkrete Arbeit an Strategie und Wachstumshebeln. Kunde, Strategie, Führung, Team, Umsetzung, Finanzen. |
| Retrospektive | 2 h | Strukturierte Diskussion der Zusammenarbeit |
| Kommunikation | 20 min | Welche Ergebnisse werden ins Team kommuniziert? Vorbereitung All-Hands oder Leadership-Video. |
| | 1–2 Tage | |

**Agenda-Vorschlag Strategie-Offsite**

Plant bei euren Offsites auch gemeinsame „private" Zeit ein: Ein schönes Abendessen, eine Wanderung oder vielleicht auch mal ein gemeinsames Event. Damit kommt ihr euch persönlich näher und prägt eure gemeinsame Teamkultur. Anregend ist es auch, externe Referenten einzuladen und euch gemeinsam auf eine Lernreise zu begeben.

Schließlich solltet ihr euch Zeit zum umfangreichen Review eurer Zusammenarbeit nehmen (siehe Abschnitt *Kontinuierliche Verbesserung*). Bei den Offsites bietet es sich an, mit einem Coach zu arbeiten, denn im geschützten Raum fällt es leichter, auch besonders kritische Themen oder schwarze Löcher zu diskutieren.

### Growth Leader Live: Meetingstrukturen

Wir haben ein wöchentliches Management-Meeting. Da machen wir ein kurzes Update, wo jeder in drei Minuten die wichtigsten Dinge teilt und wir uns einmal kurz die Zahlen angucken. Dann extrahieren wir aus diesen Updaterunden die Zahlen und Themen, zu denen wirklich das gesamte Management etwas sagen sollte. Das sind häufig Themen wie OKR, Positionierung oder die Organisationsentwicklung.

Einmal im Quartal machen wir ein Offsite, wo wir unseren Businessplan und die OKR angucken. Wir machen dann ein Review des letzten Quartals und setzen die Ziele für das nächste. Da nehmen wir uns auch Zeit, um uns auch privat besser kennenzulernen.

Ich habe dann noch 1:1-Meetings mit den meisten Management-Mitgliedern.

*Manuel Hinz, CrossEngage*

Das Gründerteam muss seine eigene Energie und Dynamik entwickeln. Gute Teams machen von Zeit zu Zeit Offsites o. ä., um eine gewisse Grundsympathie und Nähe herzustellen. In einem solchen Kontext kann man ohne das Tagesgeschäft über Strategie, über das nächste Jahr, aber auch über Sorgen, Ängste sprechen. Und dort kommen auch Grundsatzfragen auf den Tisch: „Was wollen wir eigentlich für einen Budget-Prozess machen, wie ambitioniert soll der sein?"

*Christoph Braun, Acton*

## Produktive Meetingkultur

Das Motto einer produktiven Meetingkultur lautet „Fight & Unite": Ringt hart um die Sache, um dann geschlossen hinter den gemeinsamen Entscheidungen zu stehen. Eine gute Meetingkultur erkennt ihr daran, dass systematisch alle Ebenen der Vertrauenspyramide bedient werden: Vertrauen, kritischer Diskurs, Verpflichtung, Rechenschaft und eine klare Zielorientierung. Und natürlich daran, dass ihr die Meetings mit guten Entscheidungen und neuer Energie verlasst. Denn bei aller Struktur: Das wichtigste an Meetings ist das Erzielen guter gemeinsamer Ergebnisse.

Als Leader bringst du das Team in den Meetings zu Entscheidungen. Stelle dazu sicher, dass ihr einen Prozess habt, in dem alle Perspektiven gehört und überdacht werden. Kommt die Runde trotz bester Diskussion nicht zu einer Entscheidung, liegt es in deiner Verantwortung, die Fronten mit einer Entscheidung aufzulösen.

**Gute Vorbereitung.** Meetings sind besonders effektiv, wenn sich alle vorbereiten und nicht einfach hineinstolpern. Das geht nur, wenn die genaue Agenda und die Ziele der Meetings klar sind und die notwendigen Unterlagen vorab verteilt werden. Die regelmäßige „Backlog-Arbeit" hilft dabei: Entscheidet euch bereits in der Vorwoche für die Themen, die als nächstes dran sind. Dann können sich alle Teammitglieder eine Meinung bilden und sie mit Überzeugung vertreten.

Bei der Vorbereitung komplexer Themen könnt ihr der „Rule of Two" von Eric Schmidt folgen:[28] Bitte die zwei Teammitglieder, die am nächsten am jeweiligen Thema dran sind, die Entscheidung gemeinsam vorzubereiten: Alle Informationen zu sammeln, sie aufzubereiten und einen Lösungsvorschlag zu entwickeln, den ihr dann gemeinsam diskutiert.

Sollte das mit der Vorbereitung schwierig sein, könnt ihr auch die „Stillen 30 Minuten" von Amazon testen: Alle Themen werden mit ein- bis zweiseitigen Briefings vorbereitet, die am Anfang des Meetings verteilt werden. Nun hat jeder 30 Minuten Zeit, sich in die Themen einzudenken. Danach steigen alle mit dem gleichen Informationsstand in die Diskussion ein.

**Harte Diskussion.** Schafft einen sicheren Raum für die Diskussion und nutzt die Vielfalt eures Teams. Geht in den kritischen Diskurs und betrachtet die verschiedenen Seiten, setzt euch intensiv mit den Vor- und Nachteilen der jeweiligen Entscheidungen auseinander. Hört allen zu, auch und besonders den Minderheiten-Ansichten. Eine Diskussion, die in einem Klima des gegenseitigen Respekts und der Wertschätzung geführt wird, schafft Vertrauen. Dann bringt jeder seine Meinung ohne Angst vor negativen Reaktionen ein. Achtet darauf, dass ihr nicht vorschnell auf Konsens schaltet, nur um zum Schluss zu kommen. Damit verhindert ihr das „Groupthink", bei dem aus Gründen der Konfliktvermeidung falsche Entscheidungen getroffen werden.

## Teamführung: Hochleistungs-Führungsteam

**Tipps für gute Diskussionen**

- **Devil's Advocat:** Bestimmt jeweils einen aus der Runde, der die Aufgabe hat, alle (vor-)schnellen Entscheidungen kritisch zu hinterfragen.

- **Jeder wird gehört:** Stellt sicher, dass wirklich jeder in der Runde seine oder ihre Meinung äußert. Und sei es mit einer kurzen Zustimmung. Es ist etwas anderes, die Zustimmung explizit zu äußern, als nur kurz zu nicken.

- **Maximal 3 Sätze:** Vermeidet lange Ergüsse. Verabredet, dass jeder nur drei Sätze am Stück reden darf. Diese Regel schärft eure Formulierungen, bringt die Dinge auf den Punkt und macht Diskussionen kurzweiliger.

- **Lösung gewinnt, nicht Ego:** Diskussionen sind kein Ego-Wettkampf. Es gibt keine Gewinner, sondern nur die beste Lösung für euer Ziel.

**Klare Entscheidung.** Macht es euch zur Regel, Diskussionen immer mit einer klaren Entscheidung abzuschließen. Nichts ist schlimmer als lose Enden. Diese Entscheidung kann drei Formen annehmen:

- Die Diskussion ist durch und ihr trefft eine gemeinsame Entscheidung. Wenn alle an einem Strang ziehen, die relevanten Informationen auf dem Tisch liegen und ihr die Implikationen gut versteht, wird das meist der Fall sein.

- Nach einer intensiven Diskussion gibt es verschiedene Optionen. Die Runde kann sich aber nicht zu einer Entscheidung durchringen. Dann solltest du als CEO entscheiden. Versuche zum Kern des Problems zu kommen und erkläre, warum du dich so entscheidest.

- Es fehlen wichtige Informationen. Eruiert, was noch fehlt und definiert, wie ihr an diese Informationen kommt. Setzt dann einen festen Termin für die finale Diskussion und Entscheidung.

Egal welche Entscheidung getroffen wird: Jeder in der Runde muss sich zu den Entscheidungen verpflichten, die auf Basis gemeinsamer Diskussionen getroffen werden. Innerhalb der Runde und gegenüber dem Gesamtteam. „Nicht meine Lösung" und das Nachverhandeln hinter dem Rücken der anderen sind nicht akzeptabel.

**Growth Leader Live: Entscheidungen treffen**

Ich habe einen sehr kollaborativen Stil. Ich habe keinen Drang danach, Dinge zu bestimmen. Das treibt mich nicht an. Nur in seltenen Fällen reiße ich das Zepter an mich und sage „So ist es jetzt und nicht anders." Überall dort, wo ich einen Konsens bilden kann oder wir sehr schnell kollaborativ zu einer gemeinsamen Lösung kommen, ist es besser. Man merkt aber auch immer wieder, dass dieses Modell an Grenzen stößt und dass man dann selber ran muss und sagt „So ist es jetzt und nicht anders, ja? Und basta".

*Gero Decker, Signavio*

**Lückenlose Dokumentation.** Eure Entscheidungen sind erst dann vollzogen, wenn ihre Umsetzung sichergestellt ist. Ein erster Schritt dazu ist die gemeinsame Dokumentation im Wachstums-Backlog:

- **Ergebnis.** Was genau wurde entschieden? Wenn ihr das Ergebnis gemeinsam formuliert, habt ihr einen letzten Check, dass alle das Gleiche verstehen.
- **Verantwortlich.** Welches Teammitglied ist verantwortlich für die Umsetzung? Immer nur eine Person, auch wenn ein Sub-Team die Ausarbeitung übernimmt. Bei mehreren Personen ist ganz schnell keiner verantwortlich.
- **Fällig.** Wann soll die Entscheidung umgesetzt sein? Was sind die nächsten Schritte und wann gibt es ein Update zum Stand oder zum Vollzug der Entscheidung?

Mit einer guten Dokumentation schafft ihr die Basis für das Nachhalten der Entscheidungen. Und damit für die gegenseitige Rechenschaft, die dafür sorgt, dass eure Entscheidungen auch wirklich umgesetzt werden.

**Überzeugende Kommunikation.** Erfolgskritisch, aber oft unterschätzt ist schließlich die richtige Kommunikation eurer Entscheidungen. Die allermeisten Entscheidungen eures Führungsteams haben Auswirkungen in weiteren Teilen des Unternehmens. Und damit auf andere Menschen. Überlegt euch, wie ihr eure Entscheidungen kommuniziert, damit ihr die Betroffenen wirklich überzeugt. Denn nur wenn die Betroffenen mitziehen, gelingt die Umsetzung eurer Entscheidungen.

Ihr überzeugt eure Kollegen von euren Entscheidungen, wenn ihr glaubwürdig seid, eure Entscheidung nachvollziehbar macht und die Empfindungen eurer Kollegen berücksichtigt. Nachvollziehbar werdet ihr, wenn ihr die Daten, Informationen und den Entscheidungsweg transparent macht, auf deren Basis die Entscheidung getroffen wurde. Glaubwürdig werdet ihr, wenn ihr eine Erfolgsbilanz guter Entscheidungen vorweist und auch persönlich als integer wahrgenommen werdet.

Macht euch aber vor allem klar, was eure Entscheidung für die betroffenen Kollegen bedeutet und welche Emotionen sie bei ihnen auslöst. Angst? Verunsicherung? Begeisterung? Was auch immer es ist, sprecht es offen an und zeigt Verständnis. Das ändert nichts an der Entscheidung, zeigt aber, dass ihr die Auswirkungen auf die Menschen im Team reflektiert und nicht einfach über ihre Köpfe hinweg entscheidet.

**Zack, zack, umgesetzt.** Setzt einmal getroffene und kommunizierte Entscheidungen zügig um. Haltet die Umsetzung nach und legt gegenseitig Rechenschaft ab. Damit erfüllt ihr alle Voraussetzungen, um gemeinsam exzellente Ergebnisse zu erreichen.

Startet eure gemeinsame Arbeit mit positiven Quick Wins und etabliert damit eine solide Erfolgsbilanz klarer Entscheidungen und exzellenter Umsetzungen. Mit jeder gut umgesetzten Entscheidung steigt eure Glaubwürdigkeit. Und sollte doch mal etwas schief gehen: Lernt aus den Fehlern und kommuniziert eure Erkenntnisse offen. So gewinnt ihr Schritt für Schritt das Vertrauen des gesamten Teams. Und das braucht ihr, wenn ihr die größeren strategischen Themen auf den Weg bringen wollt.

### Teamführung: Hochleistungs-Führungsteam

**Lass dir helfen!** Vor allem für dich als CEO sind die Führungsteam-Meetings ein ziemlicher Parforceritt. Denn idealerweise machst du drei Dinge gleichzeitig:

- Den Prozess steuern und zusehen, dass die Diskussionen im richtigen Rahmen laufen und die gewünschten Ergebnisse bringen.
- Dich auch mal zurücklehnen und die Teamdynamik sowie die einzelnen Menschen beobachten.
- Deine eigenen Themen und Ideen einbringen.

Wenn du nicht sehr erfahren in der Durchführung von Moderationen bist, ist das eine unglaubliche Herausforderung. Immer stehst du dir selber im Weg: Während du moderierst, fällt es dir schwer, deine eigenen Themen einzubringen. Wenn du deine eigenen Themen treibst, ist es schwer, die Teamdynamik im Auge zu behalten ...

Ein guter Coach hilft dir, diese Meetings richtig aufzusetzen, er oder sie wird anregende, effektive Diskussionsformate vorschlagen und dich von der prozessualen Verantwortung freispielen. Als Sparringspartner hilft er dir, die Teamdynamik zu verstehen, die richtigen Akzente im Teamaufbau zu setzen und vor allem: Deine neue Rolle als Leader of Leaders zu lernen und zu verinnerlichen.

#### Selbstreflektion

- Setzt ihr euch im Führungsteam klare, fokussierte Ziele und haltet deren Umsetzung diszipliniert nach?
- Wie produktiv sind eure Meetings? Was müsst ihr ändern, damit sie produktiver werden und wirklich Spaß machen?
- Wie gut seid ihr darin, Entscheidungen zu treffen, sie an das Gesamtteam zu kommunizieren und zeitnah umzusetzen?

## Kontinuierliche Verbesserung: Retrospektiven

*„We must never lose our sense of urgency in making improvements. We must never settle for "good enough," because good is the enemy of great."*

Tony Hsieh

Das gemeinsame Lernen ist der vierte Prozess, den ihr auf dem Weg zum Hochleistungs-Führungsteam meistern wollt. Am effizientesten lernt ihr im sogenannten „Action Learning Modus": Ihr arbeitet an gemeinsamen Projekten, wie beispielsweise der Entwicklung eures großen Traums, und reflektiert parallel euren gemeinsamen Arbeitsprozess. Damit schlagt ihr zwei Fliegen mit einer Klatsche: Ihr macht euren Job und lernt gleichzeitig, besser zusammenzuarbeiten.

## Retrospektive

Das wichtigste Instrument des Action Learnings ist die Retrospektive, in der agilen Sprache auch „Retro" genannt. Retros sind strukturierte Diskussionen, in denen ihr konkrete Lösungen für Ineffizienzen und Teamkonflikte erarbeitet und damit verhindert, dass sie eskalieren. Das gemeinsame Lernen verbessert die Produktivität und die Qualität eurer Arbeit und schweißt euch zu einem echten Team zusammen.

Retros sind ein intensiver Teamprozess. Sie funktionieren umso besser, je mehr ihr euch für den persönlichen Austausch öffnet. Das Zauberwort von Retrospektiven lautet „Psychologische Sicherheit": Das Vertrauen, dass es alle gut miteinander meinen und jeder sein oder ihr Bestes gibt. Idealerweise lasst ihr diese Sessions von einem Coach moderieren. Damit fühlt ihr euch sicherer und könnt euch in der Diskussion ganz auf die Reflektion eures eigenen Erlebens konzentrieren.

Die grundsätzliche Struktur von Retrospektiven besteht aus fünf Schritten:

**Check-in & Intro.** Schafft eine Atmosphäre, in der sich alle wohl fühlen. Und legt das Ziel der Retro fest: Geht es um ein bestimmtes Projekt oder um die Zusammenarbeit der letzten Wochen?

**Daten sammeln.** Macht euch dann ein gemeinsames Bild des Projekts bzw. der Arbeitsphase. Was ist in den letzten Wochen gelaufen? Was war gut, was schlecht? Welche Reaktionen und Gefühle hat die Zusammenarbeit bei uns hervorgerufen? Schaut auf die Vertrauenspyramide: Was klappt schon ganz gut? Wo liegt der größte Entwicklungsbedarf?

| Zeit | Agenda | Ziel | Mögliche Methode |
|---|---|---|---|
| **Check-in & Intro** | | | |
| 10 min | Check-in | Begrüßen und Ankommen | Ampel Check-in |
| 5 min | Ziele | Zieldefinition | Vorstellung und Diskussion des Ziels. |
| **Daten sammeln** | | | |
| 35 min | Timeline | Gemeinsames Bild schaffen, Meilensteine verstehen | **Glückskurve:** Meilensteine? Wie ging es uns? Was war gut, schlecht und was soll verbessert werden? |
| 10 min | Performance Check | Gegencheck der Vertrauenspyramide | **Test Vertrauenspyramide:** An welchen Ebenen der Vertrauenspyramide hakt es noch? |
| **Verständnis erzeugen** | | | |
| 20 min | Ursachenanalyse | Probleme entdecken, Lösungsansätze finden | **5x Warum:** Probleme aufschreiben, mit „Warum ist das ein Problem?" Ursachen verstehen. |
| **Lösungen finden** | | | |
| 20 min | Zusammenführung | Ableitung von 2–3 konkreten Maßnahmen zur Verbesserung | **Seestern:** Brainstorming zu möglichen Maßnahmen, gefolgt von einer gemeinsamen Priorisierung. |
| 10 min | Planung | Definition der Verantwortlichkeiten | Für jede Maßnahme einen Verantwortlichen und ein Zieldatum vereinbaren. |
| **Check-out** | | | |
| 10 min | Feedback | Reflektion der Retro | **I Wish, I Like:** Was hat mir gefallen? Was kann verbessert werden? Was machen wir künftig? |

Agenda-Vorschlag Retrospektive

**Verständnis erzeugen.** Geht jetzt eine Ebene tiefer. Hinterfragt die gesammelten Fakten und geht den Ursachen eurer Probleme auf den Grund. Warum sind Dinge

## Teamführung: Hochleistungs-Führungsteam

wie sie sind? Was ist das tatsächliche Problem dahinter? Gerne wird hier mit den „5x Warum" gearbeitet.

**Lösungen finden.** Wenn ihr die Probleme hinter eurem Erleben als Team versteht, könnt ihr Maßnahmen zur Verbesserung der Zusammenarbeit entwickeln. Stellt durch eine konsequente Priorisierung und Konkretisierung sicher, dass ihr euch am Ende für zwei bis drei Maßnahmen entscheidet, zu denen sich alle im Team verpflichten.

**Check-out**: Dokumentiert alles und geht zum Abschluss in eine Reflektion der Retro: Wie ist es gelaufen? Was können wir besser machen? Wie ist unsere Stimmung jetzt? Damit kann euer Moderator die Session abschließen und hat das direkte Feedback für die nächste Runde.

Eine umfassende Team-Retrospektive dauert zwei Stunden und ist Teil eurer Strategieoffsites. Ihre besondere Dynamik gewinnt sie durch die strenge zeitliche Taktung. So konzentriert ihr euch auf das Wesentliche und kommt nicht ins Quatschen. Am Anfang eurer Zusammenarbeit lohnt es sich, diese Retros auch öfter und dafür kürzer zu machen.

Für Retrospektiven gibt es eine Vielfalt an Übungen. Gute Beschreibungen findet ihr auf Nativdigital (nativdigital.com/retro-methoden) und beim Retromat (retromat.org). Hier gibt es auch Übungen, die weniger Zeit brauchen und sich damit für kürzere Retros eignen. Die folgenden Methoden bieten sich für eine zweistündige Retrospektive an.

> **Growth Leader Live: Zusammenarbeit lernen**
>
> Wichtig ist es, die Zusammenarbeit im Gründerteam zu adressieren. Vielleicht auch mit der Unterstützung eines Coaches. Die Zusammenarbeit im Gründerteam muss genauso ein Thema sein, wie man sich die Zahlen anguckt. Wir hatten uns als Instrument den „heißen Stuhl" ausgedacht. Bei unseren vierteljährlichen Meetings hat sich immer einer auf einen Stuhl gesetzt und die anderen durften zehn Minuten erzählen, was sie alles gut und schlecht finden. Das war eine kontrollierte Feedbackrunde. Es war natürlich extrem unbeliebt, da auf dem heißen Stuhl zu sitzen. Aber es hat tatsächlich dazu geführt, dass Konflikte angesprochen wurden. Das war ein extrem wichtiges Reflexionswerkzeug. Wir hätten das Coaching auch früher und noch intensiver machen sollen. Das ist natürlich am Ende auch eine Zeit- und Kostenfrage. Aber ich glaube, das wäre gut angelegtes Geld gewesen.
>
> *Tim Schumacher, TS Ventures, ex Sedo*

**Glückskurve.** Diese Methode regt Erinnerungen an die Meilensteine der Zusammenarbeit an und adressiert sowohl die inhaltliche Arbeit als auch die Emotionen im Team.

Für diese Übung braucht ihr unterschiedlich farbige Post-its und ein großes Whiteboard, auf das ihr malen könnt. Schreibt zunächst alle Meilensteine der letzten Wochen auf Post-its und klebt sie horizontal, mit Abstand und in chronologischer Reihenfolge auf das Whiteboard. Dann nimmt jeder einen Stift und malt seine „Glückskurve" parallel zur Zeitlinie: Wann ging es euch gut? Wann war die Stimmung getrübt?

# Kontinuierliche Verbesserung: Retrospektiven

Wenn die Zeitlinien fertig sind, folgt eine stille Reflektion, in der jeder auf Post-its schreibt, was ihr oder ihm gefiel (grün), nicht gefiel (rot) und was verbessert werden sollte (blau). Wenn all das fertig ist, präsentiert jeder seine Kurve und Themen. Diskutiert dann: Was für ein Bild ergibt sich hier? Wurden die Situationen von allen gleich erlebt? Welche Themen werden von allen genannt? Was betrifft nur Einzelne? Gruppiert und priorisiert dann die Themen, die ihr vertiefen wollt. Ergänzt diese Übung durch einen Blick auf die Vertrauenspyramide: Wo sind wir besser oder schlechter geworden? Was nehmen wir daraus mit?

**5x Warum:** Mit dieser Vorarbeit geht ihr nun in die Ursachenanalyse. Dazu nehmt ihr euch eines der kritischen Themen vor und hinterfragt, warum es zu dieser Situation oder diesem Konflikt gekommen ist. Jede Antwort wird mit einem weiteren „Warum" weiter aufgebohrt. So kommt ihr allmählich zum Kern des Problems. Am Anfang wird sich diese Methode etwas absurd anfühlen. Das Bohren lohnt sich aber – vor allem wenn hinter den mutmaßlichen Sachproblemen eigentlich unerfüllte Bedürfnisse oder unterschiedliche Erwartungen stehen. Diese Methode eignet sich daher auch zur Moderation von Konflikten.

**Seestern:** Wenn ihr die Ursachen eurer Probleme verstanden habt, geht es an die Entwicklung von Lösungen. Zeichnet auf ein Flipchart oder ein Whiteboard einen Seestern mit fünf Armen. Die fünf Arme stehen für

- **Start:** Was wollen wir Neues probieren?
- **Stopp:** Was sollten wir lieber aufhören?
- **Weiter:** Was sollten wir weitermachen?
- **Häufiger:** Was tun wir bereits und sollten wir häufiger machen?
- **Seltener:** Was tun wir und sollten wir seltener machen?

In den ersten fünf Minuten diese Blocks überlegt jeder für sich, welche Maßnahmen er oder sie in den verschiedenen Bereichen sieht. Diese Maßnahmen werden dann kurz vorgestellt und gruppiert. Mit Punktebewertungen könnt ihr bestimmen, welche Maßnahmen ihr wirklich in den nächsten Wochen ausprobieren wollt. Nehmt euch dabei nicht zu viel vor: Lieber weniger und dafür richtig. Wenn ihr euch entschieden habt, müsst ihr nur noch die Verantwortung verteilen und die Maßnahme dokumentieren, so dass ihr sie bei eurer nächsten Retro nachhalten könnt.

---

**Selbstreflektion**

- Wie gut lernt ihr als Führungsteam? Reflektiert ihr eure gemeinsame Arbeit systematisch und entwickelt sie weiter?
- Wie könnt ihr das gemeinsame Lernen besser in euren Alltag integrieren?

Teamführung: Hochleistungs-Führungsteam

# Konfliktmanagement: Konflikte produktiv bewältigen

*„Führung ist ohne Konflikt überflüssig. Dann gibt es nichts zum Entscheiden."*

Reinhard K. Sprenger

Ein zentrales Thema deiner Führungsarbeit sind Konflikte. Führungskräfte verbringen im Schnitt 20 % ihrer Zeit mit dem Management von Konflikten. Konflikte sind ein unglaublich ambivalentes Thema: Die meisten von uns würden Konflikte und Spannungen gerne vermeiden, gleichzeitig wissen wir, wie essenziell eine gesunde Streitkultur für ein Hochleistungsteam ist.

Das gilt nicht nur auf der Teamebene. Auch Unternehmen gibt es nicht ohne Konflikte. Im Gegenteil: Unternehmen existieren, *um* die essenziellen Konflikte zwischen den verschiedenen Funktionen zu organisieren. Sie institutionalisieren das ständige Ringen um die bestmögliche Lösung und geben den Widersprüchen, die sich aus der Arbeitsteilung ergeben, einen sicheren Rahmen.

Auch dich als CEO und Führungskraft gibt es nur, weil es Konflikte gibt. Wenn ihr im Unternehmen alles über die richtigen Prinzipien und Organisation regeln könntet, hättest du nichts zu tun. Du kommst immer dann zum Einsatz, wenn ihr Entscheidungen und Lösungen jenseits der Routine braucht. Und diese zeigen sich vor allem in Konflikten.

> **Growth Leader Live: Konflikte**
>
> Jede Organisation hat institutionell angelegte Konflikte und das ist auch gut so. Das trägt jedes Geschäftsmodell in sich. In einem Medienunternehmen gibt es den Kreativen, und der hat ein anderes Zielsystem als der kommerziell Verantwortliche. Der eine sagt: „Hauptsache, die Kohle kommt rein" und der andere: „Aber in diesem Artikel kann einfach keine Erdölwerbung stehen". Transparenz und Respekt führen dazu, dass man diese Dinge vernünftig austrägt und über die Konflikte redet. Jedem muss klar sein, was die jeweilige Zielsetzung ist. Und dann können wir da auch mit sehr hoher Wertschätzung arbeiten.
>
> Christoph Braun, Acton

Es hilft unglaublich, sich diese Perspektive vor Augen zu halten: Konflikte sind nicht schlecht, sondern essenzieller Bestandteil eurer Arbeit. Und weil das so ist, solltest du am besten zum Meister im Umgang mit Konflikten werden. Bejahe und nutze produktive Konflikte, erkenne toxische Konflikte und lerne sie aufzulösen.

Werde gemeinsam mit dem Führungsteam ein Vorbild in Sachen Streitkultur. Gerade hier braucht ihr das gemeinsame Ringen um den besten Weg. Euer Ziel ist es nicht, eure Konflikte zu beenden. Euer Ziel ist es, eine intensive Zusammenarbeit zu schaffen, die es euch ermöglicht, die notwendigen inhaltlichen Differenzen zu reflektieren und damit tragfähige und zukunftsorientierte Entscheidungen zu treffen.

## Konflikte verstehen

Basis von Konflikten sind gegenseitige unerfüllte Erwartungen. Diese Erwartungsdifferenzen können überall entstehen: Aus Missverständnissen, unklaren Situationen, unterschiedlichen Zielen und Werten oder aus der jeweiligen Persönlichkeitsstruktur. Unterschiedliche Erwartungen werden dann zum Konflikt, wenn sie negativ erlebt werden. Konflikte sind unnötig, wenn sie sich nur um Kleinkram drehen, kein produktives gemeinsames Ziel haben und vor allem, wenn sie Verlierer schaffen.

Zum Umgang mit Konflikten habt ihr drei Hebel: Klärt die Erwartungen hinter den Konflikten, richtet euren Blickwinkel auf ihre positive Kraft und behaltet das gemeinsame Ziel und das große Ganze im Blick.

**Erwartungen klären.** Die Erwartungen, die hinter Konflikten stehen, sind häufig nicht klar, oft nicht einmal den Konfliktparteien selber. Wie häufig erleben wir Konflikte um Sachthemen, bei denen es eigentlich um den Wunsch nach Anerkennung oder um Beziehungsprobleme geht, die dann „indirekt" ausgetragen werden. Versucht im Rahmen der Konfliktklärung zu begreifen, welche unausgesprochenen und unbewussten Erwartungen und Bedürfnisse im Raum stehen. Beugt unnötigen Konflikten vor, indem ihr als Team immer wieder am Verständnis eurer gegenseitigen Erwartungen arbeitet. Je besser ihr euch kennt, desto leichter wird es euch fallen, eure Erwartungen in Einklang zu bringen.

**Positive Kraft sehen.** Noch besser funktioniert das, wenn ihr die positive Kraft von Konflikten schätzen lernt. Konflikte machen kreativ und innovativ. Wie schon in der Vertrauenspyramide gesehen: Ohne kritischen Diskurs landen Teams in der Harmoniefalle und werden handlungsunfähig.

**Gemeinsames Ziel.** Gemeinsam gelöste Konflikte bringen euch oft zu besseren Lösungen. Schafft Win-Win-Lösungen, in denen alle Parteien den Konflikt als Gewinner verlassen. Dann stärken euch Konflikte, statt euch zu trennen. Ihr findet neue Wege und gewinnt Energie.

Wenn ihr mit dieser Haltung arbeitet, könnt ihr viele unnötige und erst recht toxische Konflikte vermeiden.

## Konfliktstile nutzen

Konflikte sind etwas sehr Persönliches. Jeder Mensch hat seinen eigenen Stil. Lernt euch im Team auch von dieser Seite kennen: Wie streiten wir? Welche Konfliktlösung präferieren wir? Welche Haltung steht dahinter und wie zeigt sie sich? Wie nutzen wir unsere Stile produktiv?

Diesen Themen widmet sich das Thomas-Killmann-Modell der Konfliktstile. Treiber der fünf Konfliktstile sind der Kooperationswille und das Durchsetzungsvermögen. Jeder Konfliktstil hat seine Berechtigung. Keiner ist per se gut oder schlecht, auch wenn es zunächst so wirkt.

## Teamführung: Hochleistungs-Führungsteam

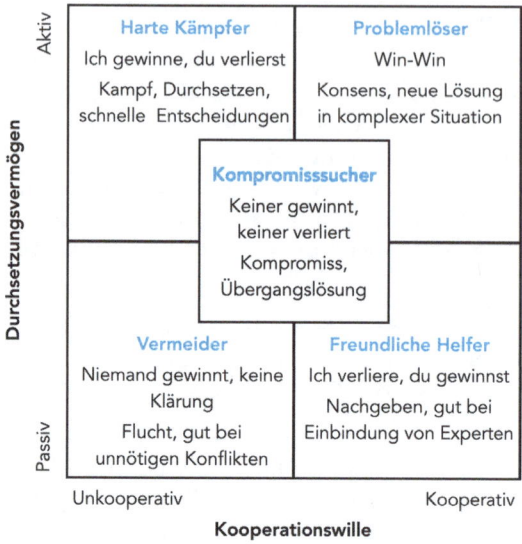

Die 5 Konfliktstile nach Thomas Killmann

**Harte Kämpfer.** Diesem Konflikttyp geht es im Wesentlichen um die Durchsetzung seiner Interessen: „Ich gewinne, du verlierst". Seine Lösung ist der Kampf, er will konkurrieren und dominieren. Eine solche Mentalität kann eine explosive Wirkung entfalten. Und doch werdet ihr wahrscheinlich mindestens einen Kämpfer im Team haben – im Zweifelsfall dich. Ihr bringt den Kämpfer zum Mitspielen, wenn ihr ihm zeigt, dass er auch im Fall der Kooperation gewinnt. Die Sternstunde harter Kämpfer sind Situationen, in denen ihr schnelle Entscheidungen braucht. Wahrscheinlich übernimmst du als CEO regelmäßig diese Rolle. Im unkritischen „Alltag" solltest du diesen Stil jedoch zurückhaltend einsetzen.

**Vermeider** fliehen aus Konflikten. „Niemand gewinnt, keine Klärung", Hauptsache Ruhe haben, auch auf Kosten der eigenen Interessen. In aufgeheizten Diskussionen müsst ihr Vermeider unterstützen, damit sie ihre Meinung vertreten. Wenn du Vermeider nicht aktiv involvierst, verlassen sie das Spielfeld wahrscheinlich als Verlierer. Die Folge sind zunehmende Frustration und Rückzug. Der besondere Wert von Vermeidern liegt in ihrem untrüglichen Instinkt für unnötige Auseinandersetzungen und Konflikte, die nur Verlierer produzieren. Hört genau hin, wenn ein Vermeider einen Konflikt verlassen will, vielleicht ist er ja unnötig oder toxisch.

**Freundliche Helfer** stellen das Wohl der anderen über das eigene. Sie suchen eine Lösung zugunsten der anderen und geben ihre Bedürfnisse auf. Klingt ok, ist aber auch ungesund. Denn ihr Motto „Ich verliere, du gewinnst" resultiert oft in einer enormen Erwartungshaltung: „Ich habe so viel geopfert, jetzt muss endlich mal was für mich rausspringen". Sorgt dafür, dass die freundlichen Helfer in eurem Team ihr Eigeninteresse nicht aus den Augen verlieren. Wichtig sind sie immer dann, wenn es darum geht, Expertenmeinungen im Entscheidungsprozess einzubinden; wenn es um „Wahrheit" geht und nicht um das „Recht behalten".

**Problemlöser** sind die Menschen, die ihr in euren Konflikten am häufigsten braucht. Sie stellen sich Konflikten mit großer Offenheit und suchen nach einer „Win-Win"-Lösung. Dabei haben sie sowohl das gemeinsame Ziel als auch die eigenen Interessen im Blick und integrieren beides in Konsenslösungen, in denen alle Parteien ihre Ziele verwirklichen. Problemlöser spielen ihre Stärken in komplexen Situationen aus, in denen ihr nach einer perfekten oder zumindest akzeptablen Lösung für alle sucht. Und das sind die meisten Situationen bei euch im Führungsteam.

**Kompromisssucher** sind auch gut darin, die verschiedenen Perspektiven in Einklang zu bringen. Mit einem großen Unterschied: In ihrer gemeinsamen Lösung müssen sich alle mehr oder weniger zurückzunehmen, es ist oft der kleinste gemeinsame Nenner. „Keiner gewinnt, keiner verliert", macht keinen richtig unglücklich, aber einen großen Durchbruch wird es mit diesem Ansatz nicht geben. Der Kompromiss funktioniert daher nur für Übergangslösungen oder in Situationen, in denen alle das gleiche Ziel haben, der Konflikt also begrenzt ist.

Lernt euch im Führungsteam mit euren Konfliktstilen kennen. Wo steht ihr in dieser Matrix? Wie setzt ihr eure Stile produktiv ein? Wie bewahrt ihr im Konflikt den Blick auf das gemeinsame Ziel? Mit diesem Wissen entschärft ihr viele Konflikte, bevor sie toxisch werden.

## Konfliktklärung

Das Verständnis eurer Erwartungen, eine positive Haltung zu Konflikten und das Verständnis eurer Konfliktstile wird euch in den meisten Fällen zu guten Entscheidungen bringen. Und doch bleibt es nicht aus, dass sich Konflikte auch mal verhärten, die verschiedenen Seiten unbeweglich in ihren Positionen verharren.

In diesem Fall müsst ihr erst die Verhärtung lösen und klären, worin das Problem eigentlich besteht. Das Hilfsmittel: Ein strukturiertes Konfliktklärungsgespräch. Das Ziel: Die verschiedenen Positionen verstehen und klären. Mit der Klärung der Positionen und der Auflösung der Verhärtung schafft ihr die Basis für die Entwicklung eines gemeinsamen Weges.

> **Growth Leader Live: Konflikte auflösen**
>
> Wir haben eine Grundregel: Bei Auftreten eines Konflikts zwischen uns beiden stoppen wir bis auf ganz wenige Ausnahmen alles. Dann werden im Zweifel auch mal Meetings abgesagt, bis das Problem gelöst ist und wir wieder „fit" sind. Diese Regel haben wir aus einem Rat abgeleitet, den mir meine Großtante gegeben hat: „Gehe abends nie mit ungelösten Problemen ins Bett." Das ist eine Grundregel, die wir als Geschäftsführer seit Beginn befolgen. Bis zu einem gewissen Grad versuchen wir das auch an unsere Mitarbeiter weiterzugeben. Ihnen raten wir: „Wenn ihr vor einem Konflikt steht, dann unterbrecht die thematische Arbeit und löst erstmal den emotionalen Konflikt. Dadurch erlangt ihr wieder einen ganz anderen Blick auf das Problem". Aber natürlich lässt sich das im Arbeitsalltag nicht immer zu 100 Prozent umsetzen.
>
> *Maria Sievert, inveox*

## Teamführung: Hochleistungs-Führungsteam

**Vorbereitung.** Erfolgreiche Konfliktklärungsgespräche starten mit einer guten Vorbereitung. Jede Partei sollte sich folgende Fragen stellen:

- Was ist der Anlass für das Gespräch? Was war passiert, mit wem?
- Was sind meine Interessen in diesem Konflikt?
- Wie könnte die Gegenseite den Konflikt betrachten? Welche Interessen und Erwartungen hat sie? Wie ist deren Stimmung?
- Wie könnte das Gespräch laufen? Was kann alles passieren? Welche Reaktionen und Antworten kann ich erwarten?
- Was ist der richtige Rahmen für das Gespräch? Wann und wo?
- Wie lade ich ein? Spontan oder geplant? Wie vermeide ich, dass sich mein Gegenüber überrumpelt fühlt?

Mit dieser Vorbereitung schafft ihr eine Haltung des Wollens und der Offenheit und damit die Grundlage für ein konstruktives Gespräch.

**Konfliktklärungsgespräch.** Ein gutes Konfliktklärungsgespräch durchläuft sechs Phasen: Check-in, Konfliktbeschreibung, Ursachenanalyse, Lösungssuche, Dokumentation und Check-up. Viele dieser Themen ähneln der Struktur des Feedbacks. Überraschend ist das nicht, denn auch im Konfliktklärungsgespräch geht es darum, verschiedene Perspektiven auf eine Situation, das jeweilige Verhalten und die Wirkung auf die Parteien zu verstehen und darauf basierend eine gemeinsame Lösung zu entwickeln.

---

### 6 Phasen des Konfliktklärungsgesprächs

- **Check-in.** Sorgt am Anfang für eine grundsätzlich offene Stimmung. Wie geht es euch im Moment, was braucht ihr, um wirklich ganz da zu sein?

- **Konfliktbeschreibung.** Als Erstes beschreiben die Parteien ihren Blick auf den Konflikt. Was war die Situation? Wie haben wir uns verhalten? Was für eine Wirkung hat dieser Konflikt auf mich? Einer nach dem anderen, ohne Diskussion. Damit baut ihr gegenseitiges Verständnis auf. Nehmt euch dafür Zeit, fragt nach, wenn etwas unklar ist. Lasst euch auf den anderen ein. Verständnis ist nicht gleich Einverständnis: Nur weil du verstehst, was den anderen bewegt, hast du deine Position noch lange nicht aufgegeben.

- **Ursachenanalyse.** Wenn ihr die gegenseitigen Konfliktwahrnehmungen versteht, könnt ihr euch im Dialog zu den tieferen Ursachen des Konflikts vorarbeiten. Welche unerfüllten Erwartungen, Bedürfnisse und Interessen stehen hinter dem Streit? Was wollt und braucht ihr wirklich? Wechselt die Perspektive: Weg von der Position, die ihr verteidigen wollt, hin zu den dahinterstehenden Interessen, die vielleicht viel besser zu vereinbaren sind, als ihr denkt. Je tiefer ihr schürft, desto besser. Versucht nicht vorschnell Lösungen zu finden, denn das sind oft faule Kompromisse oder Win-Loose-Lösungen. Und beides wollt ihr nicht.

- **Lösungssuche.** Ihr versteht jetzt, was euch wirklich bewegt und könnt nach einer guten Lösung suchen. Fasst erst mal alles zusammen, was ihr voneinander verstanden habt. Überlegt dann, wie eure Zusammenarbeit in Zukunft aussehen soll und was eure Wünsche an die Zukunft sind. Legt dabei alles auf den Tisch. Was ihr jetzt verschweigt, wird zur Wurzel der nächsten Konflikte. Fangt an, Lösungsoptionen zu sammeln und zu bewerten. Vielleicht liegt schon in dieser ersten Runde die perfekte Lösung auf der Hand. In hartnäckigen Konflikten kann es aber auch sinnvoll sein, nicht gleich Beschlüsse zu fassen, sondern erst mal drüber zu schlafen und zu sehen, ob nicht doch noch andere Erwartungen und Wünsche hochkommen.

▶ **Dokumentation.** Die Lösung solltet ihr gut dokumentieren und damit für alle explizit machen. Wenn in dieser Konfliktklärung alle Seiten gehört und wirklich verstanden wurden, sollte es den Parteien leichtfallen, sich zur gemeinsamen Lösung zu verpflichten und sich dann auch gegenseitig zur Rechenschaft zu ziehen.

▶ **Check-up.** Nach besonders schwierigen Konflikten lohnt es sich, ein Check-up zu vereinbaren: Überprüft nach einer Woche, ob die Lösung wirklich für alle funktioniert, oder ob nachjustiert werden muss. Macht dabei auch eine Retro und reflektiert, wie dieser Konfliktlösungsprozess für euch funktioniert hat. Wie ist es euch im Gespräch gegangen? Was habt ihr übereinander gelernt? Wie werdet ihr solche Situationen künftig lösen?

Ein guter Prozess der Konfliktklärung ist die halbe Miete. Aber genauso wichtig ist die richtige Haltung der Konfliktparteien. Wie beim Feedback sollten die Parteien die „SPITZE"-Prinzipien im Kopf haben:

▶ S wie **spezifische** Situation, **subjektive** Wahrnehmung. Stellt euer individuelles Erleben möglichst konkret dar. Keine Generalisierung!

▶ P wie **positiv**: Deine Position ist eine von vielen Möglichkeiten. Gute Lösungen findet ihr, wenn ihr an eine gemeinsame Zukunft glaubt, euch respektiert und eure Positionen als gleichberechtigt und bereichernd betrachtet.

▶ I wie **Intention**: Ihr müsst wirklich etwas bewegen wollen, nicht nur Ärger abladen und Anschuldigungen los werden.

▶ T wie **Taten**: Beziehst euch auf euer Verhalten. Diskutiert das Problem, nicht den Menschen.

▶ Z wie **zeitnah, Zeitpunkt, zukunftsorientiert**: Klärt Konflikte, bevor sich negative Gefühle aufstauen. Verhärtungen basieren oft auf langen Historien gegenseitiger Missverständnisse. Der Ärger über „Kleinigkeiten" wurde so lange unterdrückt, bis er rausplatzt. Lebt lieber nach der Regel: Nur frische Konflikte werden adressiert. Alte Kamellen sind alte Kamellen. Findet den Zeitpunkt, an dem ihr mit hinreichend freiem Kopf aufeinander zugehen könnt. Arbeitet zukunftsorientiert. Die Suche nach Schuldigen bringt nichts, sie hält euch in der Vergangenheit.

▶ E wie **empathisch**. Lasst euch respektvoll und empathisch auf eure Bedürfnisse und Gefühle ein. Der dümmste Spruch in Konflikten lautet: „Nothing personal". Denn die meisten Konflikte drehen sich nicht um Sachthemen, sondern um enttäuschte Erwartungen und die sind nun mal persönlich.

## Teamführung: Hochleistungs-Führungsteam

Mit einer Konfliktklärung nach diesen Prinzipien könnt ihr die meisten Konflikte lösen. Gleichzeitig arbeitet ihr an eurem gegenseitigen Verständnis, kommt euch näher und wachst als Team.

**Deine Führungsrolle** in der Konfliktklärung ist die des Moderators: Du steuerst den Prozess und sicherst die Einhaltung der SPITZE-Prinzipien. Als Moderator bleibst du in einer neutralen Position. Überlasse die Verantwortung für die Lösungsfindung den Konfliktparteien – selbst wenn es dich in den Fingern juckt, aktiv zu schlichten und einen Kompromiss vorzuschlagen. Sobald du das machst, nimmst du dem Team die Verantwortung und lädst sie dir auf die Schultern.

Nur wenn sich die Parteien gar nicht einigen können, obliegt es dir, eine Entscheidung zu treffen. Die sollte dann aber nicht als Kompromisslösung rüberkommen (dann wärst du ja Schlichter), sondern von dir als unabhängige Entscheidung auf Basis der zur Verfügung stehenden Informationen getroffen werden.

## Toxische Konflikte: RIP und RIW

Nun hast du das richtige Mindset und das Handwerkszeug für ein erfolgreiches Konfliktmanagement. Aber woran erkennst du, dass sich ein toxischer Konflikt anbahnt?

Toxische Konflikte kommen in zwei Varianten: Die kalten „Rest in Peace"- und die heißen „Rest in War"-Konflikte. In beiden Fällen liegt die Ursache in dauerhaft nicht aufgelösten Verhärtungen. Wenn du diese Konflikte frühzeitig erkennst, kannst du selber die Konfliktklärung moderieren. Wenn sie sich verfestigen, braucht ihr neutrale, externe Hilfe.

**RIP – Schwarze Löcher.** Der giftigste Konflikt sind Schwarze Löcher, das Fehlen von Konflikt. Das sind die Themen, die aus übertriebener Harmoniebedürftigkeit im Führungsteam nicht adressiert und damit unterdrückt werden. Gefährlich, weil sich diese Vergiftung die ganze Zeit so gut und entspannt anfühlt, und man viel zu spät realisiert, wie tödlich sie ist!

Ihr seid begeistert gestartet, ihr wollt das Unternehmen gemeinsam in die Zukunft führen. Aber mit der Zeit nimmt der Stress überhand, die gemeinsame Arbeit zerfällt in ein Nebeneinanderher. Kritisch betrachtet ihr, was die anderen tun. Ist das wirklich alles sinnvoll? Will ich das? Kritisch hinterfragen? Lieber nicht, ich will ja nicht, dass meine Kollegen das Gefühl bekommen, ich vertraue ihnen nicht. Also lieber stillhalten. Schon ist das erste Schwarze Loch da. Wenn ihr euch trefft, ist alles super. Jetzt bloß keinen Stress machen und die gute Laune verderben. Und schon ist das Schwarze Loch ein wenig gewachsen. Sprachlosigkeit ist das Futter Schwarzer Löcher. Und wie es sich für Schwarze Löcher gehört, haben sie eine unglaubliche Anziehungskraft, werden größer und größer und verschlingen immer mehr.

# Konfliktmanagement: Konflikte produktiv bewältigen

> **Growth Leader Live: Toxische Konflikte vermeiden**
>
> Unsere Zusammenarbeit basierte auf Vertrauen und dem Verständnis der unterschiedlichen Charaktere. Und trotzdem hat es oft genug gerappelt. Das war aber extrem wichtig, denn wenn es nicht rappelt, dann nur, weil du alles, was potentiell kritisch ist, unter den Teppich kehrst. Es ist eben nicht immer alles super. Diese künstliche Harmonie brauchst du nicht. Es braucht Streit, Konflikt, Diskussion. Das ist ein Indiz dafür, dass echtes Vertrauen da ist und man die kritischen Dinge äußern kann.
>
> *Christoph Behn, Better Ventures, ex Kartenmacherei*
>
> Klar gibt es auch bei uns Punkte, an denen wir einen gewissen Druck spüren, der auch mal stärker werden kann: Großes Wachstum, Druck von draußen, an vielen Stellen noch fehlende oder schwache Strukturen im Inneren. Das kann schnell Spannungen, Stress und damit auch Konflikte auslösen, um die man sich dann umgehend proaktiv kümmern muss – sonst kann es schnell passieren, dass man einen Konflikt nicht mehr in den Griff bekommt. Auch hier sind immer Emotionen im Spiel: Vielleicht ist ein Mitarbeiter schlicht zu schüchtern, eine Vertrauensperson aufzusuchen und ein Problem anzusprechen, ein anderer schämt sich, dass ein Konflikt besteht. Umso wichtiger ist es, Konflikte sichtbar zu machen. Mit unseren Führungsteams üben wir daher, Konflikte an die Oberfläche zu bringen und damit umzugehen.
>
> *Maria Sievert, inveox*

Kennst du das Gefühl? Hast du das eine oder andere Schwarze Loch vor Augen? Ich habe einige Führungsteams erlebt, in denen genau das passiert ist. Von außen machen sie einen super Eindruck. Aber der Eindruck trügt. Konflikte werden totgeschwiegen und dehnen sich immer weiter aus. Und irgendwann ist die Gravitation des Schwarzen Lochs so überwältigend, dass es das Führungsteam zerreißt. RIP. Rest in Peace.

**RIW – Rosenkrieg**. Der Rosenkrieg ist das genaue Gegenteil: Konflikte, die so sehr eskalieren, dass eine „vernünftige" Zusammenarbeit unmöglich wird. Eine sagenhaft komische Beschreibung findet ihr im gleichnamigen Film. Barbara und Oliver Rose wollen sich scheiden lassen, können sich aber nicht einigen, wer das gemeinsame Haus bekommt, keiner gibt nach. Der faule Kompromiss: Weiterleben als Wohngemeinschaft. Diese Übergangslösung resultiert in einer unglaublichen Eskalation. Totaler Nervenkrieg, zerstörte Einrichtung, Verfolgungsjagden. Am Ende des Kampfs liegen die Kontrahenden sterbend in der großen Halle ihres Hauses. RIW. Rest in War.

So komisch das im Film ist, so dramatisch ist eine solche Eskalation im Führungskreis. Im Modell der Konflikteskalation von Friedrich Glasl ist diese Dynamik sehr gut beschrieben.

**Phase 1: Konstruktive Sachdiskussion.** In der ersten Phase ist der Konflikt noch halbwegs konstruktiv. Die Beteiligten suchen auf der Sachebene nach einer gemeinsamen Lösung. Wird keine Lösung erreicht, baut sich immer mehr Spannung auf. Erst kommt es zu Verhärtungen, die sich in verbalen Ausrutschern zeigen. Dann startet die Polarisierung, Gewinnen wird wichtiger als Kooperation. Schließlich versuchen die Parteien, sich gegenseitig mit vollendeten Tatsachen zu überrumpeln.

### Teamführung: Hochleistungs-Führungsteam

Wenn du es bis jetzt nicht geschafft hast, den Konflikt zu klären, solltest du mit einem externen Moderator zusammenarbeiten. Denn in der nächsten Phase fangen die Konfliktparteien an, Geiseln zu nehmen. Als Moderator drohst du dann selber Opfer des Konflikts zu werden.

**Phase 2: Hauptsache Gewinnen!** Ab der zweiten Phase wird es ernst. Um die Sache geht es schon lange nicht mehr. Der Auslöser? Vergessen! Jetzt wird ein Win-Loose angestrebt: Eine der Parteien muss das Spiel verlieren. Zunächst werden Koalitionen gebildet, das Team auseinanderdividiert. Dann wird die Integrität der Gegenseite infrage gestellt. Schließlich kommt es zu gegenseitigen Drohungen, die den Brand weiter beschleunigen. Für euer Führungsteam ist diese Phase damit bereits ein Loose-Loose, gemeinsame Arbeit auf Augenhöhe ist kaum mehr möglich.

**Phase 3: Bis zum bitteren Ende.** In der letzten Phase bricht alles zusammen. Gewinnen heißt jetzt weniger verlieren. Der Gegner wird nicht mehr als Mensch gesehen, das gegnerische System soll vernichtet werden. Erst mit begrenzten Maßnahmen, die dann immer weiter ausarten. Am Ende wird sogar die eigene „Vernichtung" in Kauf genommen, wenn sie den Gegner mit in den Abgrund zieht. Jetzt hilft nur ein Schlichter, der für beide Seiten eine große Autorität ist. Die große Frage: Gibt es überhaupt ein Setting, in dem beide Parteien weitermachen können und wollen?

Hoffentlich erlebst du keine dieser beiden Konfliktpathologien. Weder das Schwarze Loch noch den Rosenkrieg. Es ist aber essenziell, dass du ihre Signale frühzeitig erkennst und dann entsprechend handelst. Und euer Führungsteam gezielt zu einer konstruktiven, gesunden Streitkultur und Zusammenarbeit zurückführst.

---

#### Selbstreflektion

▸ Wie geht ihr mit Konflikten im Führungsteam um? Schätzt oder meidet ihr sie? Wie könnt ihr sie nutzen, um zu besseren Ergebnissen zu kommen?

▸ Versteht ihr eure Konfliktstile? Wie könnt ihr sie aktiver einsetzen?

▸ Habt ihr schon mal typische Konflikte erlebt? Wie konntet ihr sie lösen?

---

## Check-out

Dir ist klar geworden, wie essenziell ein starkes Führungsteam ist. Dein Führungsteam ist CEO in Groß und Unternehmen in Klein. Es ist Vorbild für kooperatives Arbeiten, steht für die Zukunft und gibt gleichzeitig Sicherheit.

**Du steuerst die Teamdynamik.** Du verstehst jetzt, wie Teams grundsätzlich ticken und wie sie schrittweise in die Performance kommen. Damit kannst du diesen Prozess aktiv unterstützen und wirst schrittweise vom Team-Manager zum Team-Coach.

**Du baust dein Führungsteam systematisch auf.** Bereits vor dem Start oder Reset des Führungsteams machst du dir klar, welche grundsätzlichen Aufgaben das Team übernehmen soll. Für diese Aufgaben stellst du dir das ideale Team zusammen: Unabhängige Teamplayer, die deine Stärken ergänzen, deine Werte teilen und in der Lage sind, das Unternehmen *und* ihren Bereich zu führen.

**Ihr lernt euch neu kennen und schafft eine gute Arbeitsbasis.** Ihr startet die gemeinsame Arbeit mit einem Kickoff-Workshop. Idealerweise macht ihr ein 2-tägiges Offsite und nutzt die gemeinsame Zeit, um Vertrauen aufzubauen, eure Arbeitsweise zu definieren und euch über die gemeinsamen Aufgaben und eure Mission klarzuwerden. All das dokumentiert ihr in eurer Teamcharta.

**Ihr führt euer Unternehmen gemeinsam und strukturiert.** Euer neuer Arbeitsalltag ist von der gemeinsamen Gestaltung des Unternehmens geprägt. Eine gute Taktung schafft ihr durch einen klaren Meetingrhythmus, das Arbeiten mit OKR und Wachstums-Backlog. Ihr stellt sicher, dass weder die operativen noch die strategischen Themen aus dem Fokus fallen. Damit gewinnt ihr Respekt und Vertrauen im Gesamtteam. Und die braucht ihr, um die großen Herausforderungen des Wachstums erfolgreich anzugehen.

**Auch als Team lernt ihr ständig weiter.** Ihr reflektiert eure Arbeit systematisch und lernt, immer besser zu werden. Dafür macht ihr regelmäßig Retrospektiven.

**Konflikte löst ihr konstruktiv zum Wohle des Unternehmens.** High Performance-Führungsteams leben vom positiven Umgang mit Konflikten. Der konstruktive Diskurs bringt euch auf das nächste Level. Ihr lernt Konflikte zu moderieren und erkennt dysfunktionale Konflikte, bevor sie toxisch werden.

**Das ultimative Ziel: Unternehmerische Freiheit.** Wenn ihr die verschiedenen Kompetenzen der Teamführung gemeinsam lernt, schafft du ein Team, das mittelfristig deine Rolle übernehmen kann. Damit gewinnst du die unternehmerische Freiheit, von der du im tiefsten Herzen träumst.

## Deine Rolle als CEO

▶ Die Entwicklung und Führung des Führungsteams ist eine deiner wichtigsten Aufgaben. Sie nicht delegierbar.

▶ Stelle mit der Zusammensetzung des Teams sicher, dass es deine Kompetenzen optimal ergänzt und dich wirklich herausfordert.

▶ Setze dich mit den Phasen der „Teamuhr" auseinander: Vom Forming bis zum Performing. Hilf dem Team, diese Phasen effizient zu durchlaufen und zu einem echten Team zu werden, das auf eine gemeinsame Vision hinarbeitet und sich systematisch in der gegenseitigen Entwicklung unterstützt.

▶ Entwickle dich vom Team-Leader über den Orchestrator zum Team-Coach. Wenn du diesen Weg abgeschlossen hast, führt das Führungsteam das Unternehmen weitgehend alleine. Und du gewinnst deine unternehmerische Freiheit.

## Teamführung: Hochleistungs-Führungsteam

- Werde Meister im Konfliktmanagement. Setze den kritischen Diskurs ein, um zu besseren Ergebnissen zu kommen. Identifiziere toxische Konflikte frühzeitig und lerne sie zu entschärfen.

### Reflektion & Aktion

Du weißt jetzt, wo die Reise hingehen sollte. Sicher gehen dir viele neue Gedanken durch den Kopf. Versuche diese als Basis für euren Aktionsplan zu reflektieren:

- Wie denkst du jetzt über das Führen im Team nach? Was heißt das für deine eigene Lernreise?
- Wie sieht ein gutes Führungsteam für dich aus? Was sind seine Aufgaben? Wen hättest du gerne an deiner Seite?
- Wenn ihr heute schon ein Führungsteam habt: Kennt ihr eure Aufgaben und Prioritäten? Wie gut arbeitet ihr zusammen? Wo seid ihr stark? Was würde euch stärken?
- Wie sehen eure Arbeitsprinzipien aus? Was ist eure besondere Mission? Wie könnte eure Teamcharta aussehen?
- Wie stellt ihr sicher, dass ihr künftig gemeinsam an den großen Themen arbeitet und nicht nur nebeneinander her?
- Wie gut lernt ihr gemeinsam? Was könnt ihr verbessern?
- Wie geht ihr aktuell mit Konflikten um? Was ist euer Streitmotto: Rest in Peace oder Rest in War?

Diskutiere diese Punkte gemeinsam mit deinen Mitgründern und dem engerem Führungskreis. Schaut euch auch nochmal die Aufbruchssignale an. Und setzt dann den Prozess zur Etablierung eines echten High Performance-Führungsteams auf.

Kommuniziert euer Vorhaben und das geplante Timing frühzeitig an das Managementteam und die Shareholder. Und bald danach auch an das Gesamtteam. Damit signalisiert ihr, dass ihr ein neues Kapitel in der Führung eures Unternehmens aufmacht. Gehe als Gründer und CEO explizit in die Verantwortung. Stellt auch bereits die KPI vor, an denen ihr den Erfolg des Führungsteams messen wollt. Macht dem Team aber auch klar, dass du nur die ersten Schritte fest terminieren kannst und ihr dann in die gemeinsame Verantwortung geht.

Und schon steht der Entwicklung eines High Performance-Führungsteams, das Vorbild ist, eure Kultur prägt und die Zukunft gestaltet, nichts mehr im Wege. Viel Erfolg!

# GROSSER TRAUM: ORIENTIERUNG GEBEN

*Als ich mit 17 Jahren aus dem Mecklenburgischen nach Berlin kam (...) besaß (ich) nichts abgesehen von meinen Händen, meinem Verstand und einem Traum. Dem Traum von »einem Weltgeschäft à la Fugger«, wie ich es (...) nannte. Es war der Traum von einem Unternehmen, welches durch ständige Erfindungen und den unternehmerischen Weitblick dazu beiträgt, Wissen und Wohlergehen der Menschheit zu steigern und welches (...) gerade in dieser Kombination wirtschaftlich ist. Es war der Traum von einem Unternehmen, das der doppelten Verantwortung des Unternehmers gerecht wird, derjenigen gegenüber sich selbst und seinen Angestellten, und keiner geringeren als derjenigen gegenüber der Welt, die ihn umgibt.*

Werner von Siemens

## Großer Traum: Orientierung geben

Eine wesentliche Voraussetzung für die Schaffung eines außergewöhnlichen Unternehmens ist euer großer Traum. Euer großer Traum fasst zusammen, warum es euch gibt, also eure Mission, und was ihr damit in der Welt bewegen wollt, eure Vision.

Das wunderbare Zitat von Werner von Siemens zeigt beides. Seine Mission: Ein Unternehmen schaffen, das durch „ständige Erfindungen und den unternehmerischen Weitblick, Wissen und Wohlergehen der Menschheit steigert". Seine Vision: „Ein Weltgeschäft wie Fugger". Werner von Siemens sprach nicht nur für sich, sondern übernahm mit seinem Traum die Verantwortung für sich, seine Angestellten und die ganze Welt.

Wenn ihr einen echten Wachstumsführer schaffen wollt, ist euer großer Traum ein zentrales Führungsinstrument. Er institutionalisiert eure Vision und Mission und macht sie für alle greifbar: Für euch, eure Kollegen und Kunden. Er gibt eine klare Orientierung und Entscheidungsgrundlage und ist damit die Basis für eigenverantwortliches Handeln im Team.

Euer Unternehmen habt ihr sicher mit einem großen Traum gestartet. Ihr wolltet etwas Neues schaffen, die Welt mit eurem Angebot besser machen. Oft geht die Klarheit dieses großen Traums aber auf dem Weg verloren. Eure ursprüngliche Idee hat nicht funktioniert, ihr habt einen Pivot hingelegt. Ihr habt euer Angebot auf Basis der Wünsche eurer Kunden immer weiter angepasst und euch damit von der Ursprungsidee entfernt. Der Markt hat sich weiterentwickelt. Oder ihr habt, begeistert vom Erfolg eurer ursprünglichen Geschäftsidee, viele neue Geschäfte angestoßen.

### Growth Leader Live: Der große Traum

Im ersten Jahr haben wir uns mit dem damals 20-köpfigen Team hingesetzt und unseren Purpose definiert: „We want to empower the workforce of the future". Wir haben auch unsere Vision entwickelt: „Manage your worklife with a click" Das ist es bis heute. Unsere Mission ist „Wir bauen einen Marktplatz oder eine Plattform, mit der Menschen ihre Jobs managen können und Unternehmen produktiv bleiben". Das treibt uns enorm an. Heute noch mehr als noch vor fünf Jahren. Das Warum ist enorm wichtig. Es gab immer wieder Momente, die fürs Unternehmen und auch mich persönlich sehr schwer waren. Unser Purpose, Vision und Mission haben uns dazu gebracht, nicht das Handtuch zu werfen, sondern weiterzumachen. Das würde ich jedem Gründer raten: Überleg dir vorher ganz genau, auf welches Thema du dich einlässt. Denn wenn es mal richtig hart auf hart kommt, dann gibt es keinen Antrieb von außen.

*Fritz Trott, Zenjob*

Ab einer gewissen Größenordnung, das ist meistens irgendwo bei 30, 40, 50 Leuten, wird dieser Wunsch laut: Was ist unsere Vision? Unsere Mission? Was sind die Unternehmenswerte? Ich und die meisten anderen Gründer denken dann: „Das ist doch eigentlich total klar." Aber wenn du das Unternehmen nicht von Anfang an erlebt hast, dann ist es dir eben nicht klar. Irgendwann realisieren die meisten Gründer: Es wäre eigentlich doch ganz gut, ein paar Sachen zu definieren, die vielleicht mir und auch meinen Mitgründern klar sind, den anderen aber nicht. Dann schreibt man das auf und stellt es seinen Mitarbeitern zur Verfügung. Das ist keine verschwendete Zeit. Es ist auch ein wichtiger Reflexionsprozess für einen selbst. Wo man dann merkt, was einem wirklich wichtig ist.

*Tim Schumacher, TS Ventures, ex Sedo*

Was auch immer der Grund dafür ist, dass euer Angebot, euer Geschäftsmodell und eure Kundenbasis heute ganz anders aussehen als anfangs gedacht: Macht euch klar, was euch antreibt. Denn ohne die Orientierung eures großen Traums werdet ihr nur schwer die Kraft eines Wachstumsführers erreichen. Dann nehmt ihr weiterhin jeden Kunden mit, der euch über den Weg läuft, und verzettelt euch mit einer Vielzahl an Angeboten. Dann stellt ihr die falschen Menschen ein und euren Kollegen fehlt die Orientierung, die sie brauchen, um Verantwortung zu übernehmen. Und es fehlt die Begeisterung, die ein großer Traum auslöst.

## Check-in

Am besten kannst du dich auf die Entwicklung eures großen Traums einstimmen, wenn du dir die folgenden Fragen stellst:

- Warum gibt es uns? Was macht uns besonders?
- Was sind unsere Mission und Vision, kann ich sie jeweils in einem Satz zusammenfassen?
- Kennt jeder im Team unseren großen Traum? Was sagen unsere Kollegen, wenn ich sie nach unserem großen Traum frage?
- Wer sind die „Traumkunden", die uns wirklich erfolgreich machen und uns Energie geben? Wie gut kennen wir sie?
- Was sind ihre Bedürfnisse und Probleme? Wie helfen wir ihnen? Was ist unser Wertversprechen an sie?
- Wer sind unsere „Traumkollegen"? Was macht sie aus? Welchen Wert hat es für sie, mit uns zusammenzuarbeiten?
- Was ist die gerechte Sache, für die wir und das Team jeden Morgen aufstehen? Was wollen wir der Welt hinterlassen (außer Geld)?

Es gibt eine ganze Reihe von Aufbruchssignalen, die zeigen, dass es Zeit ist, euren großen Traum neu zu beleben. Schau dir diese Liste an, diskutiere sie im Führungsteam und mit vertrauten Kollegen.

### Aufbruchssignale „Großer Traum"

*Bewerte die Signale auf einer Skala von 1: keine bis 5: große Herausforderung*

| | |
|---|---|
| Unsere Vision ist vor allem: Einhorn werden, reich werden. | ☐ |
| Ich kann unsere Mission und Vision nicht auf den Punkt bringen. | ☐ |
| Das Team kritisiert, dass wir keine klare Vision und Mission haben. | ☐ |
| Wir haben nicht nur eine, sondern dutzende Visionen: Jeder seine eigene. | ☐ |
| Wir nehmen jeden Kunden mit, Hauptsache er zahlt. | ☐ |

## Großer Traum: Orientierung geben

| | |
|---|---|
| Viele Kunden kosten uns mehr Zeit und Energie, als sie bringen. | ☐ |
| Uns fehlt die Differenzierung im Wettbewerb. | ☐ |
| Wir haben kein klares Wertversprechen für unsere Kunden. | ☐ |
| Fehlende Orientierung und Ziele blockieren die Eigenverantwortung. | ☐ |
| Wir haben kein klares Wertversprechen für unsere Kollegen. | ☐ |
| Wir arbeiten vor allem reaktiv, es ist unklar, was wir erreichen wollen. | ☐ |

Je mehr Fragen du mit drei und mehr Punkten bewertest, desto klarer ist das Signal: Höchste Zeit für die Entwicklung eures großen Traums. Auch wenn es nur einzelne Herausforderungen gibt: Die Entwicklung eures großen Traums ist ein ständiger Prozess. Es lohnt sich am Ball zu bleiben, auch wenn aktuell alles klar scheint.

## Ausblick auf das Kapitel „Großer Traum"

In diesem Kapitel setzt ihr euch mit der Entwicklung und Verankerung eures großen Traums auseinander.

**Wertversprechen für das Traumteam.** Im ersten Schritt entwickelt ihr das Wertversprechen für eure „Traumkunden". Das sind die Kunden, die euch wirklich Energie geben. Dazu stellt ihr euch die folgenden Fragen: Wer sind diese Traumkunden? Was sind ihre Probleme und Bedürfnisse? Welchen Wert schafft ihr für eure Traumkunden? Auf Basis der gleichen Fragen entwickelt ihr auch die Wertversprechen für eure Traumkollegen und für euch selbst. Denn euer großer Traum soll für alle Menschen eures „Traumteams" gelten, nicht nur für eure Kunden.

**Eure Mission** erklärt, warum es euch gibt. Ihr entwickelt sie, indem ihr eure Wertversprechen so weit verallgemeinert, dass sie nicht nur für euch, eure Kunden und Kollegen relevant sind, sondern auch für euer erweitertes Umfeld und die Gesellschaft.

**Eure Vision** beantwortet die Frage nach dem Wohin eurer Reise. Eure Vision ist das, was ihr erreicht, wenn ihr eure Mission konsequent lebt. Die Frage: Was für eine Welt wollt ihr mit eurer Arbeit schaffen? Woran seht ihr, dass ihr eure Vision lebt?

**Verankerung im Alltag.** Euer großer Traum wird schließlich zur Realität, wenn ihn jeder im Team verinnerlicht hat und er sich in einer klaren Strategie und transparenten Zielen niederschlägt.

Die Entwicklung eures großen Traums wird nie ganz abgeschlossen sein. Aber mit der Methodik, die in den nächsten Abschnitten vorgestellt wird, könnt ihr mit insgesamt 3-4 Arbeits- und Workshoptagen im Abstand von drei bis fünf Wochen eine hervorragende Basis entwickeln. Diese könnt ihr mit dem Gesamtteam weiter detaillieren und in eine klare Strategie und konkrete Ziele übersetzen.

Unsere Methode veranschaulichen wir diesmal an einem fiktiven Beispiel. Denn die Entwicklung des großen Traums ist für jedes Unternehmen sehr persönlich und nicht unbedingt etwas, das man im größeren Rahmen teilt. Stell dir also vor, du baust eine besonders einfach zu nutzende Vertriebsplattform für junge, schnell wachsende Teams. IzySell. Das neue Salesforce.

## Wertversprechen für das Traumteam

*„JEDER ist nicht dein Kunde."*

*Seth Godin*

Startet bei der Erarbeitung der Wertversprechen mit eurem Traumkunden. Euer Traumkunde ist ein Mensch, kein Unternehmen oder Kundensegment. Es ist der Mensch, der letztlich über den Kauf eurer Leistung entscheidet. Und der möglichst viele der Traumkunden-Kriterien erfüllt:

- Die Kundenakquise war relativ leicht und angenehm.
- Ihr arbeitet wirklich gerne mit diesem Menschen zusammen.
- Er oder sie versteht sofort, warum eure Leistung wichtig ist.
- Er oder sie zahlt, ohne den Preis zu drücken, und ist profitabel.
- Ihr erzielt zusammen in einem guten Prozess exzellente Ergebnisse.
- Ihr pflegt eine lange partnerschaftliche Kundenbeziehung.
- Sie oder er schwärmt von euch und empfiehlt euch gerne weiter.

Mit euren Traumkunden verbindet euch weit mehr als eine reine Kundenbeziehung. Eure Traumkunden geben euch Energie und machen Spaß. Ihr habt eine Partnerschaft auf Augenhöhe. In einer Krise werden sie alles tun, damit euer Geschäft weiterläuft. Ein Freund von mir hat das in der Coronazeit erlebt: Sein wichtigster Kunde rief an und fragte, wie er sicherstellen kann, dass es dem Unternehmen mei-

## Großer Traum: Orientierung geben

nes Freundes auch in Zeiten von Corona gut geht. Das ist ein wahrer Traumkunde! Für diese Traumkunden erarbeitet ihr euer Wertversprechen.

### Traumkunden identifizieren und verstehen

Identifiziert als erstes 3-4 Kunden, auf die möglichst viele der sieben Traumkunden-Kriterien zutreffen. Bereits mit dieser Diskussion bekommt ihr eine neue Perspektive auf eure Kunden. Fangt dann an, diese Menschen zu beschreiben. Nutzt zur Exploration die folgenden Fragen.

> **Fragen zum Verständnis eurer Traumkunden und -kundinnen**
> - Was macht euer Traumkunde? Was ist seine Aufgabe und Rolle?
> - Was und wer beeinflusst den Kunden? Mit wem umgibt er sich?
> - Was sind seine Einstellungen, was ist sein Weltbild?
> - Was ist eurem Kunden wichtig, was sind seine Werte?
> - Welche Glaubenssätze hat er? Welche Geschichten erzählt er häufig?
> - Was ist sein Selbstbild? Wie würde der Satz „Ich bin ein …" weitergehen?
> - Wie sieht der Kunde die Zukunft: Für sich, sein Unternehmen, den Markt?
> - Was will er erreichen, wie misst er Erfolg?
> - Was macht ihn glücklich? Wie helfen wir ihm, glücklicher zu werden?
> - Was macht ihn unglücklich? Was können wir tun, um mögliches Unglück abzuwenden?

Geht diese Fragen für alle ausgewählten Kunden durch. Einen nach dem anderen. Bald schon werdet ihr feststellen: Es gibt einen Kern von Verhaltensweisen, Motiven und Ideen, in denen sich alle eure Traumkunden gleichen. Wenn ihr diesen Punkt erreicht, könnt ihr anfangen, Thesen zur „Persona" eurer Traumkunden zu bilden. Wie sieht euer typischer Traumkunde aus? Zieht die großen Gemeinsamkeiten heraus und entwickelt so eine erste Skizze eurer Traumkunden.

> **IzySell: Traumkunden**
>
> Die Traumkunden von IzySell sind Startup-Gründer und Gründerinnen, die ein innovatives Produkt entwickelt und den Produkt-Markt-Fit geknackt haben. Jetzt wollen sie durchstarten. Vertrieb ist absolut erfolgskritisch. Daher kümmern sie sich persönlich um dieses Thema. Ihre Ungeduld ist groß. Jede Minute, die sie nicht beim Kunden sind, ist Zeitverschwendung. Gleichzeitig wollen sie den Überblick bewahren, alles im Griff behalten. Ihnen ist klar, dass sie jetzt die Grundlagen für die Skalierung legen. Da darf nichts schief gehen …
>
> Das sind alles Themen, die auch dir als Gründer von IzySell am Herzen liegen. Überraschend? Nein, denn jede gute Kundenbeziehung lebt von einer tiefen gemeinsamen Basis.

Ihr habt jetzt ein erstes, lebendiges Bild von euren Traumkunden und -kundinnen. Wiederholt diese Übung nun mit dem Gegenteil, euren Alptraumkunden. Das sind diejenigen Menschen, auf die nur wenige der Traumkunden-Kriterien zutreffen. Alptraumkunden kosten euch Energie und oft auch Marge. Wenn ihr diesen (potenziellen) Kunden künftig begegnet: Hände weg – es sei denn, sie zahlen sehr, sehr gut.

## Probleme und Bedürfnisse verstehen

Wenn die erste Skizze eurer Traumkunden steht, setzt ihr euch mit ihren funktionalen Problemen und emotionalen Bedürfnissen auseinander. Und ihr überlegt euch, ob ihr eure Kunden bei einer existenziellen Herausforderung unterstützen könnt.

**Funktionale Probleme.** Der erste Schritt ist noch vergleichsweise einfach. Mit welchen funktionalen Problemen und greifbaren Herausforderungen kommen eure Traumkunden auf euch zu? Welche Probleme und Anforderungen formulieren eure Kunden explizit? Das können bestimmte Features, Service Level oder sonstige Eigenschaften des Produktes sein, das die Kunden kaufen wollen. Überlegt, welche Probleme hinter diesen Anforderungen stehen. Was brauchen eure Kunden wirklich?

> **IzySell: Funktionale Probleme**
>
> Das funktionale Problem der IzySell-Traumkunden ist das Management der Vertriebspipeline. Sie wollen Leads verwalten, die Kommunikation mit ihren Kunden managen, die richtigen Prozesse aufstellen, den Erfolg der Initiativen nachvollziehen, usw. Das Problem dahinter: Sie wollen den Vertrieb in Griff bekommen und dabei lernen, ihre Kunden immer besser zu erreichen.

Wenn ihr die funktionalen Probleme eurer Kunden löst, habt ihr ein solides Produkt. Herausragend ist es aber noch lange nicht. Denn die Erfüllung der funktionalen Probleme schafft bestenfalls ein wettbewerbsfähiges Angebot. Aber keines, dass eure Kunden wirklich vom Hocker reißt.

**Emotionen und tiefe Bedürfnisse.** Ihr differenziert euch erst dann vom Wettbewerb, wenn ihr die tieferliegenden Bedürfnisse und Emotionen eurer Kunden versteht und sie bei der Gestaltung eurer Gesamtleistung berücksichtigt. Was frustriert sie besonders? Welche ihrer Bedürfnisse kommen zu kurz? Was gibt ihnen Kraft? In welcher Situation kommen sie zu euch? Was bewegt sie dann besonders?

Geht dabei die sechs Grundbedürfnisse durch: Sicherheit, Verbindung, Bedeutung, Sinn, Meisterschaft, Autonomie (siehe Kapitel *Menschenführung*, Abschnitt *Die Basis*). Welche dieser Bedürfnisse sind bei euren Kunden besonders stark ausgeprägt? Wie zeigt sich das? Wie könnt ihr das besondere Vertrauen eurer Kunden gewinnen, indem ihr die Bedürfnisse nach Sicherheit, Verbindung und Bedeutung ansprecht? Wie schafft ihr über die Befriedigung der Bedürfnisse nach Sinn, Meisterschaft und Autonomie eine besonders starke Kaufmotivation? Wie bringt ihr sie über die Kombination von Verbindung, Sinn und Bedeutung dazu, sich für euch zu engagieren?

## Großer Traum: Orientierung geben

> **IzySell: Emotionen und tiefe Bedürfnisse**
>
> Die Gründer, an die ihr euch richtet, sind in einer besonderen Situation. Alles was sie tun, tun sie zum ersten Mal, von **Meisterschaft** weit entfernt. Sie sehnen sich nach einem kleinen Stück **Sicherheit** in ihrem unsicheren Alltag. Oft fühlen sie sich **allein** mit ihren Sorgen. Gerade im Vertrieb erleben sie ein Auf und Ab der Gefühle. Mal läuft es, dann springen wieder viele Leads ab. Und dann ist da noch der Druck der Investoren. **Autonomie** sieht anders aus. Wie gut wäre es da, auch mal einen Erfolg zu feiern, das Gefühl zu haben, etwas **Bedeutsames** geschafft zu haben … Viele Grundbedürfnisse eurer Kunden werden nicht erfüllt. Überlegt euch, wie ihr eure Leistung, das Produkt und die Customer Journey so aufbaut, dass diese Bedürfnisse konsequent gefüttert werden.

Ein herausragendes Angebot nimmt nicht nur die funktionalen Anforderungen eurer Traumkunden auf, sondern adressiert auch ganz bewusst ihre Bedürfnisse und Emotionen. Denn nur wenn ihr eure Kunden als ganze Menschen seht und ansprecht, werden sie sich auch mit ganzem Herzen und nicht nur mit ihrem Verstand für eure Leistung entscheiden.

**Existenzielle Herausforderung.** Den Jackpot habt ihr gewonnen, wenn ihr feststellt, dass ihr mit eurer Leistung auf eine existenzielle Herausforderung eurer Kunden reagieren könnt. Denn dann sind sowohl die funktionale Herausforderung als auch der emotionale Druck, den eure Traumkunden empfinden, besonders groß. In solchen Situationen tiefer Verunsicherung brauchen sie einen starken Partner. Und sie entscheiden sich schnell, um ihre existenzielle Krise zu bewältigen.

Vielleicht geht es euch ähnlich wie einer Agentur für Produktdesign, die wir bei der Entwicklung ihres großen Traums unterstützt haben. Sie stellten im Verlauf der Diskussionen fest, dass ihre Kunden immer dann zu ihnen kommen, wenn diese ihre Produktgestaltung grundsätzlich neu aufstellen müssen. Oft hatten ihre Kunden bereits erfolglos mit anderen Designern gearbeitet oder hatten ein totales Design-Chaos. Im Prozess der Traumkundenanalyse wurde den Gründern bewusst, dass sie regelmäßig Retter in der Not waren. Aufgrund ihrer ausgeprägten konzeptionellen Stärke sind sie besonders gut in der Lage, das Wirrwarr der Kunden aufzulösen und eine klare und spannende Lösung zu präsentieren.

> **IzySell: Existenzielle Herausforderung**
>
> Die IzySell Traumkunden stehen definitiv vor einer existenziellen Herausforderung. Wenn sie den Vertrieb nicht in Griff bekommen und es verpassen, die richtigen Strukturen zu schaffen, dann ist es aus mit ihrem großen Traum. Und dann ist da noch der Druck der Investoren, die immer nach frischen Zahlen fragen …

Ergänzt eure Thesen zur Persona eurer Kunden mit den Überlegungen zu den Problemen eurer Traumkunden. Und macht dann den Realitätscheck.

## Realitätscheck

Trefft euch mit ausgewählten Traumkunden oder Menschen, die diesem Profil entsprechen, zu einem entspannten Gespräch. Erklärt ihnen, dass ihr eure Vision und Mission überarbeitet und daher verstehen wollt, was sie wirklich bewegt. Das fühlt sich erst mal sonderbar an. Vielleicht habt ihr das Gefühl, euren Kunden mit einem solchen persönlichen Gespräch zu nahe zu kommen. Das Gegenteil ist der Fall. Eure Traumkunden helfen euch gerne dabei, sie besser zu verstehen. Denn dann wird ja euer Angebot an sie besser. Eine echte Win-Win-Situation.

Sprecht mit ihnen über das, was sie täglich erleben, über ihre Herausforderungen, über das, was sie glücklich macht und was sie frustriert. Fragt nicht explizit nach euren Thesen, sondern hört mit großer Offenheit und ohne Bewertung zu. Je offener ihr in dieses Gespräch geht, desto besser werdet ihr verstehen, was euer Gegenüber wirklich bewegt.

Achtet im Gespräch genau auf die Sprache, mit der eure Kunden über ihre Herausforderungen reden. Macht euch wortwörtliche Notizen. Idealerweise bekommt ihr die Erlaubnis, das Gespräch aufzunehmen. Wenn ihr diese Formulierungen später in der Kundenkommunikation nutzt, merkt der Kunde, dass ihr seine Sprache sprecht und ihr euch in ihn hineinversetzen könnt.

### Fragen für das Traumkunden-Interview

- Wie sieht dein Arbeitsumfeld aus? Was treibt dich täglich um?
- Was ist dir wichtig? Im Business, im privaten Umfeld?
- Welche Erfolge machen dich besonders stolz?
- Mit welchen Problemen kämpfst du täglich? Was stresst dich besonders?
- Was würdest du gerne erreichen und hinterlassen? Was ist dein Traum?
- Was hindert dich aktuell daran und was brauchst du dafür?
- Stell dir vor, du wachst morgen früh auf, es ist ein Wunder geschehen und alle deine Probleme wären gelöst. Woran würdest du das merken?
- Beim wem holst du dir Unterstützung? Für was genau?
- Was macht dich in der Zusammenarbeit mit Partnern besonders glücklich?

Nachdem ihr diese Gespräche geführt habt, kommt ihr wieder im Team zusammen und verfeinert das Profil eurer Traumkunden. Ihr bringt eure Traumkunden zum Leben, wenn ihr ihm oder ihr einen Namen gebt und sie mit Geschichten und Bildern skizziert. Fertig ist die Persona eurer Traumkunden. Die Definition eurer Traum- und Alptraumkunden ist echte Basisarbeit. Für die Entwicklung eures großen Traums, aber auch für Marketing und Vertrieb.

## Großer Traum: Orientierung geben

> **Exkurs: Traumkunde in Marketing und Vertrieb**
>
> Wenn ihr versteht, wer euer Traumkunde und wer euer Alptraumkunde ist, könnt ihre eure Marketing- und Vertriebsmaschine genau darauf einstellen. Hier nur ein paar Ideen:
>
> ▶ Fokussiert das Marketing auf die Umfelder eurer Traumkunden.
>
> ▶ Animiert eure Traumkunden zu Empfehlungen, denn Traumkunden bringen Traumkunden.
>
> ▶ Passt eure Sprache der Sprache eurer Traumkunden an. Dann sprecht ihr ihnen im wahrsten Sinne des Wortes aus der Seele.
>
> ▶ Checkt bei Leads, ob sie Traum- oder Alptraumkunden sind. Verfolgt nur die Leads potenzieller Traumkunden aktiv. Der Rest läuft passiv mit.
>
> ▶ Sortiert eure bestehenden Kunden. Moderiert eure Alptraumkunden sukzessive ab. Sie kosten nur Geld, Zeit und Motivation.

### Lösungen und Mehrwerte ableiten

Nun fehlt nur noch ein Schritt auf dem Weg zum Wertversprechen: Die Entwicklung von Lösungen, die optimal auf eure Traumkunden zugeschnitten sind. Was hilft euren Traumkunden bei der Lösung ihrer Probleme? Was ist euer ganz besonderer Wertbeitrag?

Nehmt euch die funktionalen, emotionalen und existenziellen Probleme eurer Traumkunden vor und skizziert auf dieser Basis die funktionalen Lösungen und die emotionalen Mehrwerte eurer Gesamtlösung.

**Funktionale Lösungen**: Schreibt eine Liste mit den Produkteigenschaften, die die funktionalen Probleme eurer Traumkunden lösen. Das können Leistungen sein, die ihr bereits im Angebot habt, aber auch neue Ideen, die ihr aus der vertieften Auseinandersetzung und den Gesprächen mit euren Traumkunden gewonnen habt. Seid offen für alles. Auch wenn es heute noch nicht funktioniert oder nicht zu eurem Kern gehört. Das könnt ihr ja ändern, sei es allein oder mit Partnern.

**Emotionale Mehrwerte**: Überlegt euch parallel, wie ihr euren Traumkunden bei der Erfüllung ihrer tiefsten Bedürfnisse helfen könnt. Das können einzelne Funktionen sein, eine besondere Customer Journey oder die aktive Gestaltung eurer Beziehung mit den Traumkunden. Indem ihr neben der funktionalen Dimension eurer Leistung auch euren emotionalen Mehrwert erarbeitet, gewinnt ihr völlig neue Handlungsräume. Und schafft die Basis zur Entwicklung einer echten Lovebrand.

> **IzySell: Funktionale Lösung und emotionale Mehrwerte**
>
> Die Liste der IzySell-Funktionen ist schnell geschrieben. Man muss sich nur die Funktionalität von Pipedrive und Salesforce anschauen: Verwaltung, Leads & Deals, Kommunikation, Automatisierung, Berichte & KPI, Schnittstellen …
>
> Spannend wird es bei den emotionalen Mehrwerten.

## Wertversprechen für das Traumteam

> IzySell ist anders. Keine Vertriebsmaschine, sondern ein Vertriebsbuddy. So wie der Affe von MailChimp begleitet Izy eure Kunden im Vertrieb: Feiert die Erfolge mit einem High Five, tröstet, wenn sich Leads in Luft auflösen, gibt Tipps und erinnert freundlich an die nächsten Schritte. Alle Prozesse sagen das gleiche: Du bist nicht allein (Verbundenheit). Ich helfe dir, besser zu werden (Meisterschaft). Bei mir kannst du sicher sein, dass nichts verloren geht (Sicherheit). Ich kümmere mich ganz persönlich um dich (Bedeutung). Und durch den Erfolg gewinnst du deine unternehmerische Freiheit (Autonomie).

Nehmt euch für diese Session mindestens 3-4 Stunden Zeit, in denen ihr euch zunächst das Profil eurer Traumkunden vergegenwärtigt und dann mit dem Brainstorming zu euren funktionalen Lösungen und emotionalen Mehrwerten startet. Vor allem die Überlegungen zu den Emotionen und Bedürfnissen bringen eine neue Perspektive. Mit dem ganzheitlichen Blick auf eure Kunden und ihre Herausforderungen schafft ihr echte Innovation, nicht nur exzellentes Me-too.

Am Ende dieser Session habt ihr eine lange Liste von Lösungen und Mehrwerten. Einiges davon habt ihr wahrscheinlich bereits, anderes werdet ihr erst noch entwickeln oder gemeinsamen mit Partnern realisieren.

## Reduktion zum Wertversprechen

Wenn euch keine neuen Ideen mehr kommen, wird es Zeit für die Reduktion des Ganzen zu eurem konkreten Wertversprechen. Ein gutes Wertversprechen beschreibt die Wirkung eurer Leistung auf eure Kunden. Es ist problembezogen, spezifisch und exklusiv. Es zeigt, welches Problem und welche Bedürfnisse eures Traumkunden ihr adressiert. Und definiert dann die spezifischen Vorteile und Funktionen, die eure Leistung für den Kunden hat. Schließlich ist es ein Versprechen, das nur *ihr* in dieser Form geben könnt. Es ist eure Differenzierung im Wettbewerb.

> **Growth Leader Live: Wertversprechen**
>
> Uns trägt der Begriff „We care". Wir tragen auf allen Ebenen Sorge. Uns sind die Mitarbeiter wichtig, die Qualität, die größere Umwelt und der soziale Beitrag. Wir wollen auf allen Ebenen gut sein und einen Beitrag leisten. Das macht die Verbundenheit der Kollegen untereinander und mit der Organisation aus. Es geht uns nicht ums Profilieren, sondern darum, eine Sache ernst zu nehmen und uns zu kümmern. Auch die Kunden merken, dass wir die Extrameile gehen. Die merken, dass wir viel Wert auf Qualität legen, auf Zuverlässigkeit und darauf, nett zu sein. Wir haben keine „Wir erklären euch jetzt die Welt"-Haltung. Wir sehen uns als Partner, der Sorge trägt für die Person, mit der wir arbeiten und für das Problem, das die Organisation hat. Das spüren unsere Kunden ganz genau. Das macht auch unsere vielen langfristigen Kundenbeziehungen aus und ist der Schlüssel dafür, dass wir bisher vor allem über Empfehlungen gewachsen sind.
>
> *Lutz Wiechert, Feld M*

## Großer Traum: Orientierung geben

Idealerweise formuliert ihr das Wertversprechen in der Sprache eurer Kunden. Nutzt dabei die Formulierungen, die ihr in den Interviews von euren Kunden gehört habt. Ihr habt euer Wertversprechen gefunden, wenn ihr den folgenden Satz ausformulieren könnt:

- Jeder *(Traumkunde)*
- kann *(sein Problem lösen)*
- indem er *(eure Leistung)*
- weil *(so wird das Problem gelöst)*.

Für den Schritt von eurer Liste der Lösungen und Mehrwerte zum Wertversprechen solltet ihr euch nochmal gut 2-3 Stunden Zeit nehmen, in denen ihr eure Ideen priorisiert und immer weiter kondensiert. Vielleicht macht ihr auch erst mal einen gaaaanz langen Satz, in dem ihr alle Begriffe sammelt, die ihr in der Runde zuvor erarbeitet habt. Verdichtet diesen immer weiter, bis ihr ein Wertversprechen habt, mit dem ihr wirklich zufrieden seid. Dieser Schritt ist mühselig, lohnt sich aber. Am Ende schaut ihr euer Wertversprechen begeistert an und stellt fest: Ja genau, das sind wir. Das versprechen wir unseren Kunden gerne.

Mit diesem Ergebnis könnt ihr in zwei Richtungen weiterarbeiten. Ihr habt damit die perfekte Basis für die Überarbeitung eures Leistungsangebots, eurer Produktroadmap und eurer Customer Journey. Wichtig und spannend, aber leider nicht das Thema dieses Buchs. Und ihr könnt es als Basis für eure Mission nutzen – so wie in den nächsten Abschnitten.

**Selbstreflektion**

- Welche neuen Erkenntnisse bringt der Blick auf eure Traumkunden? Wie nahe fühlst du dich diesen Kunden?
- Wie verändert sich die Gestaltung eures Gesamtangebots, wenn ihr nicht nur die funktionale, sondern auch die emotionale Seite betrachtet?
- Wie könnt ihr euer Versprechen an eure Kunden operationalisieren?

## Wertversprechen an euch und eure Traumkollegen

Auf dem Weg zur Entwicklung eures großen Traums erarbeitet ihr nicht nur das Wertversprechen für eure Traumkunden, sondern durchlauft diesen Prozess noch zwei weitere Male: Für eure Traumkollegen und für euch selber. Rechnet auch für diese Arbeit mit jeweils einem halben Tag.

**Traumkollegen.** Eure Traumkollegen sind die Kollegen, die euer Unternehmen aufgrund ihrer Arbeitsweise und ihrer Haltung am besten repräsentieren und mit denen ihr optimal aufgestellt seid, euer Wertversprechen an eure Traumkunden zu realisieren.

## Wertversprechen für das Traumteam

Da euch eure Überlegungen zum Wertversprechen für eure Traumkunden mit hoher Wahrscheinlichkeit auf neue Ideen bringen, lohnt es sich, die Traumkollegen erst in einem zweiten Schritt zu betrachten. Denn möglicherweise verschiebt euer angepasstes Angebot euren Blick auf die Menschen, die ihr in eurem Team braucht.

Geht dann vor, wie bereits bei euren Traumkunden:

- Einigt euch auf 3-4 Kollegen, die in Summe optimal widerspiegeln, was euer Unternehmen und seine Kultur ausmacht. Was macht sie aus? Wie arbeiten sie?
- Entwickelt daraus eine Persona und setzt euch dann mit den Bedürfnissen eurer Traumkollegen auseinander. Was erwarten sie von ihrer Arbeit und dem dazugehörigen Umfeld? Wie könnt ihr durch die Gestaltung eures Unternehmens zur Befriedigung ihrer funktionalen (Gehalt, Arbeitszeit, Ort, Inhalte der Arbeit) und emotionalen Bedürfnisse (die 6 Grundbedürfnisse) beitragen?
- Leitet dann das Wertversprechen ab: Was bietet ihr euren Traumkollegen? Welchen Mehrwert ziehen sie daraus, mit euch zu arbeiten? Klingt erst mal schräg, bringt euch aber in Sachen Unternehmenskultur unglaublich nach vorne.

Natürlich lautet das Wertversprechen für die Kollegen leicht anders als bei euren Kunden:

- Jeder *(Traumkollege)*
- kann *(das werden)*,
- indem er *(für euch arbeitet)*
- und damit *(folgendes lernt und erreicht)*.

Die Entwicklung eines Wertversprechens für die Traumkollegen lohnt sich als Basis für euren großen Traum. Es ist auch eine exzellente Grundlage für die mitarbeiterzentrierte Entwicklung all eurer Personalprozesse: Vom Recruiting über das Onboarding, die Gestaltung der Konditionen, die Personalentwicklung bis hin zur Personalbindung. Auch alles wahnsinnig wichtig und spannend, aber auch nicht Thema dieses Buchs.

**Führungsteam.** Durchlauft diesen Prozess schließlich auch für euch. Denn das ist der ultimative Gegencheck: Schafft das Unternehmen, das ihr jetzt gestaltet, den Mehrwert, der euch jeden Morgen mit Begeisterung aufstehen lässt?

---

**Selbstreflektion**

- Welche neuen Erkenntnisse bringt der Blick auf eure Traumkollegen? Geht ihr jetzt anders an die Auswahl neuer Kollegen?
- Was heißt euer Wertversprechen an eure Kollegen für eure Prozesse?
- Wie erlebst du das Wertversprechen an euch selbst?

Großer Traum: Orientierung geben

# Mission: Warum es euch gibt

*Es ist die gerechte Sache, die uns inspiriert immer weiterzuspielen.*

Simon Sinek[29]

Mit euren drei Wertversprechen habt ihr beschrieben, was euer konkreter Wert für eure Traumkunden, -kollegen und für euch ist. Sprich: Ihr wisst jetzt, welche Probleme und Bedürfnisse ihr mit eurer Leistung erfüllen wollt und was das den Menschen im Traumteam bringt. Aber eine Mission ist das noch nicht. Denn eure Mission beschreibt nicht nur den Wert, den ihr mit eurer Leistung für konkrete Zielgruppen schafft. Eine gute Mission beschreibt, warum es euer Unternehmen gibt und was seine Daseinsberechtigung ist.

Vom Wertversprechen zur Mission kommt ihr mit insgesamt sieben Warum-Fragen und einer Bonusfrage für die Gründer.

|  | **Traumkunden** | **Traumkollegen** |
|---|---|---|
| **Startpunkt Wertversprechen** | Jeder *(Traumkunde)* kann *(sein Problem lösen)* in dem er *(eure Leistung)*, weil *(so wird das Problem gelöst)*. | Jeder *(Traumkollege)* kann *(das werden)*, indem er *(für euch arbeitet)*, und damit *(Folgendes lernt und erreicht)*. |
| **Individuum** | Warum ist das für unsere Traumkunden wichtig? Wie befähigen wir diese Menschen? Wie verbessern wir ihr Leben? | Warum ist das für unsere Traumkollegen wichtig? Was können sie mit uns erreichen? Welche Wirkung hat das auf ihr Leben? |
| **Direktes Umfeld** | Warum ist das für das Traumkunden-Unternehmen wichtig? Was erreicht es damit? | Warum ist das für das Umfeld unserer Kollegen wichtig? Was wird damit möglich? |
| **Größere Community** | Warum ist das für die Kunden dieser Unternehmen wichtig? Wie machen wir ihr Leben besser? | Warum ist das für die Community der Kollegen wichtig? Welchen Mehrwert schaffen sie damit? |
| **Gesellschaft** | Warum ist das für die größere Gesellschaft wichtig? Was hinterlassen wir in dieser Welt? | |

Ausgangspunkt sind die Wertversprechen an eure Kunden und Kollegen. Die Frage: Was tun wir aktuell für diese beiden „Zielgruppen"? Beantwortet dann die verschiedenen Warum-Fragen und macht damit die Bedeutung eurer Arbeit immer größer. Wenn ihr all das erarbeitet habt, kommt die Bonusfrage für die Gründer: Was war eure Mission, als ihr das Unternehmen gegründet habt? Was wolltet ihr damals erreichen? Wie fügt sich das jetzt alles zusammen?

## IzySell: Mission

Auch IzySell startete mit den Traumkunden:

- Das Traumkunden-Wertversprechen: Jeder Gründer eines Startups schafft nachhaltiges Wachstum, da über die IzySell Vertriebsplattform jeder Kunde erfolgreich konvertiert wird.
- Individuum: Mit uns wird jeder Gründer zum Vertriebsprofi.
- Unternehmen: Mit uns bauen Startups auch ohne Vorerfahrung einen erfolgreichen Vertrieb auf.
- Community: IzySell ist der Wachstumsbooster der Startup Community.

Und nun das gleiche für die Traumkollegen:

- Das Wertversprechen: Jeder Traumkollege kann bei IzySell eigenverantwortlich arbeiten und Führung übernehmen.
- Individuum: Bei IzySell wächst du über dich hinaus … usw.

Prinzip verstanden. Nachdem ihr bei IzySell all das kondensiert habt, seid ihr bei eurer Mission gelandet:

„Mit IzySell kann jeder Wachstumsführer werden!"

Nach der Entwicklung all dieser Ideen geht es wieder an die Verdichtung. Ein Prozess der oft als mühsam empfunden wird, sich aber lohnt. Das Ziel: Den Satz oder Slogan finden, der all diese Überlegungen optimal zusammenfasst. Eine Zauberlösung für diesen Schritt gibt es nicht. Nur ein paar Anregungen: Welche Begriffe kommen besonders oft vor? Was ist eure Wirkung? Was ist euch besonders wichtig?

Insgesamt solltet ihr für die Erarbeitung eurer Mission mit einem halben Tag konzentriertester Arbeit rechnen. Macht sie jedoch nicht an einem Stück, sondern legt nach der Warum-Session ein paar Tage Pause ein und lasst die ersten Ideen reifen. Den finalen Slogan findet ihr viel leichter, wenn ihr euch erfrischt und ausgeruht an die Arbeit macht.

### Selbstreflektion

- Welchen neuen Blick auf eure Wirkung hast du gewonnen? Was macht es mit dir, wenn du eure Wirkung breiter definierst?
- Was gibt dir das tiefe Verständnis eures Warum?
- Wie reagiert das Team auf eure Mission? Wird es klarer, was ihr gemeinsam schaffen wollt?

Großer Traum: Orientierung geben

## Vision: Lebendiges Bild, mutiges Ziel

*„Wenn deine Träume dich nicht erschrecken, sind sie zu klein."*

*Richard Branson*

Ihr habt jetzt eine Mission und wisst, warum es euch gibt. Das ist schon ein riesiger Schritt. Noch mehr Momentum schafft ihr, wenn ihr auch noch eure Vision erarbeitet: Welche Zukunft wird möglich, wenn ihrer eure Mission konsequent lebt? Was wollt ihr in der Welt hinterlassen?

Eine gute Vision besteht aus zwei Teilen: Einem lebendigen Bild der Zukunft und einem ambitionierten, mutigen Ziel.

**Eure Zukunftslegende.** Am besten fangt ihr mit eurem Bild der Zukunft an. Die Frage: Wie fühlt, riecht, hört sich die Welt an, wenn ihr in 7 Jahren einen riesigen Schritt in Richtung unseres Zieles gegangen seid? Schafft ein begeisterndes Zukunftsbild, das eure ganze Überzeugung, Emotion und Leidenschaft zeigt und die Phantasie und Begeisterung aller anregt.

> **Growth Leader Live: Vision Medienhaus**
>
> Für mich ist es cool, eine Medienfirma zu bauen. Der Weg ist dabei das Ziel. Aber in den nächsten zehn bis fünfzehn Jahren halte ich es für machbar ein sehr solides mittelständisches Digital- & Medienunternehmen zu bauen, in dem zum Beispiel 500 Leute arbeiten. Diese Vision diskutieren wir immer wieder mit dem Führungsteam und ich erzähle sie überall. Wenn ich gefragt werde „Wen findest du denn spannend?", dann sage ich „Ich finde Shane Smith spannend, der Vice gegründet hat". Und ich glaube, damit ist den Leuten klar: Das läuft relativ gut und er scheint etwas Ähnliches machen zu wollen.
>
> *Philipp Westermeyer, OMR/Ramp 106*

Wenn ihr im Führungsteam an diesem Zukunftsbild arbeitet, könnt ihr auch die Rollen verteilen: Gründer, Kollegen, Kunden, Investoren ... Euch fällt sicher noch einiges ein. Steckt euch gegenseitig mit eurer Begeisterung an und spinnt das Bild immer weiter. „Ja, und ..." ist eure Devise. Sammelt alle Ideen und fügt sie dann zu eurer Zukunftslegende zusammen. Wenn sie fertig ist, kann sie Teil eurer Unternehmenskultur werden und die vielen „historischen" Gründerlegenden, die starke Kulturen typischerweise haben, um eure eigene Zukunftslegende ergänzen.

> **Brainstorming: Unternehmen des Jahres**
>
> Zoomt 7 Jahre in die Zukunft. Ihr seid Unternehmen des Jahres geworden! Eure Laudatorin hat zur Vorbereitung ihrer Rede mit vielen Menschen gesprochen. Noch nie war sie so begeistert von einem Unternehmen wie von euch!

## Vision: Lebendiges Bild, mutiges Ziel

Macht gemeinsam ein Brainstorming:

- Was sagt sie über euch? Was weckt ihre Begeisterung?
- Was habt ihr erreicht und was hat euch so erfolgreich gemacht?
- Was hat sie von euren Kollegen über den Alltag bei euch gehört? Wie fühlt es sich an, bei euch zu arbeiten?
- Was erzählen eure Kunden? Warum kaufen sie nur noch bei euch? Was macht euch zur „Lovebrand", die sie allen ihren Bekannten empfehlen?
- Was sagen eure Investoren? Wer ist das überhaupt?
- Was sagen eure Wettbewerber? Was weckt ihre Hochachtung?
- Was ist euer Beitrag für die Gesellschaft?
- Was ist auf deiner Reise vom Gründer zum CEO alles passiert?

**Euer Monster-Ziel.** Ergänzt eure Zukunftslegende dann mit einem nicht minder ambitionierten und mutigen Ziel. Dieses Monster-Ziel ist eine große Herausforderung, die ihr nur gemeinsam mit dem ganzen Team erreichen könnt. Das Ziel sollte greifbar, zeitlich terminiert, messbar und total fokussiert sein. Ein einziger Satz: In 7 Jahren wollen wir X geschaffen haben.

Das berühmteste Monster-Ziel aller Zeiten stammt von John F. Kennedy:

*„Ich glaube, dass sich die Vereinigten Staaten das Ziel setzen sollten, noch vor Ende dieses Jahrzehnts einen Menschen auf den Mond und wieder sicher zur Erde zurück zu bringen."*

Es ist das perfekte Monster-Ziel: Mutig, fokussiert und zeitlich klar bestimmt. Machbar, aber nur unter größten gemeinsamen Anstrengungen. Mit dieser Vision wurden alle erfolgreich auf ein gemeinsames Ziel eingeschworen.

### IzySell: Vision und Monsterziel

Vision: IzySell ist die Plattform, die alle ambitionierten Startups nutzen, um ihren Vertrieb zu strukturieren. Vertrieb mit IzySell macht Spaß und garantiert Erfolg. Eine unschlagbare Kombination. Mit IzySell wächst man doppelt so schnell wie mit jedem anderen Tool. Wir fördern Wachstum nicht nur bei unseren Kunden, sondern auch bei unseren Kollegen. …

Das Monsterziel: Wir haben 100 Einhörner geschaffen.

Überlegt euch, welche Erfolgskennzahl zeigt, dass ihr euer Ziel erreicht habt. Bei IzySell kann das z. B. die Anzahl der Startups sein, die mit IzySell zum Einhorn geworden sind. Auf ein Monster-Ziel hinzuarbeiten, schafft eine klare Perspektive. Und doch ist es nur ein Zwischenstopp auf dem Weg in eure Zukunft. Denn eigentlich sollte eure Vision so groß sein, dass sie nie wirklich fertig ist. Denn erst dann schafft ihr ein Unternehmen, von dem ihr sagen könnt „Built to stay".

## Großer Traum: Orientierung geben

### Selbstreflektion

- ▶ Wie sieht das lebendige Zukunftbild eures Unternehmens aus? Wie fühlt es sich an, mit euch zu arbeiten? Wie verändert ihr die Welt in 7 Jahren?
- ▶ Spürst du die unglaubliche Energie, die euch eine mutige Vision gibt? Wie kannst du sie ins Team transportieren?
- ▶ Wie messt ihr euren Fortschritt auf dem Weg zum Monsterziel?

## Verankern: Den großen Traum leben

*„Verfolge die Vision, nicht das Geld. Das Geld wird dir folgen."*

Tony Hsieh

Euer großer Traum steht und schafft bei allen Beteiligten Begeisterung und Energie. Gebt ihn jetzt an euer Team weiter. Denn erst, wenn euer großer Traum im Team verankert ist, schafft er Orientierung und Motivation. Dazu gehören zwei Dinge: Die initiale Kommunikation an das Team und die Einbettung in euren Alltag.

### Big Bang: Die Verkündigung

Kommuniziert euren großen Traum mit einem Big Bang. Eine Vision und einen gemeinsamen Traum zu haben, ist für das Team meist noch viel wichtiger als für euch. Du wusstest ja schon vor der Formulierung eures großen Traums so grob, wohin die Reise für euch geht. Das Team oft nicht. Seid euch bewusst, dass euer Team große Erwartungen an eure Vision und Mission hat.

Es reicht daher nicht, wenn ihr beim nächsten All-Hands-Meeting kurz verlest, was ihr euch überlegt habt. Das wird weder der Bedeutung des großen Traums gerecht, noch wird er so bei allen ankommen.

Am besten verankert ihr wichtige Informationen, indem ihr die verschiedenen Wahrnehmungsebenen ansprecht. Sprecht die intellektuelle und die emotionale Ebene an, bietet was zum Hören, Sehen und Anfassen. Werdet kreativ: Wie macht ihr den großen Traum für alle greifbar? Alles ist möglich: Bilder zu eurer Zukunftsvision, ein T-Shirt mit eurer Mission, ein besonderes Projekt, das euren großen Traum zum Leben erweckt. Macht einen Film, der eure Zukunft zeigt ...

Vielleicht geht ihr noch einen Schritt weiter und überarbeitet zusammen mit der Entwicklung eures großen Traums auch euren Auftritt, die Corporate Identity. Denn euer großer Traum in Verbindung mit euren Werten, die wir im nächsten Kapitel anschauen, ist genau das: Die Identität eures Unternehmens.

Und gestaltet dann euren Big Bang. In einer meiner Stationen haben wir unsere neue Mission und den neuen Auftritt bei einem Firmen-Offsite präsentiert. Zum

Start gab es eine kurze Ansprache: Was ist die neue Mission, wie ist sie entstanden, was bedeutet sie für uns? Damit sprachen wir die intellektuelle Ebene an. Dann wurden alle durch eine Ausstellung geführt, in der die verschiedenen Facetten der Mission im neuen Corporate Design gezeigt wurden. Auf großen Bildern mit starken Farben konnte das Team erleben, wie wir uns sehen und wie wir uns künftig dem Markt präsentieren. Das war die visuelle, emotionale Ebene.

Am Ausgang der Ausstellung bekam jeder ein T-Shirt, etwas zum Anfassen. Dann kamen alle wieder im Forum zusammen. Im Hintergrund der Bühne lief ein Film, in dem Menschen aus dem Team erzählten, was diese Mission für sie bedeutet. Dann endete die „Sendezeit" und die Feedbackrunde startete. Nie werde ich vergessen, wie ein Entwickler, sonst eher unemotional und zurückhaltend, aufstand, und mit bewegter Stimme und Tränen in den Augen sagte: „Danke! Zum ersten Mal in 10 Jahren habe ich das Gefühl, das wir verstanden haben, wer wir wirklich sind."

Für mich hat dieser ergreifende Moment gezeigt, welche umfassende Wirkung ein großer Traum hat. Ein verunsichertes Team gewann neues Selbstvertrauen und kam aus der Stagnation wieder ins Wachsen.

## Verankerung im Alltag

Nach dem Big Bang kommt die Expansion. Zwei Hebel sind dabei besonders wichtig: Die Überleitung in eine klare Strategie und operative Ziele sowie die Verankerung im Team. Beides sind große Themen für sich, hier nur erste Überlegungen.

**Strategie und Ziele.** Ein großer Traum ist keine Strategie. Entwickelt eure Strategie, indem ihr ausgehend von eurer Zukunftsvision und eurem „Monster-Ziel" herunterbrecht, was ihr mittel- und kurzfristig erreichen müsst, um diesen Traum zu realisieren. Wie bei deinem persönlichen Traum. Wo wollen wir in 3 Jahren sein? Was müssen wir in den nächsten 12 Monaten erreichen? Es lohnt sich, diese Überlegungen entlang der wichtigsten Wachstumshebel zu formulieren: Wo stehen wir in den Bereichen Markt und Kunde, Angebot, Team, Operations und Finanzen? Was brauchen wir, um unseren großen Traum zu verwirklichen und als Unternehmen in den Höhenflug zu kommen? Gebt euch Zwischenziele für euer Monster-Ziel. Damit habt ihr einen verlässlichen Gradmesser für das Erreichen eurer Vision.

Auch eure Quartalsziele, eure OKR, sollten nachvollziehbar auf euren großen Traum einzahlen. So schafft ihr einen klaren Fokus und werdet disziplinierter in der Verfolgung eurer Vision.

**Verankerung im Team**: Die Vorstellung des großen Traums darf keine Einmalaktion sein. Überlegt, wie ihr euren großen Traum im Alltag präsent und erlebbar macht. Auch hier ist sind der Kreativität keine Grenzen gesetzt: Zeigt bei allen großen Projekten explizit den Beitrag zum großen Traum auf, feiert Teams und Menschen, die besonders zur Erreichung des Traums beitragen. Lass euer Team den Traum weiterentwickeln und ihn mit eigenen Bildern anreichern. Es gibt unendliche Möglichkeiten, euren Traum erlebbar zu machen.

## Großer Traum: Orientierung geben

> **Growth Leader Live: Verankerung des Großen Traums**
>
> Auch für unser Team ist der Purpose sehr wichtig. Wir haben das sehr stark verankert. Das ist in jeder Präsentation enthalten, die wir machen. Das ist in jedem großen Meeting am Anfang. Wir erklären auch immer, wie unsere Entscheidungen zur Mission beitragen. In den Recruiting-Interviews wollen wir explizit verstehen: Will jemand nur zu uns, weil er die Stelle spannend findet, sie gut bezahlt ist oder weil er nach Berlin will? Oder hat sie eine eigene Verbindung zu unserer Mission und Vision? Oft hören wir dann: „Ich habe studiert und hatte kein Geld. Ich weiß, wie das ist", „Meine Eltern sind Rentner und die würden gerne nebenher arbeiten können". Unser Purpose hilft auch im Konfliktfall. Mit dem Purpose hat man eine rationale Grundlage und einen gemeinsamen Nenner.
>
> *Fritz Trott, Zenjob*

Stellt auch sicher, dass die Kommunikation und der Austausch zu eurem großen Traum in alle Personalprozesse eingeflochten wird. Vom Recruiting über das Onboarding, die Personalentwicklung bis hin zum Exit.

**Selbstreflektion**

- Wie macht ihr euren großen Traum für alle greifbar?
- Wie stellt ihr euer Unternehmen so auf, dass alle Ziele, Strukturen und Prozesse auf euren großen Traum einzahlen?

## Check-out

Euer großer Traum gibt eine klare Orientierung und schafft einen motivierenden Sinn. Er übernimmt wesentliche Führungsaufgaben und macht das Team unabhängiger von dir. Mit der Entwicklung eures großen Traums habt ihr einen neuen Blick auf euer „Traumteam" bekommen: Eure Traumkunden und Traumkollegen. Die Impulse dieser Überlegungen reichen weit über die Missions- und Visionsentwicklung hinweg und beeinflussen eure Kunden- und Mitarbeiterprozesse nachhaltig.

**Ihr habt eure Traumkunden intensiv kennengelernt.** Ihr wisst jetzt, welche Kunden besonders gut für euch funktionieren und seht sie als ganze Menschen: Mit all ihren Herausforderungen, Emotionen und existenziellen Krisen. Diesen Traumkunden gebt ihr ein ganz persönliches Wertversprechen: Eine Gesamtlösung, die die Bedürfnisse dieser Kunden umfassend adressiert. Jetzt könnt ihr eure Vermarktung und Produktentwicklung viel zielgerichteter angehen und nachhaltige Wettbewerbsvorteile gewinnen.

**Ihr habt ein neues Verständnis eurer Traumkollegen.** Ihr versteht, welche Kollegen euer Team besonders bereichern. Ihr kennt ihre Bedürfnisse und Anforderungen an das Arbeitsumfeld. Auch ihnen könnt ihr damit ein ganz besonders Wertversprechen geben. Indem ihr ein Arbeitsumfeld gestaltet, das die Bedürfnisse eurer Traumkollegen umfassend adressiert, erhöhen sich die Motivation und das Engagement eures Teams. Und ihr gewinnt nachhaltige Wettbewerbsvorteile im War of Talents.

**Ihr wisst, warum es euch gibt.** Ihr habt die Wertversprechen an das Traumteam verallgemeinert und seid damit beim „Warum" eurer Existenz angekommen: Eurer Mission. Eure Mission zeigt eure Relevanz für euer Traumteam, eure Community und die Gesellschaft und begeistert alle.

**Ihr wisst, wohin eure Reise geht.** Ihr habt euch überlegt, was ihr in der Welt bewegt, wenn ihr eure Mission konsequent verfolgt. Das ist eure Vision. Eure Vision besteht aus einem lebendigen Bild der Zukunft, eurer Zukunftslegende, und einem mutigen Ziel, das das Ergebnis eures Handelns in sieben Jahren auf den Punkt bringt: Begeisternd, ambitioniert und vor allem messbar.

**Ihr lebt euren großen Traum.** Mit einer umfassenden Kommunikation, die alle Sinne anspricht, stellt ihr sicher, dass euer großer Traum für jeden erlebbar wird. Bald schon können alle im Team eure Vision und Mission im Schlaf aufsagen. Ihr richtet alle Ziele am großen Traum aus und reflektiert regelmäßig, wie weit ihr schon auf eurem Weg gekommen seid. Und stellt dann fest, dass ihr euren Traum viel schneller erreichen könnt, als eigentlich gedacht. Denn meist überschätzen wir, was in kurzer Zeit möglich ist, und unterschätzen, was in längerer Zeit machbar ist.

**Der zweite Schritt deiner Institutionalisierung.** Euer begeisternder, großer Traum ist im Alltag erlebbar. Die gemeinsame Energie und Begeisterung sind spürbar. Phantastisch! Damit hast du einen weiteren Schritt zur Institutionalisierung deiner Person getan. Nun bist es nicht allein du, der alle in Richtung Zukunft zieht. Ihr habt eine gemeinsame Mission und Vision, die alle mittragen und weiterentwickeln.

Damit fehlt nur noch ein letzter Schritt deiner Institutionalisierung: Die bewusste Entwicklung eurer Wachstumskultur …

## Deine Rolle als CEO

▶ Werde dir klar, wie wichtig ein großer Traum für das Team ist. Er zeigt den Sinn eurer Arbeit und macht klar, wohin eure Reise geht. Er hilft, dich zu institutionalisieren.

▶ Agiere als Champion in der Entwicklung des großen Traums. Den großen Traum zu prägen und ihn im Unternehmen zu verankern ist eine zentrale Führungsaufgabe von CEOs.

▶ Die konkrete Entwicklung des großen Traums ist Aufgabe des Führungskreises. Mit dem beschriebenen Prozess kommt ihr relativ schnell zu tragfähigen Ergebnissen. Nehmt euch diese Zeit.

## Großer Traum: Orientierung geben

### Reflektion & Aktion

Du weißt jetzt, wo die Reise hingehen sollte. Sicher gehen dir viele neue Gedanken durch den Kopf. Versuche diese als Basis für euren Aktionsplan zu reflektieren:

- Mit welchem Traum seid ihr gestartet, was ist aus ihm geworden?
- Was macht euer neuer großer Traum mit dir? Gibt er dir neue Energie? Erleichtert er deinen Schritt vom Gründer zum CEO?
- Was habt ihr über eure Traumkunden gelernt? Was wird möglich, wenn ihr euch noch konsequenter an euren Traumkunden ausrichtet?
- Was habt ihr über eure Traumkollegen gelernt? Wie beeinflusst das eure Zusammenarbeit, eure Personalprozesse und eure Kultur?
- Wie stellt ihr sicher, dass alle euren großen Traum verstehen und sich mitreißen lassen? Wie kommuniziert ihr ihn umfassend?
- Wie stellt ihr sicher, dass alle operativen Ziele in den großen Traum einzahlen?

Diskutiert diese Punkte gemeinsam im Führungsteam. Schaut euch auch nochmal die Aufbruchssignale an. Und setzt dann euren gemeinsamen Prozess zur Entwicklung eures großen Traums auf.

Kommuniziert euer Vorhaben und das geplante Timing frühzeitig an das Team. Damit signalisiert ihr, dass ihr das Bedürfnis eurer Kollegen nach Orientierung und Sinn verstanden habt. Gehe als Gründer und CEO explizit in die Verantwortung. Stellt den Zeitplan vor und erklärt, wie ihr dabei vorgehen werdet. Sicher kommen auch aus dem Team gute Impulse. Überlegt euch schon im Vorfeld, wie ihr sicherstellt, dass die Ergebnisse zu den Traumkunden und Traumkollegen auch in die jeweiligen Kunden- und Personalprozesse mit einfließen.

Und schon hält euch nichts mehr auf dem Weg zu eurem großen Traum auf! Viel Erfolg!

# WACHSTUMSKULTUR: DIE UNSICHTBARE MACHT

..........................................

*„Kultur ist der größte immaterielle Wert deines Unternehmens."*

Salim Ismail

### Wachstumskultur: Die unsichtbare Macht

Eine Wachstumskultur spürst du sofort. Sie ist das offene Herz des Unternehmens. Bei einem Team mit einer starken Wachstumskultur würdest du am liebsten gleich anfangen, du fühlst dich willkommen, spürst die Energie und die Lust am gemeinsamen Erfolg. Alle ziehen an einem Strang und unterstützen sich gegenseitig. Gleichzeitig ist eine Wachstumskultur der starke Rücken eures Unternehmens. Die gemeinsamen Werte und Tugenden eurer Kultur geben allen Menschen im Team einen klaren Rahmen, innerhalb dessen sie entscheiden und frei agieren können. Eine starke Kultur ersetzt viele Regeln, sie sichert Eigenverantwortung und macht euer Unternehmen resilient. Schließlich schafft eine Wachstumskultur Raum für das individuelle Wachstum jedes Einzelnen. Und lässt damit auch das ganze Team und das Unternehmen über sich hinauswachsen.

> **Growth Leader Live: Führung über Kultur**
>
> Eine starke Kultur entlastet die Führung enorm; wenn klar ist, für welche Werte das Unternehmen steht. Es gibt keine schlechte oder gute Kultur, sondern nur eine passende Kultur. Das ist eine Kultur, die zum Gründerteam passt, die aber auch glasklar herausgearbeitet ist. Dann ziehst du die richtigen Mitarbeiter und die richtigen Partner an, das ist dann in sich stimmig.
>
> Mit einer starken Kultur tut man sich einen dramatischen Gefallen. Man braucht immer so eine gewisse Phase, bis sich alles zurecht ruckelt. Anfangs wissen viele von den Gründern selbst noch nicht, was ihre Kultur ist. Erst über Zeit merkt man: Wer sind die kulturbildenden Gründer? Wer die kulturbildenden Mitarbeiter? Auch wir überlegen immer wieder: Wer setzt hier eigentlich den Ton und was ist das eigentlich?
>
> *Florian Heinemann, Project A*

Die Schaffung einer Wachstumskultur ist ein wesentlicher Erfolgshebel von Wachstumsführern. Und damit eine zentrale Aufgabe von dir und dem Führungsteam. Nur wenn ihr eure Unternehmenskultur aktiv gestaltet, wird sie im Rest des Teams ankommen. Um das zu machen, müsst ihr natürlich verstehen, worum es dabei geht.

Was ist eigentlich Kultur? Was zeichnet die Kultur von Wachstumsführern aus? Wie könnt ihr eure Kultur aktiv gestalten? Das ist der Fokus dieses Kapitels.

## Check-in

Eine Wachstumskultur zu gestalten ist eine lohnenswerte, aber große Herausforderung. Am besten kannst du dich auf das Thema Wachstumskultur einstimmen, wenn du dir die folgenden Fragen stellst:

- ▶ Was verbinde ich grundsätzlich mit dem Thema Unternehmenskultur? Welchen Einfluss hat unsere Kultur auf unser Wachstum?
- ▶ Auf einer Skala von 0 = irrelevant bis 10 = super wichtig: Welche Priorität hat das Thema Kultur für mich? Welche Rolle spielen meine Werte und mein Handeln für ihre Entwicklung?

- Steuern wir die Entwicklung unserer Kultur aktiv oder entsteht sie einfach? Was sind unsere wichtigsten Hebel der Kulturentwicklung?
- Was macht für mich eine Wachstumskultur aus?
- Haben wir unsere Werte formuliert? Kennt jeder im Unternehmen die Werte und weiß, was sie für das tägliche Handeln bedeuten?
- Wie reflektieren wir unsere Kultur in den Personalprozessen?
- Sind unsere Strukturen mit unserer Kultur synchronisiert?
- Verfolgen wir die Entwicklung unserer Kultur? Messen wir ihren Erfolg? Wie zeigen wir unsere Verantwortung für unsere Kulturentwicklung?

Es gibt eine ganze Reihe von Aufbruchssignalen, die zeigen, dass es Zeit für eine aktive Entwicklung eurer Unternehmenskultur ist. Schau dir diese Liste an und diskutiere sie im Führungsteam und mit ein paar Kollegen, vor allem aus dem Personalteam.

### Aufbruchssignale „Wachstumskultur"

*Bewerte die Signale auf einer Skala von 1: keine bis 5: große Herausforderung*

|  | |
|---|---|
| Der Spaß ist weg. Frust und Anspannung statt Passion und Begeisterung. | ☐ |
| Viele Kollegen scheinen mit angezogener Handbremse zu arbeiten. | ☐ |
| Immer mehr Kollegen verlassen das Unternehmen. | ☐ |
| Bei den Kollegen geht es nur noch ums Geld: Höhere Gehälter, Boni, etc. | ☐ |
| Ihr haltet euch für unbesiegbar, werdet immer arroganter. | ☐ |
| Es fällt euch schwer, fokussiert zu bleiben und eure Ziele zu erreichen. | ☐ |
| Unendlich viele Projekte und Meetings, aber nichts wird umgesetzt. | ☐ |
| Informationen und Ideen werden zurückgehalten. Jeder kämpft für sich. | ☐ |
| Zwischen den Teams herrscht eine „Wir gegen den Rest"-Stimmung. | ☐ |
| Schlechte Nachrichten werden unterdrückt, Mitarbeiter trauen sich nicht, Probleme anzusprechen. | ☐ |
| Euer Team wirkt wie geklont, ihr sucht immer die gleichen Typen. | ☐ |
| Das Team beklagt sich über den Mangel an Vertrauen und Wertschätzung. | ☐ |
| Jeder sieht eure Probleme, aber keiner fühlt sich verantwortlich. | ☐ |
| Eure Werte sind unklar oder werden missachtet. | ☐ |
| Die Führungskräfte werden nicht als Vorbilder betrachtet. | ☐ |
| Kulturprobleme werden verleugnet, offener Diskurs unterdrückt. | ☐ |
| Die Anzahl schlechter Bewertungen auf Kununu und Glassdoor nimmt zu. | ☐ |

### Wachstumskultur: Die unsichtbare Macht

Je mehr Fragen ihr mit 3 und mehr Punkten bewertet, desto klarer ist das Signal: Zeit für den Aufbruch zur gemeinsamen Arbeit an eurer Unternehmenskultur. Vergleicht eure Bewertungen: Wo seht ihr die meisten Probleme? Woher kommen unterschiedliche Bewertungen? Gibt es Themen, die ihr bisher übersehen habt? Auch wenn es nur einzelne Herausforderungen gibt: Die Entwicklung einer Wachstumskultur ist ein ständiger Prozess. Es lohnt sich am Ball zu bleiben, auch wenn aktuell alles super läuft.

### Ausblick auf das Kapitel „Wachstumskultur"

In diesem Kapitel setzt du dich damit auseinander, wie ihr eine Unternehmenskultur schaffen könnt, die euer nachhaltiges Wachstum unterstützt.

**Die Basis.** Der erste Abschnitt gibt einen kurzen Einblick in die „Theorie" der Unternehmenskultur: Was sind die Bausteine von Unternehmenskultur? Wer treibt die Entwicklung der Kultur?

**8 Tugenden einer Wachstumskultur.** Dann wird es praktisch: Was eint die Kultur von Wachstumsführern? Natürlich hat jedes Unternehmen seine ganz eigene, durch die Werte und Persönlichkeiten seiner Führung geprägte Kultur. Und doch gibt es 8 Tugenden, die ganz typisch für Wachstumsunternehmen sind. Was diese Tugenden sind und was ihr tun könnt, um sie zu leben, ist der Kern dieses Abschnitts.

**Kulturführung.** Der letzte Abschnitt ist der Kulturführung gewidmet: Wie transformiere ich meine Unternehmenskultur bewusst? Welche Schritte durchlaufen wir dabei und wie sieht die laufende Weiterentwicklung aus?

## Die Basis: Kulturen verstehen und erkennen

Was macht eigentlich eine Unternehmenskultur aus? Die beste Antwort auf diese Frage kommt vom legendären Gründer und VC Ben Horowitz:

*„Culture is how your company makes decisions when you're not there!"*

In diesem einfachen Satz steckt unglaublich viel Kraft! Bei eurer Unternehmenskultur geht es nicht etwa um die Schaffung eines Wohlfühlklimas, sondern um harte Fakten: Entscheidungen treffen, als Unternehmen, unabhängig von dir.

> **Growth Leader Live: Der richtige Spirit**
>
> Die größte Führungsherausforderung ist es, den richtigen Spirit in die Firma zu bekommen. Dafür zu sorgen, dass die Leute die Dinge aus sich selbst heraus so machen, wie ich es für richtig halte. Leute zu haben, die mit den richtigen Ideen kommen und sie auch selber und unaufgefordert auf die Straße bringen. Wir wollen das Macher-Klima skalieren. Wir haben schon sehr viele Leute gefunden, die das können. Jeder Einzelne von denen treibt extrem den Wert.
>
> *Philipp Westermeyer, OMR/Ramp 106*

## Bausteine einer Kultur

Eine Unternehmenskultur ist ein Konglomerat aus Glaubenssätzen, Werten und Tugenden, konkreten Verhaltensweisen und Artefakten, wie der Architektur eurer Offices. Sie ist der Klebstoff einer Organisation und der Rahmen, innerhalb dessen eure Kollegen all die Mikroentscheidungen treffen, die der Alltag von ihnen verlangt. Wenn ihr eure Kultur entwickeln wollt, müsst ihr euch all diese Ebenen anschauen.

**Glaubenssätze** sind unbewusste Annahmen darüber, was zu Erfolg oder Misserfolg führt. Unternehmen mit förderlichen Glaubenssätzen können wachsen und gedeihen. Unternehmen mit limitierenden Glaubenssätzen werden sich dagegen schwertun, zu skalieren und abzuheben.

> **Glaubenssätze in Unternehmen**
>
> **Förderliche Glaubenssätze** wie diese unterstützen das Wachstum:
> - „Jeder im Team will sich entwickeln und Leistung bringen!"
> - „Wir schaffen alles, was wir gemeinsam anpacken!"
>
> **Limitierende Glaubenssätze** wie diese blockieren das Wachstum:
> - „Nur unser Gründer kann unser Produkt glaubwürdig verkaufen."
> - „Unsere Mitarbeiter wollen sich einfach nicht reinhängen."
> - „Wachstum ist schlecht für die Kultur."

Mit deinen persönlichen Glaubenssätzen hast du dich bereits im Rahmen der Selbstführung auseinandergesetzt. Aber welche Glaubenssätze sind in eurem Unternehmen verankert? Arbeitet gemeinsam daran, eure limitierenden Glaubenssätze zu identifizieren und zu überschreiben. Nutzt dafür den gleichen Ansatz wie bei der Arbeit mit den individuellen Glaubenssätzen (Siehe Kapitel *Selbstführung*, Abschnitt *Offenes Herz*).

**Werte** sind zumindest teilweise sichtbar, z. B. in den von euch definierten Werten eures Unternehmens. Oft gibt es aber auch eine ganze Reihe von ungeschriebenen Gesetzen, die gegebenenfalls die „offiziellen" Werte überschreiben oder uminterpretieren.

Eure Werte sind ein zentraler Gestaltungshebel für die Kulturentwicklung. Mit ihnen definiert ihr wesentliche Teile des Rahmens, innerhalb dessen eure Kollegen frei agieren können. Explizite Werte geben Klarheit und Sicherheit. Je eindeutiger ihr die Werte und die daraus resultierenden Handlungsoptionen definiert, desto leichter fällt es euren Kollegen, sie im täglichen Handeln umzusetzen. Bis hin zum ultimativen Acid Test zur Wirksamkeit eurer Kernwerte: *„Wie verhältst du dich, wenn keiner zuschaut?"* und *„Wie verhältst du dich in Grenzsituationen?"*

## Wachstumskultur: Die unsichtbare Macht

**Tugenden.** Mit der „richtigen" Übersetzung werden Werte zu Tugenden. Tugenden sind als wertvoll erachtete Grundprinzipien des Handelns. Während die Werte von Wachstumsführern durchaus unterschiedlich ausfallen, zeigt sich bei ihren Tugenden eine starke Übereinstimmung. Wenn ihr die „8 Tugenden einer Wachstumskultur" versteht und lebt, wird euer Unternehmen leichter aus sich heraus wachsen.

> **Growth Leader Live: Werte & Prinzipien**
>
> Unsere Kultur ist ein sehr wichtiges Steuerungselement. Wir wollten von Anfang an ein Unternehmen bauen, für das wir immer selber hätten arbeiten wollen. Und das gab es halt nicht. Deswegen sind wir unternehmerisch zum Schluss gekommen: Das müssen wir selber machen. Und dazu gehört es, das Unternehmen so zu bauen, dass es ein cooler Arbeitsplatz ist. Dafür haben wir unsere Werte definiert und Prinzipien, die das ermöglichen. Die sind dann so high-level, dass sie nicht ein einzelnes Thema aufgreifen. Das sorgt für Transparenz, Ehrlichkeit und das Miteinander. Das formt die Kultur und die Kultur ist dann die fruchtbare Basis für alles Weitere. Das hat seinen Sinn bisher völlig erfüllt.
>
> *Alex Mahr & Jan Sedlacek, Stryber*

**Symbole und Artefakte.** Sicht- und erlebbar ist eure Kultur auch in Symbolen und Artefakten, wie der Gestaltung eurer Räume, eurer Corporate Identity oder den Strukturen eurer Organisation. Vor allem die Architektur eurer Offices ist ein kulturprägendes Element, das ihr am besten sehr überlegt gestaltet. Die Kernfrage dabei: Wie müssen die Räume gestaltet sein, damit sich unser Team wohl fühlt und voll aufblüht?

---

**Selbstreflektion**

- Wie sehen die Kernelemente eurer Kultur aus? Wie bewusst sind sie euch?
- Was sind eure Glaubenssätze? Fördern oder limitieren sie Wachstum?
- Welche Werte und Tugenden machen euer Unternehmen stark?
- Wo wird eure Kultur sichtbar? Wie könnt ihr den sichtbaren Teil stärken?

---

Eine positive Kultur richtet die Verhaltensweisen der Teammitglieder auf euren gemeinsamen Traum aus, ohne dass es dafür überbordende, detaillierte Regeln oder Bürokratie braucht. Kultur wird dann zum natürlichen Handlungs- und Entscheidungsrahmen und macht Mikromanagement überflüssig. Damit schafft Kultur gleichzeitig Stabilität und Dynamik. Stabilität über klare, gemeinsam getragene Grundregeln, Dynamik durch die offene Anpassung an die Situation. Ein Unternehmen mit einer Wachstumskultur ist besonders resilient.

**Traumteam.** Eure Unternehmenskultur zeigt sich in allen Interaktionen des Unternehmens. Nach innen und außen, mit den Kollegen *und* mit den Kunden. Dahinter steht das Verständnis des Traumteams: Nur gemeinsam wird Wachstum geschaffen. Eine positive Kultur unterstützt starke, nachhaltige Beziehungen zu Kollegen und Kunden.

## Die Basis: Kulturen verstehen und erkennen 203

**Starke vs. gute Kultur.** Bei aller Kultureuphorie: Starke Kulturen sind ein zweischneidiges Schwert. Eine starke Kultur ist nicht per se förderlich – es gibt auch viele dysfunktionale, toxische Unternehmenskulturen. Eure Unternehmenskultur fördert nachhaltiges Wachstum nur, wenn sie

- **aktiv mit Blick auf euren großen Traum gestaltet wird.** Ein Wachstumsunternehmen im Finanzsektor hat eine andere Kultur als ein Event-Veranstalter. Es gibt kein „One size fits all". Nur wenn die Kultur zu euch, eurem Geschäftsmodell und euren Kunden passt, wird sie ihre positive Kraft entwickeln.

- **offen für unterschiedliche Denkweisen ist.** In einer Kultur, in der alle Kollegen wie geklont wirken, gehen das kritische Denken und die Innovationskraft verloren. Ein schönes Beispiel dafür ist WeWork, wo die Kultur der intensiven Verbundenheit dazu führte, dass alle zu Ja-Sagern wurden. Groupthink machte sich breit. Alle fühlen sich gut miteinander und das kritische Denken wird ausgeschaltet.

- **Raum für Subkulturen lässt.** Menschen sind verschieden, auch wenn sie gemeinsame Werte haben. Eine Finanzerin tickt anders als ein Marketing-Mensch, und dieser anders als eine Entwicklerin. Gemeinsame Werte sichern den Zusammenhalt, Subkulturen die Vielfalt.

- **auf einem ausgewogenen Werte-Set basiert.** Einseitige Kulturen gehen tendenziell nach hinten los. Beispiel Uber unter Travis Kalanick. Sein dominierender Wert: Gewinnen ist alles! Durch die Überbetonung wurde daraus ein: Gewinnen ist alles, und zwar *um jeden Preis!* Die Folge: Bestechung, Betrug, Einsatz unlauterer Mittel gegen Wettbewerber, Mobbing. Ein Kulturalptraum!

## La Culture, c'est moi

Wesentlicher Gestaltungsfaktor einer Kultur ist die Gründer- bzw. Führungspersönlichkeit. Ihr als Gründer- und Führungsteam macht die Kultur! Immer, mit jeder einzelnen Tat! Aus den vielen kleinen Aktionen erwächst im Laufe der Zeit ein komplexer, impliziter Verhaltenskodex. Auch wenn euch das nicht bewusst ist: Eure gelebten Werte sind das faktische Wertesystem eures Unternehmens. Die Menschen in der Organisation verhalten sich weitgehend so, wie es von euch vorgelebt wird, selbst wenn ihr nicht verfügbar seid. Die Taten zählen, nicht die Worte.

> **Growth Leader Live: Gründerkultur**
>
> Ich glaube nicht daran, die Kultur aus der Organisation heraus zu entwickeln. Ich glaube, die Kultur und die Werte werden ganz stark von den Gründern geprägt. Dadurch, wer wir sind und dadurch, wen wir einstellen. Wenn du dann die richtigen Leute einstellst, dann müsste sich das eigentlich decken.
>
> *Manuel Hinz, CrossEngage*

## Wachstumskultur: Die unsichtbare Macht

> Es gibt nicht die eine Kultur, die passt. Wir haben mit unterschiedlichsten Kulturen sehr gute Erfahrungen gemacht. In einem Geschäft, das Softwareentwicklung und Logistik verbindet, muss sogar die Kultur in den beiden Sparten unterschiedlich sein, denn während der eine Teil auf Kreativität und Iteration ausgerichtet ist, muss der andere deutlich linearer ausgerichtet sein; das hat einen Einfluss auf die Kultur. Andere Startups haben viel mehr Gimmicks und Dinge, die man gerade so macht. Aber: Die Authentizität ist wichtig – das muss alles zum Gründer und zum Geschäft passen.
>
> *Christoph Braun, Acton*

**Institutionalisiere dich!** Nichts skaliert und institutionalisiert euer Mindset so sehr wie eine starke Unternehmenskultur. Im positiven, wie im negativen Sinne. Wenn du als Gründer die Übergabe von Verantwortung authentisch vorlebst, schaffst du eine Kultur, in der die Kollegen Verantwortung übernehmen. Im besten Fall trägt euch eure Kultur in den Höhenflug und macht das Unternehmen unabhängig von deiner Person. Dann wächst das Unternehmen auch ohne Druck.

Das Gegenteil passiert bei einem Führungsstil, der auf eine große Abhängigkeit vom Gründer ausgerichtet ist, in dem Mikromanagement, Kontrolle und viele ad hoc-Projekte vorherrschen. Hier wird auch die Kultur die Abhängigkeit vom Gründer zementieren. Die Mitarbeiter verlernen, eigene Entscheidungen zu treffen und verlassen sich immer mehr auf die Gründer. Der Effekt der erlernten Hilflosigkeit tritt ein. Das Unternehmen wird nur unter sehr hohem Druck wachsen können.

> **Growth Leader Live: Institutionalisierung über Kultur**
>
> Eine starke Kultur ist der erste Weg zur Institutionalisierung. Das macht vieles leichter. Das ist auch meine Hoffnung für einen Laden wie hier. Ich hoffe, dass sich unsere Kultur fortsetzt, auch wenn wir mal 20 Jahre weiter sind und ich so langsam rausgehe. Und ich glaube, dass Unternehmen, die eine hohe Konsistenz haben, viel leistungsfähiger sind und viel weniger Fuck-ups haben, auch was auch das Hiring angeht.
>
> *Florian Heinemann, Project A*

**Implizite Kultur.** Oft geschieht die Gestaltung der Kultur unabsichtlich. Du als Gründer bist wie du bist und die Organisation richtet sich darauf ein. Viele Gründer sind sogar stolz darauf. *„Das ist doch das Tolle am Gründerdasein: Ich muss mich nicht anpassen!"* Noch dazu ist es fast egal, was du sagt. Du sprichst regelmäßig darüber, wie wichtig dir Wertschätzung und Respekt sind? Wenn du alle 9-12 Monate eine Assistentin verheizt, ist das Resultat eine Angstkultur. Egal, was du sagst. Das Verhalten zählt.

**Ansteckungsgefahr.** Vorgelebtes Verhalten wird von den Menschen im Team weitergetragen. Ein Unternehmen mit einer toxischen Kultur kann noch so „gute" Menschen einstellen. Die überlebensnotwendige Anpassung an die bestehende Kultur wird diese Menschen früher oder später korrumpieren. Allein mit der Einstellung der „richtigen" Menschen lässt sich eine Kultur daher nicht prägen.

Kulturfremdes Verhalten, das von der Führung nicht sanktioniert wird, verselbständigt sich. Die implizite Interpretation: Was erlaubt ist, ist erwünscht. Wenn ihr eure Kultur nicht aktiv gestaltet und vorlebt, endet ihr im schlimmsten Fall mit einer toxischen Kultur, die all eure Wachstumsanstrengungen vernichtet. Dann fehlt das Vertrauen, die Teams arbeiten gegeneinander, es kommt zu fatalen Fehlern und unterschiedlichen Graden von Missbrauch. Siehe Enron, Boeing, Uber, VW … Euch fallen sicher auch noch ein paar Beispiele ein. Das ist die dunkle Seite der Kultur.

Das Ganze hat aber auch eine Sonnenseite: Wenn du dich als Gründer und CEO auf den Lernweg begibst und euer Führungsteam aktiv gestaltest, wirst du die Kultur deines Unternehmens sukzessive mitziehen.

Eine toxische Kultur zu heilen ist ein langwieriger und aufwändiger Prozess. Umso wichtiger ist es, dass ihr eure Kultur von Anfang an bewusst gestaltet und immer wieder überprüft, ob ihr erreicht, was ihr wollt. Und dann entsprechende Maßnahmen trefft.

**Aktive Gestaltung.** Eure Unternehmenskultur könnt ihr bewusst gestalten, wenn ihr eure eigenen Persönlichkeiten und Werte gut kennt *und* eine klare Perspektive eures großen Traums habt. Dann könnt ihr bewusst bestimmen, welche Werte und Tugenden ihr braucht, um gemeinsam mit euren Traumkunden und -kollegen erfolgreich zu sein. Und ihr könnt diese Tugenden und Werte gestalten und authentisch vorleben. Rund um diese Fragen gestaltet sich der Kulturprozess.

### Selbstreflektion

- Wo spiegelt sich dein Verhalten im Verhalten des Teams? Was sind Verhaltensweisen, die du schätzt? Was sollte besser nicht mehr passieren?
- Was musst du vorleben, damit sich alle so verhalten, wie du es möchtest?

# 8 Tugenden einer Wachstumskultur

> *„Jeder Staat, in dem die Tugend überwiegt, ist den anderen auf die Dauer überlegen."*
>
> *Friedrich der Große*

Im Sinne von Growth Leadership ist eine gute Kultur eine Kultur, die das Wachstum der Menschen und damit das Wachstum des gesamten Unternehmens unterstützt. Aus sich heraus, ohne Druck aus der Führung.

Eure Wachstumskultur fängt in euren Köpfen an: Voraussetzung ist ein Gründer- oder Führungsteam, das ein Growth-Leader-Mindset hat. Eine Haltung, die von eurem großen Traum, starken Rücken, offenem Herzen und einem Wachstums-Mindset geprägt ist (siehe Kapitel *Gründer oder CEO*, Abschnitt *Growth Leader*).

## Wachstumskultur: Die unsichtbare Macht

**Menschenzentriert.** Ihr stellt die Menschen in den Mittelpunkt. Ihr seid davon überzeugt, dass eure Kollegen gerne lernen, neue Herausforderungen annehmen und über sich hinauswachsen wollen. Ihr seht den Menschen in euren Kunden. All euer Tun ist darauf ausgerichtet, eure Kunden bestmöglich zu unterstützen und zum Wachsen zu bringen. Eine Wachstumskultur ist damit immer kunden- *und* mitarbeiterzentriert. Ihr bringt beides in Einklang. Und fördert damit das Wachstum aller Menschen eures Traumteams.

**Die 8 Tugenden.** Die individuelle Ausprägung eurer Werte hängt stark von euren persönlichen Erfahrungen und den strategischen Anforderungen eures Geschäftsmodells ab. Wachstumsführer haben mitnichten immer die gleiche Kultur. Man muss nur Amazon und Apple vergleichen. Und doch gibt es Eigenschaften, die alle Wachstumsführer teilen. Das sind die 8 Tugenden der Wachstumskultur.

Eine Kultur mit diesen 8 Tugenden stellt sicher, dass alle wesentlichen Bedürfnisse eurer Kollegen und Kunden erfüllt werden. Es ist eine Kultur, die von tiefem Vertrauen, Motivation und Engagement geprägt ist. Die Tugenden verstärken sich gegenseitig. Als Gesamtpaket schaffen sie die Begeisterung, die zu höchster Leistung führt. Menschlichkeit und Leistungsorientierung beflügeln sich in diesen Kulturen, statt im Widerspruch zu stehen.

Gemeinsam mit dem großen Traum ist die Wachstumskultur der Spiegel des Growth Leaders. Sie ist das offene Herz eures Unternehmens, in ihr werden Respekt & Wertschätzung, tiefe Verbundenheit und authentische Vielfalt gelebt. Als starker Rücken eures Unternehmens fördert sie disziplinierten Fokus, Eigenverantwortung und radikale Aufrichtigkeit. Konstantes Lernen und eine demütige Ambition lassen alle über sich hinauswachsen. Immer Richtung großer Traum. Wachstumskulturen spürst du sofort: Du fühlst du dich willkommen, spürst die Energie und die Lust am gemeinsamen Erfolg.

In den folgenden Abschnitten schauen wir jede der 8 Tugenden genau an: Was bedeuten sie für das Traumteam und wie könnt ihr sie leben? Was kannst du als

Gründer und CEO tun, um diese Tugenden zum Leben zu bringen? Die Zitate stammen diesmal nicht von Growth Leadern, sondern aus Kununu- und Glassdoor-Bewertungen von Wachstumsführern. Sie zeigen: Starke Kulturen sind von außen sofort zu erkennen.

## Respekt & Wertschätzung

*„Das Klima ist jederzeit respektvoll und wertschätzend"*

In Wachstumskulturen wird der Einzelne als Mensch gesehen und mit seinen Bedürfnissen und Kompetenzen respektiert und geschätzt. Wie spüre ich das? Da wird begeistert über Kollegen und Kunden berichtet. Es gibt viele lebendige Geschichten darüber, wie Menschen quer durch das Unternehmen tolle Aktionen geliefert haben. Alle Kollegen begegnen sich auf Augenhöhe, ganz gleich ob Praktikant, Gründer, Mitarbeiter oder Führungskraft. Das gilt auch für die Kunden. Sie werden nicht als Störfaktor wahrgenommen, sondern als echte Partner. Alle arbeiten daran, die Zusammenarbeit mit dem Unternehmen zu einer exzellenten Erfahrung zu machen. Für Kunden wie für Kollegen. Ihre Wünsche und Bedürfnisse werden ernst genommen und mit flexiblen Lösungen beantwortet.

Respekt und Wertschätzung haben eine starke Wechselwirkung: Wenn ich als Mensch und nicht nur als Ressource oder Umsatzquelle betrachtet werde, dann gebe ich diese Wertschätzung auch zurück, Bindung entsteht und damit gegenseitige Verpflichtung.

**Konkrete Wertschätzung.** Kollegen in Wachstumskulturen erleben die Wertschätzung ganz konkret. Positives Feedback wird häufig und gerne auch öffentlich gegeben. Damit weiß jeder, welches Verhalten erwünscht ist. Leistungen und Erfolge werden nicht nur anerkannt, sondern begeistert gefeiert. Individuell und auf Teamebene. Die Kollegen wissen, dass ihre Leistung gesehen und geschätzt wird. Gemeinsame Feiern zeigen Anerkennung und stärken gleichzeitig die tiefe Verbundenheit.

**Flexibilität.** Wachstumskulturen sind bei aller Intensität der Arbeit keine Sweat Shops. Work-Life-Balance wird ernsthaft angestrebt, auch wenn sie nicht immer eingehalten werden kann. Mit eurer Flexibilität zeigt ihr: Ich respektiere eure Bedürfnisse und lasse mich darauf ein. Das Verständnis, das eure Kollegen und Kunden für ihre Bedürfnisse erfahren, werden sie mit mindestens gleicher Münze zurückzahlen: Wenn es hart auf hart kommt, halten alle zusammen und hauen rein, was das Zeug hält.

**Fairness.** Ein zentraler Hebel für die Kommunikation von Respekt und Wertschätzung sind eure Gehalts- und Benefitstrukturen. Faire, angemessene Gehälter signalisieren: „Ihr seid uns wichtig". Diese Botschaft ist fast wichtiger als das Geld selber. Die Fairness zeigt sich auch in den Kundeninteraktionen: Faire Preise und Konditionen. Wertschätzende Kommunikation auf Augenhöhe, auch wenn mal etwas schief gegangen ist.

## Wachstumskultur: Die unsichtbare Macht

### Growth Leader Live: Respekt & Wertschätzung

Für unseren Erfolg gibt es nichts Wichtigeres als unsere Unternehmenskultur. Die hält das Team zusammen. Uns prägt eine hohe Wertschätzung untereinander und eine ausgeprägte Hilfsbereitschaft. Wenn eine neue Kollegin oder ein neuer Kollege reinkommt, dann bekommen sie erst mal Inputs, damit sie erfolgreich werden können. Es gibt nicht den Reflex des: „Das ist mein Bereich, mein Wissen". Das ist die Voraussetzung dafür, dass ein funktionierendes Team entsteht, aber dieses Verhalten kannst du nicht in den Arbeitsvertrag schreiben. Deshalb musst du es von Anfang an vorleben und klar machen, dass du Wissensinseln nicht akzeptierst. Das gilt genauso für alle anderen Aspekte des Miteinanders. Wenn ich in die Küche komme, dann räume ich die Spülmaschine aus. Auch wenn es jemand vor mir hätte machen sollen. Wenn es notwendig ist, mache ich es halt. Und dann merken die Leute schon, dass sich hier keiner zu schade ist für irgendetwas.

*Klaus Eberhardt, iteratec*

Wenn du deine Leute nicht ernst nimmst, dann verlierst du die High Potentials, die wirklich mitdenken, die nach vorne preschen wollen und unternehmerisch denken. Stattdessen bekommst du die klassischen Ameisen. Und das bringt dich dann wieder in die Spirale, dass du mehr kontrollieren musst, da die Ameisen weniger drüber nachdenken, was sie tun.

*Dorothee Seedorf, Advisor*

Wachstumsführer bieten faire, aber nicht unbedingt die höchsten Gehälter. Für die Chance in einer starken, authentischen Kultur arbeiten zu können, werden oft geringere Startup-Gehälter in Kauf genommen. Aber natürlich nur, solange diese der Situation des Unternehmens angemessen sind. Steigen Umsatz und Gewinn, sollten auch eure Kollegen finanziell profitieren. Wenn die Gehälter trotz großen Markterfolgs nicht angepasst werden oder sehr ungleich sind, führt es zu nachhaltigen Irritationen. Das wichtigste Warnzeichen: Der Ruf eures Teams nach Gehaltsanpassungen nimmt überhand. Es zeigt: Euer Team fühlt sich nicht genügend geschätzt und versucht, das über einen finanziellen Ausgleich zu kompensieren.

**Guter Arbeitsplatz, gute Produkte.** Respekt und Augenhöhe zeigen sich auch in der Gestaltung eines guten Umfeldes. Gute Arbeitsplatzausstattungen und schöne Offices sind ein Markenzeichen starker Wachstumskulturen. Auf der Kundenseite wird das gespiegelt durch gut gestaltete Produkte und eine exzellente Customer Experience. Ich sage nur: Apple!

Legt von Anfang an Wert auf ein schönes, persönliches Umfeld und eine gute Produktgestaltung. Das muss nicht teuer sein, Kreativität und Persönlichkeit sind wichtiger als Perfektion. Schafft Raum, damit sich eure Kollegen und Kunden auch individuell als Menschen zeigen können.

**Respekt und Wertschätzung bewahren.** Respekt und Wertschätzung sind in der Anfangszeit oft sehr ausgeprägt. Sonst wärt ihr ja nicht zusammengekommen. Gerade in der ersten intensiven Zeit verschwimmen Berufliches und Privates. Die enge Zusammenarbeit macht es leicht, die Menschen hinter den Kollegen zu sehen. Ihr seid dankbar für jede Unterstützung und schaut liebevoll über die Macken eurer oft ebenso unerfahrenen Kollegen hinweg. Das ändert sich, wenn euer Unternehmen wächst. Früher oder später reißt der direkte, enge Kontakt zu den Kollegen auf

Arbeitsebene ab. Die Zusammenarbeit wird unpersönlicher. Oft schleicht sich dann eine Haltung ein: Die Jungs und Mädels sollen einfach funktionieren. Jetzt, wo alles läuft, sind es genau diese Macken und Defizite, die plötzlich unglaublich nerven.

Das Gleiche passiert bei euren Kunden. Anfangs seht ihr noch jeden Einzelnen. Mit zunehmender Professionalisierung werden aus Kunden oft Kundennummern. Hauptsache, sie passen in den Prozess und stören nicht. Wenn euch diese Gedanken immer häufiger durch den Kopf gehen, wird es Zeit, an dieser Tugend zu arbeiten.

**Deine Führungsrolle**: Lebe Respekt und Wertschätzung vor! Jederzeit! Gehe offen auf jeden im Team zu, auf Praktikanten wie auf Management-Kollegen. Sprich auch über schwierige Kollegen und Kunden respektvoll. Der größte Hebel: Ein positives Menschenbild. Wenn du davon überzeugt bist, dass sich jeder Mensch bemüht, das Bestmögliche zu leisten, wirst du auch mit schwierigen Menschen einen guten Weg finden (auch wenn der zur Trennung führt).

Versuche möglichst viele Menschen zumindest ein bisschen kennenzulernen. Mach z. B. mit jedem neuen Kollegen ein kurzes Check-in. Die neuen Kollegen werden begeistert davon sein, dass du dir die Zeit für sie nimmst. Je besser ihr eure Kollegen kennt, desto leichter fallen euch Respekt und Wertschätzung. Bleibt auch in engem Kontakt mit euren Kunden. Jeder Mensch hat etwas, das ihn besonders macht. Nehmt euch die Zeit, diesen besonderen Kern zu entdecken.

Respekt und Wertschätzung muss du nicht nur zeigen. Du musst den Respekt und die Wertschätzung deiner Kollegen und Kunden auch gewinnen. Das beste Mittel dafür: Konsequent Versprechen einhalten und Entscheidungen umsetzen. Wenn ihr als Führungsteam versprecht, in den nächsten drei Monaten eine Strategie zu liefern, dann sollte das auch passieren. Wenn du Kollegen Zusagen zu Gehalt oder zu ihrer Entwicklung machst, dann setze das zeitnah um. Liefert euren Kunden gute Qualität, haltet die Lieferzeiten ein. Nichts frustriert mehr als nicht eingehaltene Versprechen. Sage nur zu, was du auch wirklich einhalten kannst. Sonst lass es lieber. Der Respekt- und Vertrauensverlust aus nicht eingehaltenen Versprechen ist erheblich größer als der Schaden, kein Versprechen gegeben zu haben.

---

**Selbstreflektion**

▸ Wie lebt ihr Respekt und Wertschätzung in eurem Unternehmen? Wie redet ihr übereinander?

▸ Kündigen euch Menschen, die sich zu wenig gewertschätzt fühlen? Was ist dann eure Reaktion?

▸ Wie gewinnst du die Wertschätzung deiner Kollegen und Kunden?

## Wachstumskultur: Die unsichtbare Macht

### Tiefe Verbundenheit

*„Die Unternehmensgründer haben von Anfang an einen großartigen Gemeinschaftsgeist in der Firma etabliert."*

Menschen in Wachstumskulturen fühlen sich zutiefst miteinander verbunden. Sie erleben ihr Unternehmen als ein starkes Team, in dem alle füreinander und für das gemeinsame Ziel einstehen. Es ist eine Kultur des Gebens und Helfens. Die Kollegen sind quer über die Unternehmensbereiche vernetzt. Der ausgeprägte Teamgeist wirkt über die eigentliche Arbeitszeit und über die Grenzen des Unternehmens hinaus.

Wir Menschen sind Herdentiere. Wir wollen geliebt werden und Teil einer Gemeinschaft sein. Daher kaufen wir gerne von Unternehmen, bei denen wir uns als Teil von etwas Größerem empfinden. Und wir arbeiten besonders gerne für Unternehmen, die von einem intensiven Miteinander geprägt sind. Hier laufen wir zu Bestform auf. Starke Teams leben vom intensiven Vertrauen. Tiefe Verbundenheit ist wie die Startbahn zum Höhenflug. Ich fühle mich sicher, traue mir mehr zu und kann wirklich abheben.

> **Growth Leader Live: Unsere Business-Familie**
>
> Es immer schwierig, vom Familiären zu sprechen. Wir leben in einer Wirtschaftswelt: Ohne Geld geht es eben nicht. Und trotzdem glaube ich, dass es eine Business-Familie gibt und die wollen wir sein. Mit familiären Werten, die wir auf das Business anwenden. Das darf nicht zur Ideologie werden, in Sinne von: „Wir müssen uns alle liebhaben." Aber ich glaube, dass du zu den Leuten eine Verbindung aufbauen kannst, wie in einer Familie. Auch die Familie nervt jedes Jahr an Weihnachten, und trotzdem hat man eine Bindung. Die hat man auch bei uns. Man spürt einen Zusammenhalt, einen Werte- und Kulturkosmos, den man auch in einer Familie hat.
>
> *Philipp Westermeyer, OMR/Ramp 106*

**Resilienz.** Tiefe Verbundenheit fördert Resilienz: Für jeden Einzelnen und damit für das Gesamtteam. Resiliente Teams übersetzen Rückschläge in neue, innovative Wege. Verbundenheit und Vertrauen ermöglichen dauerhafte Hochleistung, fördern Risikobereitschaft und Innovation. Ein starker Zusammenhalt stellt sicher, dass Wissen in der Organisation frei fließt und die Fluktuation gering bleibt. Tiefe Verbundenheit ist auch für eure Kunden spürbar und macht sie zu echten Fans, die nicht nur lange mit euch zusammenarbeiten, sondern euch auch gerne weiterempfehlen.

**Menschen lieben.** Tiefe Verbundenheit entsteht durch gute Beziehungen. Respekt und Wertschätzung sich wichtige Bausteine, reichen aber nicht aus. Tiefe Verbundenheit entsteht, wenn ihr darüber hinausgeht, wenn ihr Menschen nicht nur respektiert, sondern liebt.

*„Wer Menschen führen will, muss Menschen mögen."* Dieses wunderbare Zitat kommt nicht etwa aus einem esoterischen Führungsratgeber, sondern steht exakt so in der

## 8 Tugenden einer Wachstumskultur

„Dienstvorschrift Innere Führung", den Führungsleitlinien der Bundeswehr. Diese Leitlinien betrachten es als zentralen Teil von Führung, *„Vertrauen und Kameradschaft aufzubauen, die die Soldatinnen und Soldaten auch durch belastende Situationen tragen"*. Vertrauen und Kameradschaft – das ist die tiefe Verbundenheit, die auch Wachstumskulturen prägt.

Die „Dienstvorschrift Innere Führung" führt sogar aus, wie Führungskräfte Vertrauen und Kameradschaft fördern können:

*„Vorgesetzte müssen sich (...) Zeit für die ihnen anvertrauten Soldatinnen und Soldaten nehmen. Sie müssen sie kennen und verstehen lernen. Dazu müssen Vorgesetzte aufgeschlossen auf die ihnen anvertrauten Menschen zugehen. (...)*

*Dies erfordert jedoch die ehrliche Bereitschaft zur Zuwendung und vor allem Zeit, die an anderer Stelle fehlen wird. Daher sind vor allem Gemeinschaftsveranstaltungen, Übungsplatzaufenthalte, Einsätze und alle anderen sich bietenden Gelegenheiten zum persönlichen Gespräch zu nutzen."*

Wow! Hättest du eine solche Anweisung bei der Bundeswehr erwartet? Ich nicht!

**Zeit für Menschen.** Besser kann man es aber kaum fassen: Ihr aktiviert die Tugend der tiefen Verbundenheit, wenn ihr euch Zeit für den Aufbau echter Beziehungen nehmt. Lasst euch auf eure Kollegen ein und hört ihnen zu – auch wenn euch diese Zeit scheinbar an anderer Stelle fehlt. Diese Zeitinvestition hat Top-Zinsen. Nutzt dazu alle Möglichkeiten, nicht zuletzt die gemeinsame Arbeit und Teamevents.

Mit der Zuwendung schaffst du starke zwischenmenschliche Beziehungen. Und damit die Basis für einen starken Zusammenhalt in den Teams, zwischen den Teams und für die starke Verbundenheit mit euren Kunden.

Tiefe Verbundenheit in euren Teams schafft ihr auch, wenn die Kollegen gegenseitig Vertrauen aufbauen, wenn jeder seine Rolle im Team kennt und alle auf gemeinsame Ziele hinarbeiten.

**Große Aufgaben, gemeinsame Erfolge.** Der beste Weg zu tiefer Verbundenheit in Teams führt über große, schwierige Aufgaben, die das Team gemeinsam zum Erfolg bringt. Nichts schweißt mehr zusammen, als wenn ihr mit eurem Team in den kollektiven Flow kommt und Herausforderungen bewältigt, von denen ihr nie gedacht hättet, dass sie lösbar seien. Und wenn ihr den Teamerfolg dann gemeinsam feiert. Outdoortrainings zum Teambuilding sind nett. Viel stärker und effizienter ist es aber, wenn ihr eure großen strategischen Projekte so aufsetzt, dass die Teams die Zusammenarbeit und den Erfolg intensiv erleben. Zwei Fliegen mit einer Klatsche! Problem gelöst und Team gebaut. Besser geht es nicht.

---

**Growth Leader Live: Tiefe Verbundenheit**

Wir versuchen den Zusammenhalt aktiv zu gestalten. Am besten prägst du ihn durch gemeinsame Erlebnisse. Die Leute erinnern sich an spezielle Momente, an Erfolgsmomente, Firmenfeiern. Das sind Momente, die das Team stark zusammenschweißen. Es hilft, sich dieser speziellen Momente bewusst zu werden. Entweder so eine Situation, „Da müssen

## Wachstumskultur: Die unsichtbare Macht

> wir jetzt einfach alle durch", oder ein sehr positives Erlebnis. Die zu sehen und dann zu fördern, das prägt. Du hast so Spitzen, die die Kultur prägen. Dir fliegt gerade alles um die Ohren? Jetzt ist es entscheidend: Wie meistert ihr Situationen gemeinsam als Team, dass alle am Ende sagen, „Wir haben es geschafft"? Drei Tage, wo die Kacke am Dampfen ist, prägen eine Kultur viel mehr als drei Wochen, die einfach so laufen. Außerdem fahren wird einmal im Jahr gemeinsam weg. Letztes Jahr war die Firma für drei Tage in Kroatien. Das prägt auch und schweißt zusammen.
>
> *Manuel Hinz, CrossEngage*

**Fokussierung.** Übersetzt in den Arbeitsalltag heißt das: Konzentriert euch neben dem Arbeitsalltag auf wenige strategische Projekte, statt eure Aufmerksamkeit über eine Vielzahl von Projekten zu verteilen. Lasst diese großen Projekte mit einem Kick-off starten, in dem nicht nur die Inhalte, sondern auch die Arbeit im Team strukturiert wird. Nutzt die Kraft von Retrospektiven, um die Zusammenarbeit in den Teams zu überdenken und lasst die Teams damit weiter zusammenwachsen. Agile Coaches können den Teambuilding-Prozess im Alltag hervorragend unterstützen.

Setzt eure Teams soweit möglich auch physisch zusammen und motiviert sie, ihren eigenen Raum zu gestalten, eigene Kommunikationskanäle zu haben und eigene Symbole zu schaffen. Teamräume und -symbole haben eine starke Identifikations- und damit Bindungswirkung. Überlegt, wie ihr die gemeinsamen Räume auch in das Virtuelle übersetzt.

### Growth Leader Live: Teambuilding bei den Navy Seals

Die Förderung starker Verbundenheit über harte, gemeinsam durchgestandene Projekte ist das Grundprinzip des Navy Seals.

Die Ausbildung ist unglaublich hart. Die Aufgaben bringen jeden an die physischen Grenzen: Harte Märsche, brutaler Drill, nächtelang ohne Schlaf ... Nur ein Bruchteil der Kandidaten führt die Ausbildung komplett zu Ende. Schon nach der ersten Trainingswoche sind nur noch 40 % übrig.

Das Ziel der Ausbildung ist es jedoch nicht, Supersoldaten herauszufiltern, sondern Superteams zu schaffen. Nur wer mit der Gruppe agiert, bewältigt die Anstrengungen. Auch ohne Superman-Kräfte. Tatsächlich geben nur 10 % der Kandidaten auf, weil ihnen die nötigen Kräfte fehlen. Es bleiben diejenigen, die sich aufeinander einlassen, sich mit ihren Stärken und Schwächen kennenlernen und dann optimal ergänzen. Das Ergebnis: Teams, die von außerordentlichem Vertrauen und einer starken gemeinsamen Mission geprägt sind.

Ihre Verbundenheit stärken die Navy Seals auch durch die Reflektion der gemeinsamen Arbeit. Nach jeder Aktion diskutieren die Teams: Was haben wir gut gemacht? Wo können wir unsere Interaktion verbessern? Schließlich profitieren die Navy Seals beim Teambuilding von der schieren physischen Nähe. Je näher die Teams zusammen sind, desto besser funktioniert die Kommunikation und desto leichter werden Bindungen aufgebaut.

**Team of Teams.** Starke Verbindung *in* den Teams ist klasse, können aber in Form von selbstzentrierten Silos nach hinten los gehen. Unterstützt daher auch die Verbindung zwischen den Teams. In Wachstumskulturen fühlen sich die Menschen nicht nur in ihren Teams miteinander verbunden, sondern auch über die Teams hinaus. Und so entsteht ein Team der Teams, das die Silogrenzen aufreißt und echte Höchstleistung schafft.

Wie auf der persönlichen Ebene hilft es dabei, wenn sich die Teams mit ihren Aufgaben und Stärken kennen. In einer meiner Firmen hatten wir alle zwei Wochen einen Friday Lunch, an dem alle unsere Landesteams per Video teilnahmen. In jedem Meeting stellte sich ein Team vor. Alle hatten einen Riesenspaß zu zeigen, was sie besonders macht, ihre Erfolge zu teilen und den anderen Teams Anregungen für die Arbeit zu geben.

**Gemeinsamer Traum.** Stellt sicher, dass jeder weiß, was der Beitrag der verschiedenen Teams zur Erreichung des gemeinsamen Traums ist. Ein hervorragendes Mittel dafür ist die unternehmensweite Arbeit mit OKR (siehe Kapitel *Teamführung*, Abschnitt *Kooperation*). Die Top-Level-Ziele zeigen, was erreicht werden kann. Im Prozess der Detaillierung stimmen sich die Teams ab und machen ihren jeweiligen Beitrag für alle sichtbar. Mit Maßnahmen und Strukturen wie diesen wird aus einzelnen Teams ein Team of Teams. Ihr weicht die Grenzen zwischen den funktionalen Silos auf und schweißt das Gesamtteam zusammen.

**Zeit für Gemeinsamkeit.** Gestützt wird die tiefe Verbundenheit im Unternehmen auch durch gemeinsame Aktionen jenseits des Arbeitsalltags. Menschen in Wachstumskulturen fühlen sich weit über den professionellen Rahmen verbunden. Der Zusammenhalt wird durch viele gemeinsame Erlebnisse geprägt: Office-Frühstücke und Grillabende, liebevoll gestaltete Events, gemeinsame Pro-Bono-Arbeit. Hier entstehen Freundschaften. Und eine tiefe Verbundenheit, die nicht endet, wenn die Menschen das Unternehmen verlassen. Berühmt sind die Alumni-Netze der großen Strategieberatungen, in denen sich das Miteinander und die gegenseitige Unterstützung zum Wohle aller fortsetzen.

Das Gefühl der intensiven Zusammengehörigkeit stärkt ihr, indem ihr bei gemeinsamen Events oder „Familien- und Freundes-Tagen" auch die „significant others" und Familien einladet. Damit zeigt ihr, dass ihr eure Kollegen wirklich als ganze Menschen seht. Und ihr hebt die Zerrissenheit zwischen Beruf und Privatem ein wenig auf. Vor allem in Phasen, in denen alle rund um die Uhr arbeiten, ist das ein sehr wertschätzendes Zeichen. Lasst die Partner und Familien live erleben, warum es so toll ist, in eurem Team zu arbeiten. Bedankt euch für die Unterstützung. Netter Nebeneffekt: Ihr weitet den Kreis eurer Fans aus. Wer weiß, wofür das gut ist!

**Kunde als Teil der Community.** Wie jede Tugend wirkt auch tiefe Verbundenheit über die Grenzen des Unternehmens hinweg – eure Kunden werden sie spüren und schätzen. Nutzt diesen Effekt und lasst eure Kunden Teil des Teams werden. Ladet sie „zu euch nach Hause" ein. Lasst sie in gemeinsamen Projekten euren besonderen Geist der Zusammenarbeit erleben. Damit schafft ihr eine Kundenbindung, die weit über das Normale hinaus geht.

**Deine Führungsrolle.** Zeige, dass dir die Menschen wirklich am Herzen liegen und dass es ok ist, Wärme und Mitgefühl zu zeigen. Baue auch über den engsten Kreis hinaus Beziehungen zu Kollegen und Kunden auf. Nimm dir Zeit für sie und zeige echtes Interesse an ihnen als Mensch, nicht nur an ihrer Funktion.

## Wachstumskultur: Die unsichtbare Macht

Lebt tiefe Verbundenheit auch im Führungsteam vor. Ein zerstrittenes Führungsteam, das keinen guten Umgang miteinander pflegt, ist quer durch das Unternehmen zu spüren. Zeigt offen, was ihr tut, um als Team zusammenzuwachsen. Macht transparent, dass tiefe Verbundenheit nicht einfach so entsteht, sondern aktiv gestaltet werden kann.

Tiefe Verbundenheit ist eine Kardinaltugend von Wachstumsunternehmen. Mit ihrer bewussten Gestaltung verbessert ihr die Leistungsfähigkeit eures Teams nachhaltig. Gesteigertes Wachstum, hohe Produktivität und Profitabilität, geringe Fluktuation, beschleunigtes organisationales Lernen, hohe Resilienz und hohe Kundenzufriedenheit – das sind nur einige der Effekte tiefer Verbundenheit, die inzwischen in vielen Studien nachgewiesen worden. Die Zeit und Aufmerksamkeit, die ihr in das Entstehen tiefer Verbundenheit investiert, lohnen sich in jedem Fall.

### Selbstreflektion

- Wie viel Zeit nimmst du dir für den Beziehungsaufbau mit dem Team?
- Wie bewusst betreibt ihr Teambuilding? Ist es in den Alltag integriert?
- Wie weit reicht eure Verbundenheit? Geht sie über die Bereiche hinweg? Umfasst sie auch eure Kunden? Eure Alumni? Wen noch?

### Demütige Ambition

*„High ambition meets great culture."*

Demütige Ambition gewinnt ihre Kraft aus der Verbindung von zwei scheinbar widersprüchlichen Haltungen. Klar: Ambitioniert sind wir alle. Wir setzen ambitionierte Maßstäbe, fordern Leistung und wollen etwas schaffen, das größer ist als wir selbst. Nach Demut klingt das nicht gerade. Denn Demut ist das Wissen, dass man eben nicht das Maß aller Dinge ist und man die angestrebte Vollkommenheit nie erreicht. Demut ist zutiefst menschlich, es ist das Wissen um die eigenen Grenzen.

Wenn du demütige Ambition lebst, weißt du: Ich habe einen großen Traum, der weit jenseits meiner Fähigkeiten liegt und ich setze hohe Maßstäbe an meine Leistung. Mir ist aber auch klar, dass ich diesen großen Traum nicht alleine realisieren kann, dass ich ihn vielleicht nicht einmal selber vollende. Demütige Ambition ist die Kerneigenschaft eines *„Level 5 Leaders"*, den Jim Collins als Voraussetzung für die Führung langfristig erfolgreicher Unternehmen identifiziert.[30]

**Anziehungskraft.** Mit eurem großen Traum werdet ihr zum Magneten für besonders leistungsfähige Kollegen und Kollginnen. Ambitionierte Menschen suchen Arbeitgeber, die sie im besten Sinne an ihre Grenzen bringen und ihnen eine umfangreiche Lernerfahrung ermöglichen. Sie wollen gemeinsam mit Gleichgesinnten etwas Einzigartiges schaffen. Sie sind leistungsstark, aber nicht überheblich. Sie wissen, dass sich die Welt ständig ändert und es jede Anstrengung braucht, um langfristig vorne mitzuspielen. Damit gewinnt ihr die perfekten Mitstreiter für euren großen Traum.

**Ambition füttern.** Demütige Ambition lässt Menschen Unglaubliches leisten. Die Ambition eures Teams müsst ihr aber auch füttern. Ambitionierte Menschen wollen sich spürbar entwickeln. Bietet euren Kollegen daher viele Möglichkeiten zur persönlichen Entwicklung. Das muss nicht immer die klassische Karriereleiter sein, auch der Wechsel zwischen unterschiedlichen Rollen kann die Ambition eurer Kollegen befriedigen. Idealerweise besetzt ihr mindestens die Hälfte eurer Führungsrollen intern. Wer immer nur Führungskräfte von außen holt, signalisiert, dass die persönliche Entwicklung im Unternehmen keinen Wert hat.

---

**Growth Leader Live: Demütige Ambition**

Unsere Werte sind absichtlich etwas gegensätzlich. „Hungry", ist natürlich plakativ, als Start-up und junges Unternehmen willst du hungrig sein, Erfolg haben und wachsen. Das ist der eine Wert. Der andere ist das „humble". Bescheiden am Boden bleiben, verstehen: „Hey, wir sind ein ganz kleines Licht".

*Fritz Trott, Zenjob*

„Demut" ist ein wichtiger Begriff bei uns. Unsere Projekte sind häufig sehr schwierig, sie gleichen oft sehr anspruchsvollen Hochgebirgstouren. Als Bergsteiger benötige ich eine gesunde Demut vor dem Berg. Sonst bringe ich mich in Lebensgefahr. Das gilt auch für unsere IT-Projekte, denn irgendwie ziehen wir Aufgaben an, an denen andere teils mehrfach gescheitert sind.

Zuviel Demut ist aber auch nicht gut. Schließlich wollen die Kunden die Zuversicht haben, dass ihr externer Partner das Projekt auch wuppt. Unsere neue Markenpositionierung hebt genau darauf ab. Bisher waren wir im Außenauftritt vor allem demütig, jetzt müssen wir mutiger werden und vielleicht auch etwas lauter. Wir haben 25 Jahre lang erfolgreiche Projekte gemacht und nicht ein einziges Projekt in den Sand gesetzt. Warum sollten wir das denn den Kunden nicht schon vor dem Projekt erzählen? Bisher haben wir sie jedenfalls nicht enttäuscht.

*Klaus Eberhardt, iteratec*

Uns prägt das Schaffen-Wollen und unser Qualitätsanspruch. Ein sauberes Handwerk hinlegen und gleichzeitig geniale Projekte machen, Sachen zu können, die andere nicht können. Wir wollen innovative, komplexe Projekte machen und dann auch den finanziellen Wachstumserfolg sehen. Alle im Team haben Lust, etwas zu bewegen und zu merken „Hey, da geht was"!

*Lutz Wiechert, Feld M*

---

**Großer Traum.** Der zentrale Ausdruck eurer Ambition ist euer großer Traum. Habt ihr einen eigenständigen Traum entwickelt, oder definiert ihr euch nur in der Abgrenzung zum Wettbewerb? Tatsächlich verfolgen viele Unternehmen keine eigenständige Ambition. Am offensichtlichsten ist das bei den „Copycats", Kopien erfolgreicher Geschäftsmodelle, die nur dafür etabliert werden, um irgendwann verkauft zu werden. Aber auch viele langfristig angelegte Unternehmen schwimmen ohne eine eigene Vision im Markt mit. In Ermangelung eines eigenständigen Traums positionieren sie sich in Abgrenzung zu etablierten Wettbewerbern. Ich

## Wachstumskultur: Die unsichtbare Macht

weiß nicht, wie viele Beratungen das neue BCG oder McKinsey sein wollen, wie viele e-Commerce-Plattformen Google und Amazon neu erfinden, oder IT-Firmen sich als das neue SAP sehen. Phantasieloser geht es kaum. Eine solche „Vision" ist zwar ehrgeizig, aber keine echte Ambition und schon gar nicht demütig. Wer sich so definiert, ringt nur um Marktanteile in einem definierten Markt, statt einen eigenen Markt zu entwickeln. Und der wächst auch nicht über sich hinaus.

Mit demütiger Ambition gestaltet ihr die Zukunft individuell und mit vollem Bewusstsein über die Herausforderungen der Realisierung. Damit begeistert ihr euer Team und eure Kunden. Dazu gehört auch, dass ihr euch auf dem Weg für alle Lernerfahrungen öffnet, auch für diejenigen, die euch die große Konkurrenz gibt. Eure Wettbewerber betrachtet ihr als würdige Herausforderer und Mitstreiter, von denen ihr viel lernen könnt und mit denen ihr euren Markt gemeinsam entwickelt.

**Deine Führungsrolle.** Erhalte die demütige Ambition der ersten Gründungstage auch, wenn ihr unerwartet schnell abhebt. Bei vielen Gründern dreht sich die anfängliche Demut zum Übermut, wenn der erste Markterfolg wider aller Wahrscheinlichkeiten über sie hinwegrollt. Ein neues Gefühl stellt sich ein: *„Alles, was wir anfassen wird zu Gold"*. In diesem Übermut stoßen sie lieber neue Geschäfte an, statt systematisch an der Weiterentwicklung ihres Kerngeschäfts zu arbeiten. Der Effekt: Sie bremsen sich selber aus.

Deine demütige Ambition hält dich auf dem Weg. Dir ist klar, dass der Durchbruch gerade mal der erste Meilenstein einer langen Reise zum nachhaltigen Erfolg ist. Viel mehr aber auch nicht. Die nächsten Schritte warten schon auf euch: Die Professionalisierung und Skalierung eures Geschäfts. Der aktionistische Macher in dir sollte sich jetzt eine Zeitlang zurückhalten und Platz für den Strukturierer machen. Damit wirst auch du persönlich Neuland betreten.

Habe die Demut, anzuerkennen, dass du für die nächste Phase viel lernen und dich neu aufstellen musst. Du bist nicht fertig, die Reise von Gründer zum CEO fängt gerade erst an. Und habe die Ambition, die große Sehnsucht, diesen Weg auch wirklich zu gehen. Denn nur wenn du jetzt am Ball bleibst, die Skalierung durchziehst, statt parallele Baustellen aufzumachen, wirst du deinen großen Traum verwirklichen und ein Unternehmen schaffen, das abhebt und in den Höhenflug kommt.

---

#### Selbstreflektion

- Was schlägt in deinem Herzen: Demut oder Übermut?
- Ist dein Traum groß genug, um deine Demut zu wecken? Was hilft dir, auf dem Weg zu bleiben, um deine große Ambition zu realisieren?
- Wie ambitioniert sind die Menschen in deinem Team? Zieht ihr ambitionierte Menschen an? Wie stillt ihr ihren Hunger nach Entwicklung?

## Disziplinierter Fokus

*„Strategische Ziele werden klar kommuniziert, Mitarbeiter fühlen sich abgeholt und wissen, wie sie zum Erfolg des Unternehmens beitragen können."*

In Wachstumskulturen wird diszipliniert und fokussiert gearbeitet. Es werden wenige, klare Ziele gesetzt und diese systematisch und ergebnisorientiert abgearbeitet. Unternehmen mit diszipliniertem Fokus entwickeln sich damit schneller als Unternehmen, die versuchen, alles gleichzeitig zu machen und am Ende kaum etwas zu Ende bringen.

Die enorme Bedeutung von Disziplin und Fokus hat Jim Collins in seinem Buch *„Good to Great"* aufgezeigt.[31] Unternehmen werden Wachstumsführer, wenn sie in drei Dimensionen diszipliniert und fokussiert arbeiten:

- **Disziplinierte, fokussierte Menschen.** Die Menschen in langfristig erfolgreichen Unternehmen verfolgen ihre großen Ziele diszipliniert. Sie bewahren den Fokus und wissen, dass konsequentes, schrittweises Arbeiten am schnellsten zum Erfolg führt.
- **Diszipliniertes, fokussiertes Denken.** Growth Leader verstehen die ökonomischen Treiber ihres Geschäftsmodells und optimieren sie ohne Ablenkungen. Sie setzen sich mit den „brutalen Fakten" des Markts und ihres Geschäftsmodells auseinander und stellen sicher, dass sie Entscheidungen auf Basis rigoroser Diskussionen treffen.
- **Disziplinierte, fokussierte Umsetzung.** Growth Leader setzen ihre Ziele diszipliniert um: Lieber weniger, dafür konsequent, Schritt für Schritt. Das macht sie erheblich schneller, als wenn sie alles gleichzeitig machen würden. Alle haben klare Verantwortlichkeiten, innerhalb derer sie frei agieren und schnell entscheiden können.

Disziplinierter Fokus zeigt sich in vier Facetten: In Ziel- und Ergebnisorientierung, Zeitbewusstsein, Priorisierung und Detailorientierung.

**Ziel- und Ergebnisorientierung.** Alle kennen eure gemeinsamen Ziele und ihr haltet die Zielerreichung systematisch nach. Zielabweichungen diskutiert ihr intensiv, um mögliche Fehlerquellen zu verstehen und für die Zukunft zu lernen. Wenn ihr eure Pläne diszipliniert einhaltet, kommt ihr schneller vorwärts und baut gleichzeitig Vertrauen auf.

**Zeitbewusstsein.** Mit der Ressource Zeit geht ihr sorgfältig um. Ihr habt klare Planungs- und Arbeitszyklen, z. B. indem ihr mit OKR arbeitet. Zentrale Meetings mit einer gut strukturierten Agenda takten eure Zusammenarbeit. Pünktlichkeit spielt eine große Rolle, Termine werden nur gemacht, wenn sie wichtig sind und nur mit den Menschen, die dabei sein müssen. Ihr seid stolz darauf, dass ihr eure Termine einhaltet.

**Priorisierung.** Ihr seid radikal in der Priorisierung der wichtigen Themen. Statt alles gleichzeitig zu machen und eure Kraft über viele Baustellen zu verteilen, bündelt ihr eure Kräfte zur Lösung der kritischen Herausforderungen. Und legt damit einen Hebel nach dem anderen um. Eure Haltung: „Lieber weniger und dafür richtig".

## Wachstumskultur: Die unsichtbare Macht

**Detailorientierung.** Die letzte Facette ist die kompromisslose Detailorientierung. Was auch immer ihr startet, ihr macht es richtig. Das Ergebnis: Exzellente Qualität, die sich durch eure gesamte Arbeit zieht. Apple ist das beste Beispiel eines Unternehmens, das mit diszipliniertem Fokus eine Qualität liefert, die konsequent Maßstäbe setzt. Geprägt wurde diese Detailorientierung durch Steve Jobs, sie ist aber so stark in der Kultur verankert, dass sie auch nach seinem Tod noch weiterlebt.

Dass sich alle, inklusive der Führungskräfte, mit den Details auseinandersetzen, heißt nicht, dass ihr ins Mikromanagement verfallt. Ihr habt beides im Blick: Das große Ganze und das kritische Detail. „Micro-Leadership" statt Mikromanagement.[32] Ihr zeigt Liebe zum Detail und seid in der Lage, eure Kollegen auf dem Detaillevel herauszufordern und zu coachen.

**Deine Führungsrolle.** Fokussierte Disziplin ist eine Tugend, die viele Gründer erst lernen müssen. In der Aufbruchsphase habt ihr in einem intensiven Explorationsprozess gearbeitet, der davon lebt, die unterschiedlichsten Richtungen zu verfolgen. Ein zu starker Fokus wäre tödlich gewesen.

Auch die Phase des Durchstartens ist durch viele Projekte und ad hoc-Anfragen geprägt. Im Aufbau des Geschäfts müsst ihr ganz viele Dinge gleichzeitig machen – denn noch ist ja nichts da. Das ist Aktionismus pur, das genaue Gegenteil von fokussierter Disziplin. Spätestens wenn ihr das Gefühl habt, dass ihr nur noch Feuer löscht, und gar keine strukturierte Aufbauarbeit mehr zustande bekommt, ist der Moment gekommen, an dem ihr umschalten müsst. Geht einen Schritt zurück, schafft euch einen Überblick über die Herausforderungen, priorisiert radikal und macht euch dann mit einem strukturierten Arbeitsrhythmus an die konsequente Umsetzung eurer Ziele.

> **Growth Leader Live: Fehlender Fokus**
>
> In einem jungen Unternehmen, das sich der Innovation verschrieben hat und sehr schnell sehr stark wächst, ist es nicht immer leicht, den Fokus klar zu halten. Wenn man an vielen Ecken und Enden Optimierungspotenzial sieht und das Bedürfnis hat, Dinge proaktiv ganz im Sinne unseres Unternehmenswerts „Act like you own it" zu verbessern, passiert es schnell, dass man sozusagen von der Hauptstraße abbiegt und sich in einer Seitengasse verliert. Die eigentlichen Prioritäten werden dann hintangestellt, und der Fokus leidet. Wenn das zu häufig passiert, bremst das die Organisation natürlich aus. Deshalb ist der Fokus etwas, worauf wir inzwischen sehr viel genauer schauen.
>
> *Maria Sievert, inveox*

Der Übergang zu einer Kultur der fokussierten Disziplin fällt vielen Gründern unglaublich schwer. Denn der Aktionismus der ersten Phasen gibt euch das trügerische Gefühl von Schnelligkeit und Wirksamkeit: „Hier wird nicht lange gefackelt", „Wir machen alles sofort". Fokus und Disziplin werden dagegen oft als Werte der Konzerne verteufelt. Der Übergang zu einem klaren Rhythmus und die Konzentration auf wenige Prioritäten fühlt sich für viele wie eine Vollbremsung an.

Es braucht eine starke Führung, um diese Abwehr zu überwinden. Gebt euch im Führungsteam einen fokussierten Arbeitsplan und arbeitet ihn diszipliniert und im Rahmen der versprochenen Zeit ab. Spürt die Erleichterung, ein Thema nach dem anderen abzuarbeiten, statt alles gleichzeitig machen zu wollen. Und teilt diese Erfahrung mit dem Team.

Seht zu, dass ihr euch auch mit den Details von Entscheidungen auseinandersetzt und eure Kollegen dahin führt, es euch gleichzutun. Zeigt die fokussierte Disziplin auch im Kleinen: Pünktliche Meetings, Einhalten gemeinsamer Regeln ... Euch fällt sicher noch einiges ein.

---

**Selbstreflektion**

- Wie gut seid ihr darin, eure Vorhaben diszipliniert umzusetzen?
- Welche Rolle spielt Zeit bei euch? Geht ihr sorgfältig mit Zeit um?
- Wie detailfreudig seid ihr? Seid ihr auch im Kleinen kompromisslos?

---

# Eigenverantwortung

*„Man hat viele Freiheiten und trägt Verantwortung für seine Arbeit."*

Wachstumskulturen sind darauf ausgerichtet, Kollegen und Teams in die Eigenverantwortung zu bringen. Voraussetzung dafür ist das Vertrauen in die Leistungsfähigkeit und den Leistungswillen aller Mitarbeiter. Mit bestem Resultat: Menschen, denen viel zugetraut wird, leisten auch viel. Die Eigenverantwortung zeigt sich in flachen Hierarchien, großem Freiraum und Gestaltungsfreiheit für jeden Einzelnen. Die Möglichkeit, Eigenverantwortung zu übernehmen begeistert die Kollegen von Growth Leadern.

Konsequente Eigenverantwortung entsteht in der Sequenz aus: Der Leistungsfähigkeit vertrauen, Verantwortung übergeben, verantwortlich machen, loslassen. Gelebte Eigenverantwortung stärkt das Vertrauen in die eigene Leistungsfähigkeit und stößt einen positiven Kreislauf an.

> **Growth Leader Live: Eigenverantwortung**
>
> Ich sehe es als ein sehr, sehr gutes Zeichen, wenn man als Führungskraft über lange Strecken gar nicht spürbar ist. Wenn die Mitarbeiter ihren Job gut machen, wenn sie selber vorankommen und man im Hintergrund da ist. Meistens ist zu viel Führung einfach nur nervig. Du musst dich eher zurückhalten und gucken, wo sind deine Momente? Was ist der Rhythmus? Wo braucht man dich? Du musst dich nicht ständig in den Vordergrund drängen. Wenn du jeden Tag präsent bist, ist das zu viel.
>
> Man muss aber auch die Momente erkennen, in denen Führung gefragt ist. Die gibt es immer wieder. Als Corona kam, war jedem klar: Wenn du auch künftig von deinen Leuten ernst genommen werden willst, dann musst du jetzt raus und dich als jemand zeigen, der eine klare Botschaft hat und sagt, was passiert. Der ansprechbar ist und der etwas macht.
>
> *Philipp Westermeyer, OMR/Ramp 106*

## Wachstumskultur: Die unsichtbare Macht

**Vertrauen als Basis.** Klingt eigentlich ganz logisch. Ist es aber nicht. Oft erlebe ich Führungskräfte, die ihren Mitarbeitern nichts zutrauen und nach dem Motto „Wird ja eh nichts" keine Verantwortung übergeben. Sie stoßen damit einen Teufelskreis an: Ihre Mitarbeiter werden nie aus ihrer Komfortzone gebracht, können nicht wachsen und verlieren zunehmend das Vertrauen und die Lust an der eigenen Leistung. Und bestätigen dann ganz automatisch die geringe Erwartung, die ihr Chef an sie hat. Das Ergebnis: Erlernte Hilflosigkeit, fehlende Eigenverantwortung.

Mit dem Führen zur Verantwortung haben wir uns bereits auseinandergesetzt. Verantwortungsübergabe, Feedback und Coaching sind zentrale Instrumente zur Förderung eigenverantwortlichen Handelns. Sie sind die Voraussetzung für eine Kultur der Eigenverantwortung.

**Dezentrale Entscheidungen.** In Wachstumskulturen werden Entscheidungen dort getroffen, wo die eigentlichen Probleme auftreten. Mit dezentralen Entscheidungen beschleunigt ihr die Umsetzung. Eure Kollegen können Verantwortung übernehmen, wenn sie wissen, was der Rahmen ihrer Verantwortung ist. Im Einzelfall regelt ihr die Verantwortung durch ein entsprechendes Briefing, im laufenden Geschäft über klare Rollendefinitionen, die aufzeigen, welche Verantwortung eure Kollegen haben.

**Entscheidungsfreiheit aushalten.** Wenn du Verantwortung an Kollegen übergibst, schränkst du deine eigene Entscheidungsfreiheit ein. Letzteres wird gerne übersehen. In Workshops zur Rollendefinition erlebe ich regelmäßig, dass Führungskräfte zwar gerne die Verantwortung der Kollegen definieren, sie sich aber kaum dazu durchringen können, die eigenen Durchgriffsmöglichkeiten zu beschränken. Halte dir immer vor Augen: Eigenverantwortlichkeit erreichst du nur, wenn du deinen Drang, selber zu entscheiden, im Alltag unterdrückst. Das ist nicht immer leicht, denn Entscheidungen zu treffen, gibt uns das Gefühl der Wirksamkeit.

**Bessere Ergebnisse.** Mit der expliziten Abgabe von Entscheidungen an die Arbeitsebene förderst du die Übernahme von Eigenverantwortung. Wenn ich selber über etwas entscheide, nehme ich es ernster, als wenn andere die Entscheidung für mich treffen. Ich wäge das Für und Wider meiner Entscheidungen sorgfältig ab. Auch in der Umsetzung meiner eigenen Entscheidungen lasse ich größere Sorgfalt walten, als wenn ich Entscheidungen eines anderen nur umsetze. Denn mit meiner Entscheidung habe ich die Verantwortung übernommen. Starke Eigenverantwortung reduziert damit nicht nur deinen Entscheidungsaufwand, sondern auch den Kontrollbedarf und erhöht die Qualität eurer Leistung.

**Team-Budgets.** Die positive Wirkung dezentraler Entscheidungen zeigt der Fall eines Klienten. Ursprünglich musste dort jede Ausgabe durch die COO freigegeben werden. Täglich Dutzende kleiner Freigabe-Entscheidungen, die die COO eigentlich gar nicht bewerten konnte. Was ein Schwachsinn! Die Lösung: Es wurden Team-Budgets eingeführt. Nun konnten die Teams viele Kaufentscheidungen selber treffen. Der Effekt war phantastisch. Der Zeitaufwand für Freigaben reduzierte sich um 90 %. Die Teams überlegten sehr sorgfältig, wie sie ihre Budgets zur Verbesserung der eigenen Arbeit einsetzen konnten. Der Fokus ihrer Ausgaben: Teambuilding und Weiterentwicklung, Themen, die zuvor viel zu kurz kamen. Die Ausgaben für Kleinkram gingen dagegen zurück.

Im Extremfall geht ihr so weit, die Entscheidungslogik umzudrehen: Du lieferst die Informationen zum Gesamtkontext und lässt deine Kollegen vor dem Hintergrund ihrer operativen Erfahrungen entscheiden. Damit landest du beim „Servant Leadership": Du hilfst dem Team, die bestmöglichen Entscheidungen zu treffen.

**Deine Führungsrolle.** Voraussetzung für eine Kultur der Eigenverantwortung ist eine umfassende Reflektion deines Führungs- und Entscheidungsverhaltens. Verantwortung wird im Unternehmen nur gelebt, wenn du sie wirklich abgibst. Solange du der Hauptentscheider bleibst, scheitert jedes Instrument der Verantwortungsübergabe.

> **Growth Leader Live: Vertrauen geben**
>
> Unser Wert „Act like you own it" zeigt: Jeder übernimmt Verantwortung für seine Themen und Aufgaben. Bei uns springen neue Mitarbeiter oft ins kalte Wasser und haben vom ersten Tag an die volle Verantwortung für ihre Projekte. Natürlich geht da auch mal was schief, aber daraus lernen wir dann alle. Insgesamt hat das bisher immer gut funktioniert.
>
> *Maria Sievert, inveox*

Wenn du verstanden hast, wo die Engpässe der Verantwortungsübernahme liegen, kannst du dein eigenes Verhalten anpassen und die Verantwortung ernsthaft abgeben. Führt dann Instrumente wie das Führen mit Auftrag unternehmensweit ein und gebt damit das Signal, dass ihr künftig gemeinsam in die Verantwortung geht.

Sei dir auch bewusst, dass Verantwortungsübernahme nicht einfach auf Knopfdruck funktioniert. Um Verantwortung übernehmen zu können, müssen deine Kollegen wissen, was von ihnen erwartet wird und was ihr Entscheidungsrahmen ist. Strukturell realisiert ihr das über klare Rollen- und Prozessdefinitionen. Im Einzelfall über das konsequente „Führen mit Auftrag".

---

**Selbstreflektion**

▸ Gibst du wirklich Verantwortung ab oder forderst du sie nur ein?

▸ Wie systematisch übergebt ihr Eigenverantwortung? Habt ihr Rollenprofile, Prozesse oder Budgets definiert?

▸ Kennt bei euch jeder seinen Entscheidungsrahmen? Wird er auch respektiert?

---

## Radikale Aufrichtigkeit

> *„Ausgeprägte Feedbackkultur in beide Richtungen. Meinungen werden sehr ernst genommen und Vorschläge umgesetzt."*

Offenheit, Ehrlichkeit und Transparenz sind wichtige Markenzeichen von Wachstumskulturen. Sie beschreiben die Tugend der radikalen Aufrichtigkeit. Sowohl auf individueller, als auch auf Unternehmensebene wird klar und direkt kommuniziert,

## Wachstumskultur: Die unsichtbare Macht

nicht nur gute, sondern auch schlechte Nachrichten. Die Mitarbeiter kennen die Unternehmenszahlen und können auf dieser Basis Eigenverantwortung übernehmen.

Wachstumskulturen leben vom ehrlichen, wertschätzenden Feedback. Probleme werden offen adressiert und können schnell gelöst werden. Da dies vor dem Hintergrund tiefer Verbundenheit geschieht, ist die Offenheit für den Einzelnen nicht bedrohlich. Jeder weiß, dass die radikale Aufrichtigkeit dem gemeinsamen Wachstum gilt.

**Radikale Aufrichtigkeit.** Das Konzept der radikalen Aufrichtigkeit wurde von Kim Scott entwickelt. Ihre, wie auch unsere Grundthese: Unternehmen wachsen, wenn jeder im Team wachsen kann. Und es gibt keinen besseren Wachstumsbeschleuniger als persönliches Feedback. Kim Scott betrachtet radikale Aufrichtigkeit sogar als moralische Verpflichtung gegenüber den Kollegen. Wenn wir nicht aufrichtig sind, können sie nicht lernen und damit nehmen wir ihnen die Möglichkeit zu wachsen.

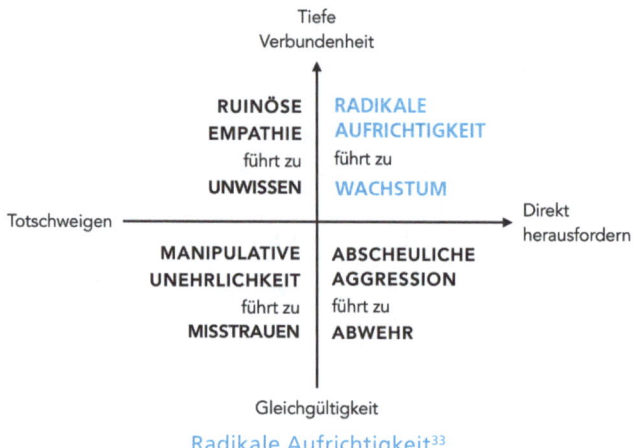

Radikale Aufrichtigkeit[33]

**Abscheuliche Aggression.** Ohne tiefe Verbundenheit und Wertschätzung wird eine direkte Herausforderung schnell bedrohlich und verletzend, sie wird dann zur abscheulichen Aggression. Total direkt, aber mit einer „Du bist mir schnuppe!"-Haltung, wird dem anderen die Kritik einfach um die Ohren gehauen. Eine solche Haltung schafft nur eins: Abwehr und Aggression. Das Ergebnis: Eine Kultur der Angst. Nicht das, was wir wollen.

> **Growth Leader Live: Emotionen verstehen, reflektiert handeln**
>
> Es gibt einen Unterschied zwischen direkt sein und jemanden vor den Bug fahren. Die große Frage lautet: Wie sieht verantwortungsbewusstes Verhalten aus? Es ist sicher nicht zielführend, wenn ich wütend und schreiend durchs Unternehmen laufe, weil ein Projekt nicht funktioniert. Besser ist es, da erst mal zurückzutreten, die Emotion zu erkennen, zu analysieren, wo sie herkommt. Dann kann man reflektiert und verantwortungsbewusst handeln. Ich glaube, das gehört mit zu den wichtigsten Erkenntnissen aus unserer bisherigen Unternehmerzeit.
>
> *Maria Sievert, inveox*

**Ruinöse Empathie.** Noch häufiger ist das genaue Gegenteil: Die ruinöse Empathie. Alle schätzen sich und fühlen sich sehr verbunden. Aber alle schwierigen Themen werden totgeschwiegen. Kritik könnte ja verletzen. Außerdem ist es unangenehm, zu kritisieren. Dummerweise hilft das keinem weiter. In uns schwelt die Kritik, aber der Betroffene ist ahnungslos. Bis das Ganze im schlimmsten Fall so weit geht, dass der Mensch entlassen wird. Und völlig aus den Wolken fällt – denn es hatte ja keiner was gesagt. Ruinöse Empathie fühlt sich gut an, ist für Unternehmen aber noch gefährlicher als ein Klima der Aggression.

**Manipulative Unehrlichkeit.** Das Nirvana dieses Modells. Hauptsache ich bekomme, was ich will. Das sage ich natürlich nicht. Was das mit meinem Gegenüber macht, ist mir egal. Leider spürt das die Gegenseite und reagiert zu Recht mit Misstrauen.

Radikale Aufrichtigkeit ist ein wesentlicher Hebel für das individuelle und das Unternehmenswachstum. Lebt sie auf allen Ebenen eures Unternehmens: Individuell, als Team und mit den Kunden.

**Psychologische Sicherheit.** Radikale Aufrichtigkeit wird möglich, wenn sich eure Kollegen sicher genug fühlen, um eigene Fehler proaktiv anzusprechen. Gebt in den Teammeetings Raum für die Reflektion der gemeinsamen Arbeit. Macht es euch zur Gewohnheit, dass in jedem Meeting zumindest ein Kollege über Dinge berichtet, die schief gegangen sind. Lebe das als CEO bei größeren Meetings vor. Nicht im Sinne einer Selbstanklage, sondern als starkes Zeichen der Kritikfähigkeit.

**Feedback.** Der zweite zentrale Hebel ist das persönliche Feedback, vor allem solches, das in direktem Zusammenhang mit der betreffenden Situation gegeben wird. Lebt auch als Führungsteam eure Offenheit für Feedback vor. Bittet euer Team regelmäßig um Rückmeldungen.

> **Growth Leader Live: Radikale Aufrichtigkeit und Feedback**
>
> „Rigorous, not Ruthless". Konsequent, aber trotzdem den Menschen sehen. Das ist für uns super wichtig. Beispiel Trennung: Wenn Leute nicht passen, sind wir konsequent. Aber wir haben für Leute, die wir gehen ließen, schon neue Jobs gesucht, die viel besser passen. Also, konsequent sein, sich aber trotzdem um die Leute kümmern.
>
> *Manuel Hinz, CrossEngage*

**Transparenz.** Radikale Aufrichtigkeit auf Unternehmensebene zeigt sich vor allem in der Transparenz, mit der ihr über die Entwicklung des Unternehmens berichtet. Zeigt ihr eure Geschäftszahlen? Sprecht ihr offen mit dem Team über Probleme im Unternehmen? Wenn es im Unternehmen schlecht läuft, habe viele Führungskräfte Angst, die Kollegen durch radikale Aufrichtigkeit zu verunsichern.

Das genaue Gegenteil ist der Fall: Das Team merkt schon von selbst, wenn es nicht gut läuft. Nichts ist Mega, wenn es im Unternehmen rumpelt oder Menschen aufgrund fehlender Aufträge Däumchen drehen. Wenn du jetzt nicht radikal aufrichtig bist, schafft sich dein Team seine eigene Wahrheit. Es entstehen Gerüchte, die du nicht mehr steuern kannst. Das Team verliert das Vertrauen in euch, denn ihr ver-

## Wachstumskultur: Die unsichtbare Macht

schweigt die Probleme, die sie täglich erleben. Und das Team spürt, dass du ihnen nicht zutraust, dass sie sich ihre eigene Meinung bilden. Auch nicht gut!

### Growth Leader Live: Transparenz

Es ist ein fataler Fehler, Zahlen nicht zu teilen. Das ist das A und O. Es kann nicht sein, dass nur das Management alle Zahlen kennt und die Leute darunter nur die operativen Daten. Es muss klar sein, dass der Unternehmenserfolg und auch der Misserfolg transparent geteilt werden, je nachdem, wie das Unternehmen gerade dasteht.

Wenn man das nicht macht, dann entsteht Buschfunk, Geschichten, die du nicht kontrollieren kannst, du verlierst das Vertrauen. Ich habe höchsten Respekt vor jedem CEO, der sich vor das Unternehmen stellt und sagt: Es läuft gerade nicht, aber wir werden das durch die und die Maßnahmen lösen. Ein solcher CEO genießt Respekt bei seinen Mitarbeitern. Da weiß jeder: Da vorne steht eine starke Person, die haargenau weiß, wie sie das Ruder dreht.

*Dorothee Seedorf, Advisor*

Wenn du radikale Aufrichtigkeit mit der richtigen Kommunikation verbindest, behältst du die Deutungshoheit. Du gibst dem Team die Sicherheit, dass alles getan wird, um das Unternehmen nach vorne zu bringen. Je mehr Informationen eure Mitarbeiter zur Situation des Unternehmens haben, desto stärker gehen sie in die Verantwortung. Wer sieht, welchen Effekt seine Arbeit auf die Leistungsfähigkeit des Unternehmens hat, wird sich stärker engagieren. Seid ehrlich. Vertrauen wird nur durch Wahrheit geschaffen. Schönt die Zahlen nicht. Damit gebt ihr ein starkes Signal: Wir akzeptieren, was ist und arbeiten daran, besser zu werden.

**Harte Entscheidungen.** Radikale Aufrichtigkeit ist besonders wichtig bei harten Entscheidungen, wenn z. B. Menschen entlassen oder große Projekte eingestellt werden. Hier ist es zentral, dass ihr den richtigen Tonfall trefft: Direkt und mit tiefer Verbundenheit.

### Toolbox: Schwierige Entscheidungen, gut kommuniziert

- **Stellt die Fakten und die Auswirkung klar dar.** Redet nicht um den heißen Brei herum. Was ist passiert? Wie genau geht es jetzt weiter? Je transparenter ihr seid, desto besser fühlen sich die Menschen aufgehoben. Seid auch offen bei den Themen, die ihr noch nicht wisst. Ist das die einzige Entlassungswelle? Hoffentlich! Ihr werdet alles Menschenmögliche dafür tun, aber zusichern könnt ihr es nicht. Sprecht das genauso aus. Auch transparentes Nichtwissen macht glaubwürdig.

- **Erklärt das Warum hinter der Entscheidung.** Macht klar, wie ihr zur Entscheidung gekommen seid. Seid auch ehrlich, wenn die harten Schnitte auf frühere Fehlentscheidungen zurückzuführen sind. Zum Zeitpunkt der Entscheidung hattet ihr das Beste für das Unternehmen im Sinn. Wenn ihr Fehler offen zugebt, lebt ihr radikale Aufrichtigkeit im besten Sinne vor.

- **Zeigt, wie die Entscheidung den Weg zum großen Traum sichert.** Natürlich ist es furchtbar, Menschen zu entlassen. Aber wenn ihr es nicht tut, wird das Unternehmen erst recht nicht überleben. Ein harter Schnitt ist oft Auftakt zu neuem Wachstum. Zeigt, dass ihr auch in einer schwierigen Situation an euren Werten und Tugenden festhaltet.

> **Zeigt tiefe Empathie, Verbundenheit und Wertschätzung** für die Menschen, die unter dieser Entscheidung leiden. Überlegt, wie ihr den Menschen helfen könnt. Lasst auch negative Gefühle im Team zu: Wut, Trauer oder Angst. Zeigt eure Empathie für diese Gefühle, dann werden sie besser bewältigt, als wenn sie verdrängt werden müssen.

Radikale Aufrichtigkeit ist auch eine zentrale Tugend im Umgang mit euren Kunden. Wie das Fehlen radikaler Aufrichtigkeit Unternehmen aus der Bahn wirft, zeigen die Abgas-Skandale der Autoindustrie. Wenn ihr euch einmal gegenüber euren Kunden in Ausreden verstrickt, kommt ihr nur noch schwer heraus. Unternehmen, die radikal aufrichtig mit ihren Kunden umgehen, gewinnen Respekt und Vertrauen. Sie schaffen Kundenbindungen, die weit über das Normale hinaus gehen.

**Deine Führungsrolle.** Radikale Aufrichtigkeit zeigst du vor allem im Umgang mit Problemen oder kritischen Situationen. Gehe mit gutem Beispiel voraus: Adressiere eigene Fehler und lade Feedback zu dir ein.

Sei offen für „schlechte Nachrichten". Höre zu und zeige Freude und Dankbarkeit darüber, dass deine Kollegen Probleme adressieren. Stell sicher, dass keiner Angst hat, schlechte Nachrichten zu überbringen. Es geht immer etwas schief. Nicht Kopf ab, sondern Hirn an: Was kann man daraus lernen? Was machen wir künftig besser?

Gehe radikal aufrichtig mit den Wachstumsschmerzen und deiner Verunsicherung in der Turbulenzphase um. Verzichte auf „Alles ist Mega!"-Beschwichtigungen. Gehe lieber davon aus, dass dein Team versteht, wie es dir geht und dir helfen will. Du hast ein Team mündiger Erwachsener, die selber sehen, was läuft und was nicht. Und die euer Unternehmen gemeinsam mit euch zum Erfolg bringen. Die ganzen Beschwichtigungen haben nur einen Effekt: Sie machen dich unglaubwürdig und vermitteln fehlendes Vertrauen.

Verbringt lieber viel Zeit damit, dem Team zuzuhören und die Probleme aufzunehmen. Führt ein Wachstums-Backlog (siehe Kapitel *Teamführung* Abschnitt *Kooperation*), das auch für das Team transparent ist und regelmäßig priorisiert wird. Auch wenn das noch keine Lösung ist: Ihr zeigt den Kollegen damit, dass ihr ihre Sorgen hört und ernst nehmt. Selbstredend, dass diese Dinge dann auch wirklich adressiert und abgearbeitet werden müssen.

Gerade in der Turbulenzphase ist die Frustration über die vielen Baustellen groß. Nehmt euch viel Zeit für die Teams. Hört zu, wenn sie von Problemen erzählen und sprecht über die Probleme, mit denen ihr gerade kämpft. Wenn ihr das tut, fühlen sich alle ernst genommen und werden erleichtert darüber sein, dass die Probleme tatsächlich gesehen werden. Sicher haben alle Verständnis dafür, dass nicht alles gleichzeitig lösbar ist und werden euch gerne unterstützen.

### Selbstreflektion

> Wie transparent seid ihr in eurer Kommunikation? Zeigt ihr alles oder habt ihr das Gefühl, das Team vor der Wahrheit schützen zu müssen?

> Habt ihr eine Feedback-Kultur? Gehst du mit gutem Beispiel voran?

> Wie offen kommunizierst du schwierige Entscheidungen?

## Wachstumskultur: Die unsichtbare Macht

### Konstantes Lernen

*„Hier ist ein guter Ort, um zu wachsen. Es gibt ein Growth-Budget, zahlreiche Gelegenheiten zu lernen und ein dynamisches Arbeitsumfeld."*

Der Name ist Programm: Wachstumskulturen zeichnen sich durch konstantes Lernen aus. Growth Leader nutzen jede Möglichkeit, um sich weiterzuentwickeln und zu wachsen, egal ob auf persönlicher oder auf Unternehmensebene.

Individuelles Lernen erfolgt sowohl „on the Job", durch Selbermachen und Abschauen, als auch „off the Job", durch explizite Trainings und Entwicklungsprogramme.

**Learning by Doing.** Nichts ist so effizient, wie das Lernen aus der konkreten Praxiserfahrung: 70 % unserer Lernerfahrung ziehen wir aus dem eigenen Tun. Wir lernen im Wesentlichen direkt an den Aufgaben, die wir übernehmen. Wenn ihr diesen Lernprozess gezielt fördert, erreicht ihr die größten Wachstumssprünge.

Voraussetzung für die Optimierung des „Learning by Doing" ist ein tiefes Verständnis eurer Kollegen: Was sind ihre Kompetenzen, Lernfelder und persönlichen Ziele? Mit diesem Wissen könnt ihr gemeinsam den richtigen Arbeitseinsatz planen. Am meisten lernen wir, wenn wir Aufgaben am oberen Rand des unsers „Flow Channels" übernehmen. An diesem Punkt liegt die Verantwortung, die wir übernehmen, gerade jenseits unserer Komfortzone. Das damit verbundene, gemäßigte Stresslevel fördert und intensiviert die Lernerfahrung – vorausgesetzt, wir werden gut dabei unterstützt, z. B. durch unsere Kollegen, Chefs oder andere Lernbegleiter.

Durch Feedback, Mentoring und Coaching könnt ihr den Lernprozess weiter beschleunigen. Ihr könnt eure Kollegen selber coachen und sie damit bei der Entwicklung ihrer sozialen und Führungskompetenzen unterstützen. Hilfreich sind auch explizite Coachingprogramme. Sollten euch die zu teuer sein: Fragt mal im Team nach. Immer mehr Menschen machen aus persönlichem Interesse eine Coaching-Ausbildung. Vielleicht haben sie Lust, Kollegen bei der Entwicklung zu unterstützen.

> **Growth Leader Live: Feedback- und Fehlerkultur**
>
> Eine Kultur, die Wachstum fördert, ist vor allen Dingen eine Feedback- und Fehlerkultur. Es fördert Wachstum, wenn ich weiß, dass ich Fehler machen darf. Kurze Entscheidungswege, Geschwindigkeit und Wachstum hast du in der Regel, wenn Mitarbeiter viel Eigenverantwortung haben. Und einen großen Spielraum, in dem sie sich ausleben können, ohne Angst davor zu haben, bestraft zu werden, wenn sie etwas falsch machen.
>
> *Fritz Trott, Zenjob*

**Lernen durch Abschauen**: Die zweitwichtigste Lernquelle (20 % der Lernerfahrung) sind erfahrene Kollegen und Vorgesetzte, die zeigen und vorleben, was gelernt werden soll. Das kann quasi nebenbei, durch Beobachtung und gegenseitiges Anlernen passieren. Ihr könnt diesen Prozess aber auch durch Mentorings forcieren, in denen erfahrene Kollegen ihre jüngeren Kollegen begleiten. Hervorragend sind auch

Trainingsangebote, die aus eurem Team heraus entwickelt werden. Diese internen Trainings erhöhen neben der Kompetenz eurer Teams auch die tiefe Verbundenheit, Respekt und Wertschätzung.

**Lernen in Fortbildungen:** Der kleinste Teil des Lernens (10 %) kommt aus expliziten Trainings und Fortbildungen. Auch wenn der Anteil vergleichsweise gering ist: Dies ist der Teil der Weiterbildung, der euch und euren Kollegen neue Impulse gibt. Fokussiert die „externe Weiterbildung" gezielt auf Kompetenzen und Wissensfelder, die euch im Unternehmen fehlen. Das können sehr spezifische Fachkompetenzen sein oder Themen rund um die Persönlichkeits- und Führungsentwicklung.

In Sinne der Eigenverantwortung geben immer mehr Unternehmen ihren Mitarbeitern persönliche Budgets für die berufliche *und* die persönliche Weiterentwicklung. Sie vertrauen darauf, dass die Mitarbeiter am besten wissen, welcher Entwicklungsschritt jetzt ansteht. Diese Entwicklungs- und Wachstumsmöglichkeiten werden begeistert angenommen.

**Perfekte Investition.** Leider springen viele Unternehmen in der Wachstumsphase bei der Entwicklung ihrer Kollegen zu kurz. Sie betrachten Entwicklungsangebote als ein Zuckerl, in das sie in dieser Phase weder Zeit noch Geld investieren wollen.

Als Growth Leader habt ihr eine andere Perspektive: Ihr wisst, dass das Streben nach Meisterschaft ein tiefes Bedürfnis eurer Kollegen ist. Wenn ihr es nicht befriedigt, wird es anderweitig kompensiert – typischerweise mit den Ruf nach mehr Geld. Das ist dann oft wesentlich teurer als die Investition in die Weiterbildung. Und ihr wisst, dass ihr mit der Investition in die Entwicklung eurer Kollegen eigentlich in die Zukunft eures Unternehmens investiert. Hierzu ein Management-Witz:

*CFO zu CEO: Was passiert, wenn wir in die Entwicklung unserer Mitarbeiter investieren, und sie uns verlassen?*
*Antwort des CEO: Was passiert, wenn wir es nicht machen, und sie bleiben?*

**Lernende Organisation.** Growth Leader machen ihre Unternehmen zu einer lernenden Organisation. Eine solche Organisation scannt ihr Umfeld ständig auf Veränderungen, holt sich regelmäßig Feedback, testet neue Wege über gezielte Experimente und reflektiert den Fortschritt in Retrospektiven. „Build-Measure-Learn" ist ihre Devise.

Ihr fördert organisatorisches Lernen, in dem ihr euch regelmäßig Feedback aus dem Team holt. Besonders effizient ist das AWA-Feedback:

- Was sollen wir **A**ufhören zu tun?
- Was sollen wir **W**eiter machen?
- Was sollen wir **A**nfangen zu tun?

Gebt euch immer wieder organisatorische Lernaufgaben. Testet neue Wege der Zusammenarbeit oder der Kommunikation zunächst in einem kleineren Rahmen. Reflektiert diese Erfahrungen in regelmäßigen Retrospektiven und führt die Neuerungen nach erfolgreichen Tests auf breiter Ebene ein. Eine gute Unterstützung für das organisatorische Lernen sind auch agile Coaches, die euch helfen, die Zusammenarbeit in euren Teams zu verbessern.

## Wachstumskultur: Die unsichtbare Macht

### Growth Leader Live: Konstantes Lernen

Einer unserer Werte lautet „One level up" – damit meinen wir den Anspruch, uns kontinuierlich zu verbessern. Wir müssen nicht gleich zwanzig Stufen auf einmal nehmen, auch nicht zehn. Und wir wollen auch nicht zu perfekt sein. Uns ist es wichtig, dass wir uns jeden Tag konsequent ein Stück verbessern und einen Schritt nach vorn machen. Das ist aus unserer Sicht einer der Haupttreiber für gesundes Wachstum, auch, wenn es dafür etwas Geduld braucht.

*Maria Sievert, inveox*

**Externes Wissen.** Nicht alles, was ihr für euer Wachstum braucht, könnt ihr aus eigener Kraft lernen. Externes Wissen für die anstehende Professionalisierung gewinnt ihr vor allem durch „Experienced Hires". Ergänzt euer Team gezielt mit Führungskräften und Experten, die in den relevanten Gebieten bereits umfangreiche Erfahrungen haben und wissen, wie man in strukturierten Umfeldern agiert. Mit ihrer Arbeit geben sie euch und eurem Unternehmen wichtige Impulse zur Weiterentwicklung.

**Lead User.** Gemeinsames Lernen könnt ihr auch in der Zusammenarbeit mit euren Kunden forcieren. Bindet eure besten Kunden als Lead User in die Entwicklung neuer Produkte und Leistungen ein. Eure Traumkunden helfen euch sicher begeistert dabei, eure Leistungen kontinuierlich zu verbessern. Als Berater könnt ihr auch euren Kunden Lernerfahrungen bieten und damit ihr Bedürfnis nach Meisterschaft bedienen. Nicht ohne Grund ist Content Marketing inzwischen stark etabliert.

**Deine Führungsrolle.** Dir ist klar, dass du viel lernen musst. Nimm dir die Zeit dafür, arbeite mit einem Coach, hole dir Impulse von außen. Teile diese Lernerfahrungen mit dem Team und signalisiere damit: Es ist ok nicht alles zu wissen, solange man an sich arbeitet.

Lasst euch auch im Führungsteam Impulse geben. Arbeitet mit einem Coach zusammen oder ladet erfahrene CEOs und Growth Leader in eure Strategieworkshops ein. Auch die Vernetzung mit anderen Wachstumsunternehmen gibt euch neue Anregungen. Lebt das Teamlernen über regelmäßige Retrospektiven vor.

Stellt schließlich sicher, dass euer Unternehmen feste Entwicklungsbudgets und Lernzeiten hat, auch wenn ihr noch keine großen Gewinne macht. Lernen ist kein Luxus, den ihr euch leistet, wenn ihr mal Gewinne macht. Ihr macht Gewinne, wenn ihr konstant lernt.

### Selbstreflektion

- Wie viel Zeit investierst du in deine persönliche Entwicklung? Was funktioniert für dich am besten?
- Wie viel investiert ihr als Unternehmen in die Entwicklung eurer Kollegen?
- Wie bewusst lernt ihr als Organisation? Macht ihr regelmäßige Retrospektiven? Was sind eure Lernerfahrungen? Wie könnt ihr sie ausbauen?

## Authentische Vielfalt

*„Ich darf in der Arbeit Spaß haben und lachen, ich fühle mich wohl und sicher und muss mich nicht verstellen."*

Die letzte Tugend von Wachstumskulturen ist die authentische Vielfalt. Strebt Vielfalt entlang aller Dimensionen an: Ein guter Nationalitäten-, Gender- und Alters-Mix, aber auch ein Mix unterschiedlicher Haltungen und Erfahrungen. Wachstumskulturen sind ein ziemlich bunter Haufen.

**Vielfalt.** Unternehmen mit Wachstumskulturen pflegen Vielfalt aus tiefer Überzeugung. Ihr wisst: Unterschiedliche Perspektiven führen zu besseren Entscheidungen. Eine starke Kultur heißt bei euch nicht, dass alle Menschen eine Gehirnwäsche durchlaufen. Ihr sucht unabhängige Geister, die ihre eigenen Ideen und Erfahrungen einbringen. Mit dieser Vielfalt verhindert ihr das Groupthink, das oft der Stolperstein starker Kulturen ist und regelmäßig zu Fehlentscheidungen führt.

### Growth Leader Live: Authentische Vielfalt leben

Kultur schafft eine gewisse Homogenität. Gleichzeitig braucht es aber auch Diversity. Es ist gut, beides zu realisieren, auch wenn es sich zu widersprechen scheint. Man muss den Leuten helfen, mit Diversity umzugehen. Du musst den Leuten klar machen, welche Dimensionen das hat: Nicht nur Geschlechter und Herkunft, auch der sozio-ökonomische Background ist wichtig. Und du musst zeigen, dass es kein Selbstzweck ist, sondern dass es die Firma wirklich besser macht.

*Florian Heinemann, Project A*

Im Team brauchst du unterschiedliche Mindsets. Nicht jedes Mindset tickt unternehmerisch und nicht jedes soll es auch tun. Diversity ist extrem wichtig und die Transparenz und Akzeptanz dieser Mindsets. Zu wissen, ich bin jemand, der nicht so pusht, und brauche jemanden, der mich antreibt. Oder ich bin jemand, der pusht, und brauche jemanden, der hinter mir aufräumt. Dafür Verständnis zu haben, ist wichtig.

*Christoph Behn, Better Ventures, ex Kartenmacherei*

**Authentizität.** Vielfalt alleine reicht nicht. Ihr schätzt es auch, wenn diese Vielfalt authentisch gelebt wird. *„Bring you own self to work"* ist euer Motto. Menschen sind besonders effektiv, wenn sie so sein dürfen, wie sie sind, statt sich zu verstellen.[34] Menschen, die authentisch sind, zeigen auch mehr Respekt und Wertschätzung für ihre Kollegen – womit sich der Kreis der 8 Tugenden einer Wachstumskultur schließt.

**Emotionen.** Wenn ihr authentische Vielfalt lebt, lasst ihr auch Emotionen zu und respektiert sie. Für euch und das Team. Die Welt ist nicht immer rosig. Es gibt auch schlechte Tage. Feiert eure großen Erfolge ausgelassen, lasst aber auch die Trauer nach einem Misserfolg zu und kehrt nicht einfach zur Tagesordnung zurück. Das gilt natürlich nur, wenn die Emotionen nicht auf Kosten anderer gehen. Emotionen zulassen heißt nicht, dass die cholerische Chefin oder der zickige Mitarbeiter ok ist.

## Wachstumskultur: Die unsichtbare Macht

Ein guter Zugang zu Emotionen stärkt euch auch im Umgang mit euren Kunden. Das tiefe Verständnis eurer Traumkunden lebt davon, dass ihr erspürt, was diese Menschen wirklich bewegt und was sie fühlen. Teams mit authentischer Vielfalt verstehen ihre Kunden besser und können sich besser auf deren Vielfalt einlassen. Ein entscheidender Vorteil bei der Kundengewinnung und -bindung.

Die Förderung der authentischen Vielfalt beginnt im Recruiting. Stellt sicher, dass ihr vielfältige Charaktere einstellt. Und gebt euren Kollegen im täglichen Leben die Möglichkeit, sich als ganzer Mensch zu zeigen: Mit all ihren Stärken, Schwächen und Kompetenzen.

> **Growth Leader Live: Vielfalt im Recruiting**
>
> Wir haben sehr von einer offenen Personalauswahl profitiert. Wir haben nie dogmatisch nach Leuten gesucht, die irgendwas Bestimmtes im Lebenslauf haben. Der wichtigste einzelne Mann bei uns hat ein abgebrochenes Studium und einen ironischen Doktortitel. Den hätten die meisten niemals als maximalen Werttreiber eingestellt. Aber ich dachte: „Schauen wir mal, ist ein sympathischer Typ". Das hat extrem gut funktioniert. Der Kollege hat in besonderem Maße dazu beigetragen, dass wir so sind wie wir sind. Natürlich ist nicht jeder so extrem. Aber wir haben viele Leute aus ganz anderen Kontexten, bei denen erst unklar war, was die können. Man kommt eben nicht nur mit den McKinsey-Typen weiter. Ich sehe natürlich, wie viele VC-Gründer das machen.
>
> Aber bei uns, wo es auch um kreative Sachen und um ein sehr „anfassbares" Business geht, brauchst du die richtige Mischung und die kommt nicht nur aus Top-Beratungen. Das heißt auch, den Leuten eine Chance zu geben, offen zu sein und zu gucken „Wer kommt wie rüber?" Natürlich geht das nicht immer gut. Wenn man merkt, es läuft nicht so glücklich, dann muss man das auffangen, bevor es zu spät ist.
>
> *Philipp Westermeyer, OMR/Ramp 106*

**Deine Führungsrolle.** Wie immer: Vorleben. Authentische Vielfalt ist besonders glaubwürdig, wenn ihr sie nicht nur quer durch das Unternehmen, sondern vor allem im Führungsteam lebt. Schaffe ein Führungsteam, das nicht aus Klonen deiner selbst besteht, sondern aus Menschen, die dich ergänzen und das alle relevanten Mindsets umfasst (Siehe Kapitel *Teamführung*, Abschnitt *Konzeption*).

Als Gründer seid ihr tendenziell Macher oder Visionäre. Wenn euer Unternehmen wächst, braucht ihr neue Kompetenzen. Ihr müsst Strukturen schaffen, braucht neues Fachwissen. Alles Kompetenzen, die euch bisher fehlen, euch nicht liegen oder euch einfach keinen Spaß machen. Zeit für die Strukturierer und Integratoren, die COOs und Personalleute.

Leider reicht es nicht, dass du dir Menschen mit diesen Kompetenzen ins Team holst. Nur wenn du ihr Mindset wirklich schätzt, kannst du sie auch gut integrieren. Tatsächlich hadern viele Gründer am Strukturierer-Mindset. Sie wissen, dass sie einen COO brauchen, der den Laden aufräumt. Gleichzeitig wehren sie sich gegen die Strukturen, die ihrem Baby scheinbar die Freiheit nehmen. Das Resultat: Der COO verlässt das Unternehmen, eine neue COO wird geholt. Nächster Versuch – oft mit demselben Ergebnis. Viele Unternehmen erleben eine ganze Reihe von COO-

Hires und -Fires, die an diesem Mindset-Clash hängen. Die Lösung: Übernimm die Tätigkeiten des COO erst mal selber, dann fällt es dir leichter, die Leistung des Strukturierers zu schätzen.

---

**Selbstreflektion**

▸ Wie vielfältig ist dein Team? Umgibst du dich gerne mit Menschen, die dich ergänzen? Oder lieber mit Menschen, die dir sehr ähnlich sind?

▸ Bist du eher rational oder emotional? Was würdet ihr gewinnen, wenn ihr mehr Emotionen zulassen würdet?

▸ Welche anderen Mindsets solltest du besser schätzen lernen?

---

## Das Ergebnis: Wachstum auf allen Ebenen

Die acht Tugenden beschreiben, was eine Wachstumskultur im Kern ausmacht. Diese Kultur könnt ihr aktiv gestalten, zur Entwicklung jeder Tugend gibt es viele Ansatzpunkte. Und die Arbeit an der Kultur lohnt sich: Glück, Wachstum und nachhaltige Wettbewerbsvorteile sind das Ergebnis dieser Arbeit.

**Glück.** Das erste Ergebnis einer Wachstumskultur sind glückliche, engagierte und motivierte Kollegen, Spaß am Arbeiten und eine tolle Arbeitsatmosphäre, die auch mit wachsender Größe des Unternehmens nicht an Attraktivität verliert.

**Wachstum.** Eure Wachstumskultur endet nicht an der Unternehmenspforte. Das Engagement und die Begeisterung eurer Kollegen springen auch auf eure Kunden über. Eure Wachstumskultur ist das Schwungrad, das überdurchschnittliches Wachstum aufbaut.

**Wettbewerbsvorteil.** Kunden und Kollegen spüren den Geist eurer Wachstumskultur und sind bereit, intensiver und länger mit euch zusammenzuarbeiten. Damit ist eure Wachstumskultur gleichzeitig Wettbewerbsvorteil im Kampf um die attraktiven, profitablen Kunden *und* im War of Talents.

---

**Growth Leader Live: Kultur als Wachstumstreiber**

Was macht eine gute Firma aus? Das fängt mit den Werten an. Wie behandle ich meine Partner:innen, mein Team, meine Mitarbeiter:innen, allen voran meine Kund:innen? Wie gehe ich mit denen um? Eine gute Kultur ist fair, ehrlich und offen. Eine gute Kultur ist nach hinten raus der Motor für Wachstum, für das, was man dann in der P&L sieht. Es ist ein entscheidender Punkt, wenn nicht sogar der entscheidendste, wie wir miteinander umgehen. Darüber wird viel zu wenig gesprochen.

*Christoph Behn, Better Ventures, ex Kartenmacherei*

---

Wenn alle Tugenden ineinandergreifen, bringt eine Wachstumskultur euer Unternehmen auf das nächste Level: In der Verbindung der verschiedenen Tugenden

## Wachstumskultur: Die unsichtbare Macht

entsteht etwas, das Stanley McCrystal als *„Geteiltes Bewusstsein und kollektive Intelligenz"* bezeichnet: Eine intensive Zusammenarbeit quer über das Unternehmen, die höchste Kreativität und Performance zulässt. Hier spielt ein Team of Teams mit Freude und höchster Energie über die Bande.

## Kulturführung: Kulturgestaltung in 6 Zügen

> *„Unternehmenskultur ist der einzige nachhaltige Wettbewerbsvorteil, der vollständig in der Kontrolle des Unternehmers liegt".*
>
> David Cummings

Eine echte Superkraft wird eure Kultur, wenn ihr nicht nur an einzelnen Rädchen dreht, sondern eure Kultur ganzheitlich entwickelt. Und dabei demütig ambitioniert bleibt, denn es gibt keine perfekte Kultur, sondern immer nur die aktuell bestmögliche. Die Entwicklung eurer Unternehmenskultur ist bei aller Anstrengung ein laufender Prozess.

Die meisten CEOs von Wachstumsunternehmen haben inzwischen verstanden, dass Kultur wichtig ist und gestaltet werden kann. Guter Start, aber oft gefolgt von der Entscheidung, diesen „Job" zu delegieren. Da Kultur etwas ist, das mit Menschen zu tun hat, wird diese Aufgabe gerne dem Personalteam um den Hals gehängt. Aus dem „Head of People" wird in immer mehr Unternehmen ein „Head of People & Culture". Problem adressiert und gelöst. Klingt doch super! Ist doch ein tolles Zeichen an das Team, dass man das Thema Kultur wirklich ernst nimmt. Wenn die Kultur dann Mist ist, hat halt das Personalteam versagt. Dumm gelaufen ...

> **Growth Leader Live: Laufende Kulturentwicklung**
>
> Wir waren gerade vielleicht zehn Leute, als wir angefangen haben, die Kultur explizit zu machen. Also sehr früh in unserer Entwicklung. Seither ist das „Work in Progress". Je mehr wir wachsen, desto mehr Leute reden mit und das ist auch gut so. Die aktuelle Formulierung unserer Kultur und der Prinzipien haben wir mit unserem ganzen Middle Management gemacht. Das hilft enorm für das Buy-in. Denn es ist eben nicht etwas, das verordnet wurde, sondern das, wo auch alle auf eine konstruktive Art und Weise mitreden können. Die Formulierung soll die gelebte Realität einfangen und diese wiederum weiter prägen und für neue Team-Mitglieder greifbar machen.
>
> Alex Mahr & Jan Sedlacek, Stryber

**CEO = Chief of Culture.** Wenn überhaupt jemand Chief of Culture ist, dann du, der oder die CEO. Eine starke Wachstumskultur schafft ihr nur, wenn ihre Entwicklung die oberste Priorität des Führungsteams ist. Ihr müsst euch überlegen, was eure Kultur ausmachen soll, ihr müsst sie vorleben und auch regelmäßig den Umsetzungsstand überprüfen. Die besten Indikatoren: Vertrauen, Motivation und Engagement des Teams.

Kultur wächst mit. Aber keine Sorge: Kultur ist zwar ein großes, scheinbar unfassbares Thema. Aber durch den starken Einfluss, den die Persönlichkeit des Gründers oder CEO, sprich deine Persönlichkeit, auf die Ausprägung der Kultur hat, entwickelt sie sich auch mit einer gewissen Natürlichkeit. Wenn *du* den Weg vom Gründer zum CEO und Growth Leader entschieden gehst, dann wird sich auch der Kulturwandel ganz natürlich anfühlen. Denn er läuft parallel zu deiner eigenen Entwicklung.

## Kulturwandel live: Upstalsboom und Bodo Janssen

Einen besonders beeindruckenden Kulturwandel hat das Hotelunternehmen Upstalsboom unter seinem Eigentümer und Geschäftsführer Bodo Janssen durchlaufen. Von ihm selbst wunderbar beschrieben im Buch „Die stille Revolution"[35]. Der Prozess dieses aktiven Kulturwandels zeigt sehr gut, wie du das Thema angehen kannst.

Bodo Janssen hatte die Hotelgruppe von seinem Vater übernommen und klassisch gemanagt, zahlenorientiert, Top Down, immer bereit, einzugreifen. Er hatte sich intensiv mit Managementfragen beschäftigt und gab sein Bestes.

**Der Schock!** Das Geschäft lief gut, aber es gab immer mehr Alarmsignale: Hoher Krankenstand, steigende Fluktuation, immer weniger Bewerber. 2010 ließ er eine Mitarbeiterumfrage machen. Das Ergebnis war vernichtend. Das Team fühlte sich schlecht geführt. Alles war dabei, bis hin zum Zitat: „Wir brauchen einen anderen Chef als Bodo Janssen". Schock! Er hatte doch versucht, alles gut und richtig zu machen, warum kam das nicht an? Das zu erleben, war ein unglaublich schmerzhafter Prozess.

**Reflektion.** Für Bodo Janssen kam jetzt eine intensive Phase der Reflektion. Über 18 Monate zog er sich immer wieder in das Kloster Münsterschwarzach zurück. Dort explorierte er gemeinsam mit Pater Anselm Grün, was sein eigener Beitrag zu dieser Situation war. Er lernte zunächst, sich selbst zu führen und wurde zum inneren Growth Leader. Über diese Phase sagt Bodo Janssen:[36]

*Meine Veränderungen sind den Mitarbeitern gar nicht bewusst geworden. Die haben lediglich gespürt, dass sich etwas verändert (...). Ich habe damals begonnen, stark an mir selbst zu arbeiten, damit hat sich das Bild von mir in den Köpfen der Mitarbeiter verändert. Mein Verhalten hat dann einen Wandel innerhalb der Organisation bewirkt.*

Der eigene Lernweg war die Voraussetzung für den Kulturwandel. In dem Maß, in dem sich das Denken und Verhalten von Bodo Janssen änderte, begann sich die Kultur zu ändern.

**Aktive Lernreise.** Natürlich passiert eine Kulturänderung nicht nur organisch. Auf Basis seiner eigenen Überlegungen zur Zielkultur stieß Bodo Janssen einen umfassenden Veränderungsprozess an. Er nahm immer mehr Menschen mit auf die Lernreise. In gemeinsamen Klosteraufenthalten und Workshops arbeitete er mit dem Team an Kultur und Werten.

## Wachstumskultur: Die unsichtbare Macht

Parallel wurden zwei weitere Prozesse angestoßen: Die Veränderung des Teams und die Anpassung wesentlicher Strukturen an die Zielkultur.

**Kulturhebel Team.** Die wichtigste Veränderung im Team war der Weggang von Hotelmanagern, die diese Kulturveränderung nicht mittrugen. Gleichzeitig wurde sichergestellt, dass sowohl die bestehenden Kollegen als auch neue Kollegen auf unterschiedlichsten Plattformen erfahren konnten, wie die neue Kultur aussieht und wie sie gelebt wird.

**Kulturhebel Struktur.** Wichtig war auch die Anpassung aller Strukturen an die neue Kultur: Organisation, Entscheidungsfindung, Gehaltsstrukturen, bin hin zur Gestaltung der Räume. Auch das Angebot des Unternehmens veränderte sich zunehmend. Mit dem Kulturwandel öffnete sich nicht nur der Blick für die Bedürfnisse des Teams, sondern auch für die der Kunden.

**Kultur trägt Wachstum.** Leider ist hier nicht der Platz all das aufzuzählen, was in diesem Kulturwandel angestoßen wurde. Es lohnt sich tatsächlich sehr, das Buch zu lesen, das Bodo Janssen über diese unglaubliche Reise geschrieben hat. Heute liegt der Fokus der Arbeit bei Updalsboom darauf, die Kultur weiterzuentwickeln. Aus den Überlegungen, was die konsequente Umsetzung dieser Kultur für das Angebot des Unternehmens bedeutet, entstehen inzwischen viele neue Geschäftsideen, die das Unternehmen auch künftig auf dem Wachstumspfad halten werden. Gemeinsam mit begeisterten Kunden und einem begeisterten Team.

Was kannst du aus diesem Prozess lernen?

Zunächst einmal: Kulturwandel ist Chefsache. Du als CEO prägst die Kultur, kein anderer. Hier gehst du mit deiner Persönlichkeit in die Bütt und stehst für die Umsetzung ein. Tag für Tag. Das Führungsteam kann dich dabei unterstützen, aber nur, wenn es deine Werte zu 100 % mitträgt. Wenn nicht, musst du das Team anpassen.

Die Transformation zu einer Wachstumskultur verläuft in 6 Schritten.

- **Aktuelle Kultur verstehen:** Wie sieht unsere Kultur heute aus? Was ist gut? Was würde ich gerne ändern? Was ist mein Anteil daran? Ganz zentral: Dem Team zuhören!
- **Werte und Zielkultur definieren:** Entwickle mit dem Führungsteam eure Zielkultur: Welche Grundhaltung haben wir? Was sind unsere Werte? Wie sollen die Menschen bei uns im Unternehmen agieren? Und vor allem: Was heißt das für unser Handeln? Wo müssen wir unsere Haltung und unsere Werte anpassen, damit wir diese Zielkultur tatsächlich authentisch vorleben? Bindet in diesen Definitionsprozess immer größere Kreise des Teams ein.
- **Kultur vorleben:** Lebt die Kultur vor. Kommuniziert eure Zielkultur und eure Werte breit und ständig. Nicht nur verbal, sondern vor allem mit eurem täglichen Handeln. Handeln ist stärker als Worte. Sammelt und erzählt Geschichten, die eure Zielkultur plastisch demonstrieren.
- **Das richtige Team:** Nicht jeder Mensch passt in jede Kultur. Stellt nur Menschen ein, die zur Kultur eures Unternehmens passen. Helft neuen Kollegen, sich in

eure Kultur einzuleben. Macht die Entwicklung eurer Kollegen zur Top-Priorität. Und trennt euch von Menschen, vor allem von Führungskräften, die eure Kultur nicht leben, egal wie gut sie „performen". Lasst auch eure Kunden erleben, wie sich eure Kultur ändert – denn schließlich sind auch sie Teil eures Traumteams.

- **Kultur und Struktur synchronisieren:** Eure Kultur spiegelt sich in allen Strukturen: Gehalts- und Bonusstrukturen, Organisation, Prozesse, IT-Systeme, Architektur etc. Synchronisiert eure Strukturen mit eurer Zielkultur. Ihr könnt noch so viel über Zusammenarbeit reden. Wenn die Boni nur Einzelleistungen honorieren, arbeitet jeder für sich. Wertschätzung und Respekt sind Worthülsen, wenn alle mit schlechter Hardware und in hässlichen Offices arbeiten.
- **Kulturcontrolling und Evolution:** Überlegt euch, wie ihr eure Kulturentwicklung messbar macht. Denn nur was messbar ist, passiert auch. Eine Kultur ist nie fertig. Schnell wachsende Unternehmen ändern sich ständig. Stellt sicher, dass auch eure Kultur nicht stehen bleibt, sondern mitwächst.

Kulturentwicklung ist ein umfangreicher Prozess. Nichts, was ihr mal eben in einem Quartal abhakt. Rechnet für den expliziten Umbau einer Kultur mit ein bis eineinhalb Jahren. Und da es viel um das Vorleben geht, ist es auch kein Prozess, den du einfach so beschleunigen kannst. Aber es ist ein Aufwand, der sich lohnt: Eine Wachstumskultur ermächtigt das Team, pusht euch nach vorne und hält die Organisation auch ohne viele Regeln zusammen. Sie ist ein wesentliches Fundament von Growth Leadership. Mit einer starken, menschenzentrierten Kultur werdet ihr zum Magneten für Traumkollegen und Traumkunden. Das bedeutet mehr Wachstum, bessere Margen und ein stabileres Team.

Indem sie dein Mindset spiegelt, macht eine Wachstumskultur das scheinbar Unmögliche möglich: Sie bringt dein Unternehmen dazu, in deinem Sinne zu funktionieren, auch wenn du nicht mehr im Zentrum stehst. Eine starke Wachstumskultur ist damit der größte Hebel für deine persönliche Unabhängigkeit.

> **Growth Leader Live: Kulturentwicklung**
>
> Wir haben in verschiedenen Anläufen versucht, unsere Kultur greifbar zu machen. Das wird von Tag zu Tag relevanter. Wir sind in dreizehn Ländern aktiv. Da beginnt sich jeder eine eigene Welt zu schaffen. Es ist unglaublich viel Arbeit, die Kultur zu definieren und sie dann überall mit reinzutragen. Sicherzustellen, dass die Kultur wirklich umgesetzt wird und dass sie im Performance Management und in der Kommunikation ankommt. Es gibt ganz viele Bereiche, wo Kultur operationalisiert werden muss. Sonst ist es nur was, was ich mir an die Wand schreibe.
>
> *Gero Decker, Signavio*

**Wachstumskultur schafft Wachstum.** Das zeigt auch das Happy End von Updalsboom. Aus einem Unternehmen mit hoher Fluktuation und unzufriedenen Kunden wurde ein echter Wachstumsführer, der mit begeisterten Kollegen und Kunden auch wirtschaftlich über sich hinauswächst:[37]

## Wachstumskultur: Die unsichtbare Macht

- **Begeisterte Kollegen:** Mitarbeiterzufriedenheit von 80 %, Rückgang des Krankenstands von 8 % auf 3 %, 4000 Bewerber auf 140 freie Stellen.
- **Begeisterte Kunden:** Weiterempfehlungsrate von 98 %.
- **Wirtschaftlicher Erfolg:** Verdopplung der Umsätze innerhalb von drei Jahren, bei überproportionaler Steigerung der Produktivität.

Und auch das mit der unternehmerischen Freiheit hat funktioniert. Bodo Janssen hat die operative Führung der Hotelgruppe inzwischen abgegeben und kann sich nun ganz seiner persönlichen Mission widmen: *„Wertschöpfung durch Wertschätzung"*.

---

### Selbstreflektion

- Hast du das Unternehmen geschaffen, in dem du selber arbeiten willst?
- Wie aktiv gestaltet ihr eure Kultur? Habt ihr schon mal Fehlentwicklungen korrigiert? Wie war das?
- Sind eure Kunden und Kollegen zufrieden? Wie erleben sie eure Kultur?

---

Die folgenden Abschnitte führen dich durch die 6 Schritte der aktiven Kulturentwicklung: Vom Verständnis eurer aktuellen Kultur bis hin zur laufenden Weiterentwicklung.

## Aktuelle Kultur verstehen

Eure bewusste Kulturentwicklung startet mit einem Review eurer aktuellen Kultur. Wenn ihr euch bisher nicht aktiv mit der Entwicklung eurer Kultur auseinandergesetzt habt, lohnt sich als erstes ein Blick auf die Kommentare, die ihr auf Kununu und Glassdoor bekommt.

**Interner Kulturcheck.** Bei vielen guten Bewertungen (4,3 und mehr Sterne), seid ihr bereits auf dem richtigen Weg. Euer Ziel ist dann die Weiterentwicklung und Optimierung einzelner Tugenden. Startet mit einer Umfrage, in der ihr das Team fragt, wo sie euch bei den Tugenden der Wachstumskultur sehen, gerne kombiniert mit den drei AWA-Fragen: Was sollen wir aufhören, was weitermachen, und was anfangen?

Mit persönlichen Gesprächen quer durch die Organisation könnt ihr die Ergebnisse gezielt vertiefen. Lasst diese Gespräche am besten von Kollegen machen, denen sowohl ihr als auch das Team vertraut. Damit erreicht ihr die größtmögliche Offenheit.

**Externer Kulturcheck.** Ein anderes Vorgehen solltet ihr wählen, wenn eure Bewertungen schlecht sind und ihr auch selber das Gefühl habt, dass eure Kultur dysfunktional ist. Wenn viele Kommentare von schlechter Führung und Angstkultur berichten, führt euch eine interne Umfrage nicht zum Kern des Problems. Arbeitet in diesem Fall, wie Bodo Jansson, mit einem externen Coach oder Organisationsberater und lasst ihn oder sie persönliche Gespräche quer durch euer Team führen. In einer bereits von Angst geprägten Kultur schafft ihr so einen sicheren, neutralen Rahmen, innerhalb dessen sich die Kollegen vertrauensvoll öffnen können.

Es ist enorm, wie emotional es wird, wenn Menschen ihre Sorgen endlich frei aussprechen können. Interviewer, die selber Teil des Teams sind, können diese Emotionen nur schwer ertragen. Oft verlieren sie angesichts der Wucht der berichteten Frustrationen ihre Neutralität und schlagen sich auf die Seite des Teams. Damit aber sind sie für dich kein neutraler Sparringspartner mehr – und den brauchst du in diesem Prozess unbedingt.

**Ergebnisse verstehen**. Egal, welchen Weg du wählst. Wenn die Ergebnisse vorliegen, heißt es erstmal reflektieren:

- Was sind die größten kulturellen Probleme? Was ist ihre Ursache?
- Was ist dein Anteil daran? Welche deiner Verhaltensweisen triggern Kulturprobleme?
- Was sind die größten Hebel zur Verbesserung? Wo erzielt ihr besonders schnell Veränderungen?

Mit diesen Reflektionen startest du auch den Prozess der Selbstführung. Überlege dir, was dein Anteil daran ist, dass die Kultur ist, wie sie ist. Keiner übernimmt Verantwortung – aber hast du sie jemals abgegeben? Nichts wird zu Ende gebracht – aber hast du jemals klare Ziele gesetzt? Vor allem bei sehr negativen Rückmeldungen aus dem Team solltest du dir für diesen Prozess einen Begleiter suchen, der dir hilft, mit den Erkenntnissen umzugehen. Sonst baut sich in dir schnell eine große Abwehr gegen das Team auf und verhindert den angestrebten Kulturwandel.

## Werte und Zielkultur definieren

Ihr wisst jetzt, wo eure Kultur die größten Baustellen hat. Ziel des nächsten Schritts ist die Definition eurer Zielkultur. Sie sollte authentisch und gleichzeitig ambitioniert und zukunftsorientiert sein. Da eine Kultur immer der Spiegel der Führung ist, heißt das, dass auch du bereits erste Schritte auf dem Weg zum Growth Leader gegangen bist. Wenn du dein Verhalten nicht anpasst, z. B. stärker Verantwortung übergibst, wird die Kultur so bleiben wie sie ist.

Grundlage eurer Kulturdefinition sind die Werte eures Unternehmens, die ihr mit Erläuterungen, Geschichten, Bildern und Arbeitsprinzipen zum Leben weckt. Eure Werte könnt ihr in zwei Schritten herleiten:

- **Kernwerte** sind die Werte, die ihr bereits lebt, und die in weiten Zügen deine Werte spiegeln. Starte daher mit der intensiven Reflektion deiner eigenen Werte. Was ist dir wichtig? Was sind deine Werte und Überzeugungen? Und was sagen deine Traumkunden und Traumkollegen über die Werte, die dir wichtig sind?
- **Ambitionswerte.** Schau im zweiten Schritt in die Zukunft: Welche Werte braucht ihr, um euren großen Traum, eure Mission und Vision zu realisieren? Gibt es

## Wachstumskultur: Die unsichtbare Macht

Verhaltensweisen, die ihr ändern oder lernen wollt? Welche Tugenden wollt ihr wiederbeleben?

Bringt dann eure Kernwerte und Ambitionswerte zusammen und formuliert daraus ein Set von 3-6 Werten: Das sind die Werte eures Unternehmens, die deine Persönlichkeit und euren Traum harmonisch verbinden.

> **Growth Leader Live: Werteentwicklung**
>
> Die Value-Entwicklung haben wir Bottom-up gemacht. Dieser Prozess hat sehr gut dargestellt: Wie sind wir wirklich? Was eint uns? Wo wollen wir hin? Das war aufwändig, hat uns aber mega viel Buy-in gegeben.
>
> Das komplette Projekt hat vier bis sechs Monate gedauert. Erst haben wir gefragt: „Hey, wer hat ein Interesse, daran mitzuarbeiten?" Daraufhin haben sich 50 oder 60 Leute gemeldet. Fünf Arbeitsgruppen haben jeweils einen ersten Ansatz erarbeitet. Dann hat jede Gruppe einen Sprecher gewählt. Mit diesen Sprechern habe ich dann die finalen Values erarbeitet. Da wurde diskutiert: Welche Werte überlappen? Was ist das gleiche, wurde aber anders ausgedrückt? Welche Werte sind erstrebenswert, leben wir aber aktuell noch nicht? Da kam das Thema „Datengetriebenes Arbeiten" auf. Wir hatten es zu dem Zeitpunkt noch nicht, wussten aber alle, dass wir da hinkommen wollen. Insgesamt haben wir mindestens 80 Prozent Bottom-up gemacht plus die ein oder zwei Ambitionswerte, die zeigen wo wir hinwollen.
>
> *Fabian Spielberger, Pepper.com*

Vor der Detaillierung eurer Werte lohnt sich noch ein Gegencheck: Gibt es Werte der Zielkultur, die sich gegen euch wenden können? Was ist zu einseitig oder kann sich negativ verstärken, wie die Leistungsorientierung bei Uber?

**Operationalisierung.** Wenn die Werte eurer Zielkultur stehen, geht es an die Operationalisierung. Je umfassender ihr eure Werte beschreibt, desto klarer wird euren Kollegen, was ihr meint und desto besser funktioniert die Umsetzung.

> **Toolbox: Die 6 Komponenten der Wertebeschreibung**
>
> ▶ Den **Wert** an sich, kurz und knackig, gut merkbar.
>
> ▶ **Beschreibung:** Was macht diesen Wert aus, was umfasst er?
>
> ▶ **Bild** zur Verdeutlichung des Werts. Bilder sprechen das Herz an und sind eingängiger als eine abstrakte Beschreibung.
>
> ▶ **Arbeitsprinzipien,** in die sich der Wert übersetzt. Was heißt z. B. Offenheit konkret? Feedbacks in jedem Meeting? Das Teilen aller Zahlen?
>
> ▶ **Legende.** Geschichten oder Unternehmenslegenden, die den Wert des Unternehmens in Aktion zeigen und das Herz eurer Kollegen ansprechen.
>
> ▶ **Recruiting-Frage:** Ein oder zwei Interview-Fragen, mit denen eure Recruitees und Kollegen explorieren können, was dieser Wert für sie bedeutet.

Ein besonders gutes Beispiel für die Kommunikation von Werten ist das „Little Book of IDEO": Es zeigt die Werte und Prinzipien des Designunternehmens, und belebt die Werte mit passenden Stories. Das Ganze ist ein liebevoll gestaltetes rotes Buch, das jeder bekommt, der bei IDEO einsteigt. Ein starkes Kultur-Dokument ist auch das „Netflix Culture Deck": Durchdacht, gut gestaltet, umfassend.

## Kultur vorleben

Wenn ihr die Werte und Tugenden eurer Zielkultur definiert habt, geht es an die Umsetzung. Mit dir als Hauptperson. Dein wichtigster Job: Lebe die Werte und Tugenden authentisch vor und kommuniziere sie intensiv. Es reicht nicht, wenn ihr eure Zielkultur einmal vorstellt und die Werte mit hübschen Plakaten an die Wand hängt. Diskutiert die Werte und ihre Auswirkung auf euer Handeln in den unterschiedlichsten Runden, damit das Team ein klares Verständnis für die Werte entwickelt.

> **Growth Leader Live: Kultur vorleben, Geschichten erzählen**
>
> Wir haben vier Werte: #Humble #Hungry #Honest #Helpful. Die haben wir bereits am Anfang etabliert. Sie stehen bei uns an der Wand, aber davon leben sie nicht. Sie leben davon, dass wir uns so verhalten. Für unsere neuen Mitarbeiter gibt es immer eine Begrüßung. Da erkläre ich die Werte mit einer Geschichte: „Du bist jetzt hier bei Zenjob. Stell dir vor, du hast dich mit jemandem von außerhalb zum Mittagessen verabredet. Die Person wartet kurz am Empfang auf dich. Beim Mittagessen erzählt sie dann, was sie in dieser Zeit erlebt hat: „Unglaublich, wie nett hier die Leute sind, wie hilfsbereit die Dame am Empfang war. Ich habe zwei von deinen Kollegen zugehört. Diese Leistungsbereitschaft, echt hungrig! Ich habe gesehen, wie der CEO der Praktikantin „Hallo" gesagt hat". Das zeigt ganz praktisch, wie unsere Werte gelebt werden. Und das ist das, was uns wichtig ist.
>
> *Fritz Trott, Zenjob*

**Mach dich erlebbar.** Den Kulturwandel kannst du auch forcieren, indem du viel Zeit mit deinem Team verbringst. Im direkten Kontakt mit dir erfahren deine Kollegen live, was es heißt, eure Kultur zu leben. Arbeitet viel mit positivem Feedback, zeigt Anerkennung und modelliert damit das Verhalten und die Kultur, die ihr haben wollt.

**Regeln & Entscheidungen.** Eure Kultur zeigst du auch mit klaren Entscheidungen und Regeln. Aus der Analyse historischer Kulturtransformationen leitet Ben Horowitz in seinem Buch zur Gestaltung von Unternehmenskulturen folgende Vorschläge ab:[38]

- Rüttle dein Unternehmen mit einer überraschenden, schockierenden Regel wach. Dann weiß jeder im Team: „Jetzt geht es los!"

- Treffe möglichst bald Entscheidungen, die eure kulturellen Prioritäten zeigen und lebe sie vor. Teamraum für alle statt Eckbüro, Homeoffice, das auch ihr als Führungsteam wahrnehmt, etc.

## Wachstumskultur: Die unsichtbare Macht

▶ Statuiert ein erinnerungswürdiges Exempel gegenüber Menschen, die sich dem Kulturwandel verweigern. Besonders hilfreich: Weggang von Führungskräften forcieren, die die Kultur nicht mittragen.

▶ Ihr könnt den Kulturwandel auch durch externe Impulse forcieren, allen voran durch die Einstellung externer Führungskräfte mit dem passenden Mindset.

> **Growth Leader Live: Exempel statuieren**
>
> Was beim Thema Kultur viel gebracht hat, ist, dass wir bei Dingen, die uns wichtig waren, sehr explizit waren. Und dann Exempel dazu statuiert haben. Bei uns gibt es z. B. ein Prinzip, das heißt „No Politics". Wo wir arbeiten möchten, darf es keine Politik geben. Punkt. Keine Ausnahmen. Wir haben das in unseren Werten definiert und Beispiele für Red-Flag-Verhalten gegeben: Das Reden hinter dem Rücken von anderen, das schlecht Reden über andere … Dann gab es tatsächlich eine Mitarbeiterin, die genau das gemacht hat: Schlecht über andere zu reden. Da gab es keine zweite Verwarnung. Die haben wir sofort entlassen. Das spricht sich dann schnell rum. Jetzt ist es allen klar, dass wir es mit No Politics ernst meinen. So etablierst du deine Werte. Das machst du mit denen, die wirklich zentral sind für das Gefüge und die Selbstselektion der Organisation.
>
> *Alex Mahr & Jan Sedlacek, Stryber*

## Das richtige Team

Natürlich hängt die Kulturtransformation nicht nur an dir und dem Führungsteam. Der Kulturwandel kommt nur dann beim Gesamtteam an, wenn ihr alle Team- und Personal-Prozesse an eure Werte und Tugenden anpasst und sicherstellt, dass sie jederzeit die Quintessenz eurer Kultur kommunizieren. Die Entwicklung der richtigen Personalprozesse ist ein weites Feld, hier nur erste Anregungen.

**Traumkollegen.** Ausgangspunkt ist die Definition eurer Traumkollegen: Was macht diese Menschen aus? Welche Werte sollten sie haben? Die Wahrscheinlichkeit ist groß, dass ein Kulturwandel auch euren Blick auf eure Traumkollegen schärft.

**Recruiting.** Mit der Definition eurer Traumkollegen wisst ihr, nach wem ihr sucht. Kommuniziert eure Kultur und Werte in den Recruitinganzeigen klar und deutlich. Seid in der Beschreibung eurer Anforderungen transparent und ehrlich. Schönreden in Sinne von „It's Recruiting Day!" ist keine Option. Respekt und radikale Aufrichtigkeit solltet ihr bereits im Recruitingprozess vorleben. Dann steigt die Wahrscheinlichkeit, dass ihr die Kollegen bekommt, die ihr wirklich haben wollt.

Ein gutes Zeichen für eine funktionierende Wachstumskultur und gleichzeitig ihr Verstärker ist ein hoher Anteil neuer Kollegen, die ihr über Empfehlungen von bestehenden Kollegen gewinnt. Nur wer wirklich gerne bei einem Unternehmen arbeitet, wird seine Freunde dazu animieren, auch dazuzustoßen. Da sich jeder gerne mit seinesgleichen umgibt, bekommt ihr automatisch neue Kollegen, die zu eurer Kultur passen.

**Bewerbungsprozess.** Euer Bewerbungsprozess ist die Visitenkarte eurer Kultur. Mit schneller, offener Kommunikation zeigt ihr Wertschätzung und Aufrichtigkeit. Mit der Beteiligung eurer Kollegen am Prozess vermittelt ihr Eigenverantwortung und ihr lebt Disziplin, wenn ihr euch an alle Termine haltet.

---

**Growth Leader Live: Recruiting**

Ein wichtiges Zeichen guter Führungskräfte ist es, wie sie rekrutieren und worauf sie im Recruiting-Prozess achten. Das sagt viel über ihr Verständnis der Rollen, Mitsprache und Prioritäten. Die Kernfrage dabei: Wie stellst du sicher, dass jemand ins Team passt? Ich kenne Startups, die Leute Probe arbeiten lassen und das ganze Team mit einbeziehen. Sie betreiben ein klares Erwartungsmanagement. Wichtig ist auch der Umgang mit Recruiting-fehlern. Wer schafft durch die richtige Förderung noch den Dreh? Und wo darfst du nicht zögern, die Zusammenarbeit zu beenden? Der Hebel des Recruiting ist riesig. Stell dir vor, welche Wirkung deine ersten Mitarbeiter auf die entstehende Kultur haben!

*Martin Giese, Expreneurs & Autor von „Startup Finanzierung"*

Kulturgestaltung fängt bei der Mitarbeiterauswahl an. Wir suchen Mitarbeiter, die rein-passen und unsere Werte mittragen. Besonders stark wird die Kultur von Mitarbeitern weitergetragen, die schon lange hier sind. Ansonsten haben wir bisher wenig explizite Kulturarbeit gemacht. Unsere Werte stehen nirgendwo geschrieben. Die werden nicht explizit vermittelt, sondern implizit in der gemeinsamen Arbeit und bei den vielen sozialen Dingen, die unsere Kollegen miteinander machen.

*Lutz Wiechert, Feld M*

---

Reserviert im Interviewprozesses mindestens einen Termin für den Kulturcheck. Gerne auch schon vor dem Kompetenzcheck. Know-how kann man lernen, Haltung nur schwer. Stellt zu euren Werten Fragen, in denen die Bewerber zeigen, wie sie mit Situationen umgegangen sind, in denen eure Werte eine Rolle spielen. Definiert dazu im Vorfeld zu jedem Wert eine Frage, die ihr dann in jedem Interview stellt. Damit werden die Interviews zunehmend vergleichbarer. Lasst das Kulturinterview von jemanden führen, der kein persönliches Interesse an der Einstellung der Person hat. Sonst schlägt das Wunschdenken durch ...

Und wenn es nicht klappt: Macht eine wertschätzende Absage. Ein tolles Beispiel ist Red Bull. Hier kommt die Absage zusammen mit „Reiseproviant" (3 Dosen Red Bull) für die weitere Jobsuche.

**Onboarding.** Als nächstes kommt das Onboarding. Dokumente wie das Little Book of IDEO oder das Netflix Culture Deck helfen künftigen Mitarbeitern, sich bereits vor ihrem Start auf eure Kultur einzulassen. Nehmt euch beim Onboarding Zeit für die neuen Kollegen. Sie sollten sich wirklich willkommen fühlen und von Tag eins an mit allem ausgestattet sein, was sie für ihren Start brauchen. Das Onboarding sollte in jedem Fall eine Session zu eurer Unternehmenskultur umfassen, die idealerweise von dir gehalten wird. Am Ende des Onboardingprozesses, der typischerweise drei Monate dauert, sollten beide Seiten wissen, ob sie füreinander gemacht sind. Macht es leicht, euch zu trennen, wenn es nicht passt.

## Wachstumskultur: Die unsichtbare Macht

> **Growth Leader Live: Toxische Mitarbeiter**
>
> Die schlimmste Person ist ein High Performer, bei dem die Values überhaupt nicht übereinstimmen. Der ist sehr schlau, sehr getrieben, arbeitet aber im Prinzip gegen alles, wofür die Firma steht. Der liefert zwar gute Ergebnisse, ist aber jemand, der die Firma manipuliert. Ein echter „Bombenleger".
>
> *Fabian Spielberger, Pepper.com*

**Ganzheitliche Entwicklung.** Keine Wachstumskultur ohne eine explizite zeitliche und finanzielle Verpflichtung zur Entwicklung eurer Kollegen. Fördert nicht nur die fachliche Entwicklung, sondern auch die persönliche und die Führungsentwicklung. Wenn ihr echte Führung schaffen wollt, ist die persönliche Entwicklung kein Luxus, sondern notwendige Voraussetzung. Ohne Selbstführung keine Menschen- oder Teamführung. Unternehmen, die das Training ihres Teams als Zuckerl für gute Zeiten betrachten, werden nie zum Growth Leader.

**Auswahl Führungskräfte.** Besondere Sorgfalt solltet ihr bei der Auswahl und der Entwicklung eurer Führungskräfte walten lassen. Sie sind wichtige Kultur-Multiplikatoren und stellen sicher, dass die Entwicklung der Kultur bald nicht mehr nur an dir hängt. Super ist es, wenn du in der Führungsentwicklung einen aktiven Part hast. Nur wenn auch die zweite Ebene eure Werte und Kultur vorlebt, wird sie beim Gesamtteam ankommen.

**Gemeinsames Erleben.** Kulturprägend sind natürlich alle gemeinsamen Aktivitäten: Große Projekte, Trainingsprogramme und Teamevents. Überlegt euch, wie ihr eure Kultur und Werte in diesen gemeinsamen Aktionen konkret erlebbar machen könnt.

**Exit.** Der in seiner Wirkung am meisten unterschätzte Personalprozess ist der Exit von Kollegen, vor allem wenn diese nicht freiwillig gehen. Wenn ihr diesen Prozess respektvoll, wertschätzend und aufrichtig gestaltet, könnt ihr echte Maßstäbe setzen. Zeigt euren Kollegen, dass ihr sie auch schätzt, wenn sie das Team verlassen. Und kommuniziert den Hintergrund des Weggangs gegenüber eurem Team offen und transparent. Wenn ihr das unterlasst, wirken Abgänge oft unerwartet und willkürlich und verbreiten damit ein Klima der Angst.

**Traumkunden.** Zu eurem Traumteam gehören auch die Traumkunden. Überlegt daher auch, wie ihr euren Kulturwandel für eure Kunden erlebbar macht. Geht dazu alle eure Werte und Tugenden durch und überlegt, wie ihr eure Kundeninteraktionen anpassen müsst, damit sie diesen entsprechen. Ihr strebt Verbundenheit an? Dann ist eine persönliche Hotline sicher besser als eine mühselige Sprachsteuerung. Ihr wollt radikale Aufrichtigkeit leben? Dann bietet transparente Rückgabeprozesse an ... Wenn ihr eure Kultur konsequent auch mit euren Traumkunden lebt, baut ihr nachhaltige Wettbewerbsvorteile auf. Siehe Patagonia und Co.

---

### Selbstreflektion

- ▶ Wie gut sind eure Personalprozesse mit eurer Kultur synchronisiert?
- ▶ Welche Priorität hat für dich das Recruiting? Bist du selber involviert?

- Wie gut sind eure Onboarding-Prozesse?
- Wie umfassend entwickelt ihr eure Kollegen?
- Beendet ihr konsequent Beziehungen, die nicht passen?
- Wie lebt ihr die Kultur mit euren Traumkunden? Wie könnt ihr eure Leistung weiterentwickeln?

## Kultur und Struktur synchronisieren

Eure Wachstumskultur entfaltet sich nur dann voll und ganz, wenn sie von allen Strukturen eures Unternehmens gestützt wird. Die systematische Anpassung eurer Strukturen ist daher ein wichtiger Bestandteil des Transformationsprozesses. Hier ein Überblick über die wichtigsten Struktur-Themen – ohne Anspruch auf Vollständigkeit.

**Entscheidungsstrukturen.** Verlagert Entscheidungen möglichst nahe an die Basis und zur Kundenschnittstelle. Mit Budgets, innerhalb derer frei entschieden werden kann, gebt ihr Sicherheit und Freiraum und beschleunigt die Entscheidungsfindung. Legt die Budgets und sonstige Entscheidungsrahmen in individuellen Jobprofilen fest. Teamentscheidungen werden am besten nach dem Prinzip „Fight and Unite" getroffen: Intensiver Diskurs, gefolgt von der Verpflichtung aller zur Entscheidung.

**Gehalts- und Bonusstrukturen** vermitteln spürbar, was ihr wirklich als lobenswert empfindet. Oder, um mit Bill Campbell zu sprechen, *„Beim Geld geht es nicht ums Geld, sondern um Liebe"*. Gehaltsstrukturen vermitteln Wertschätzung. Die Gestaltung von Gehalts- und Anreizstrukturen ist eine Wissenschaft für sich. Hier nur ein paar Randbemerkungen.

Der größte Hebel ist die Höhe des Gehalts. Problematisch sind Gehälter, die auch bei großem Erfolg des Unternehmens auf Startup-Niveau bleiben. Auch wenn das ein finanziell schmerzhafter Schritt ist: Irgendwann müsst ihr die Gehälter an euren Erfolg anpassen.

Stellt sicher, dass gleiche Arbeit gleich bezahlt wird. Oft schleicht sich in den ersten Phasen des Wachstums ein ziemliches Chaos in die Gehaltsstrukturen. Ihr wolltet bestimmte Kollegen unbedingt gewinnen und habt gezahlt, was gefordert wurde. Laute Gehaltsforderungen wurden besser bedient als vorsichtige Nachfragen. Wenn ihr nicht aufpasst, schafft ihr in kürzester Zeit eine Gehaltsstruktur, die eure stillen Performer (und das sind oft Frauen) systematisch diskriminiert. Das wollt ihr nicht! Macht regelmäßig einen Review der Gehaltsniveaus und zieht sie glatt.

Gute Anreizstrukturen sind nachvollziehbar, fokussieren das Team auf eure gemeinsamen Ziele und signalisieren Transparenz, Fairness und Eigenverantwortung. Komplexe Gehalts- und Bonusstrukturen sind manipulierend und gehen oft nach hinten los. Bei der Incentivierung von Einzelzielen könnt ihr fast schon sicher sein, dass eure Kollegen alle anderen Erfolgsfaktoren depriorisieren, egal wie wich-

## Wachstumskultur: Die unsichtbare Macht

tig sie aus Unternehmensperspektive sind. Auch wenn es euch nicht passt: Das ist bestes unternehmerisches Verhalten, angestoßen durch eure Vorgaben.

Immer mehr setzt sich die Erkenntnis durch, dass die Motivation über differenzierte Anreizsysteme nicht funktioniert, oft sogar dysfunktional ist. Viele Unternehmen experimentieren mit radikal vereinfachten Gehaltsstrukturen, der Festlegung des Gehalts durch die Mitarbeiter oder der partizipativen Entwicklung von Zielsystemen. Spannende Diskussionen rund um diese Themen findest du im Blog der Corporate Rebels.

**Interdisziplinäre, selbstverantwortliche Teams.** Bei der Organisation eures Unternehmens werdet ihr meist bei irgendeiner funktionalen Struktur landen. Damit diese Strukturen nicht zu abgekapselten Silos verkommen, solltet ihr soweit möglich mit vernetzten, interdisziplinären Teams arbeiten. Stattet diese Teams mit allen Kompetenzen aus, die sie brauchen, um eigenverantwortlich zu agieren. Besonders wichtig ist das an der Kundenschnittstelle, da eigenverantwortliche, interdisziplinäre Teams Kundenanfragen schneller und besser beantworten können.

> **Growth Leader Live: Eigenverantwortliche Teams bei T-Mobile US[39]**
>
> Ein besonders gelungenes Beispiel gelebter Eigenverantwortung sind die Customer-Service-Teams bei T-Mobile US. Hier wurden die typischen First- und Second Level-Strukturen zugunsten integrierter Teams aufgelöst. In den Teams sind alle Kompetenzen zur Lösung von Serviceanfragen integriert: Service-Leute, Technikspezialisten, Ressourcen-Manager, sogar Coaches und Spezialisten für Konfliktlösungen. Jedes Team betreut eine bestimmte Region. Die Teams sitzen in einem Raum zusammen, den sie gemeinsam gestalten, meist mit Bildern und Symbolen der Region, die sie betreuen. Damit schaffen sie sowohl eine starke Verbindung im Team als auch die Verbindung zu ihren Kunden. Jedes dieser Teams arbeitet eigenverantwortlich wie ein kleines Business. Das Ergebnis: Starke Reduktion des Call-Aufkommens, da die meisten Probleme direkt gelöst werden, massiver Anstieg der Kundenzufriedenheit und eine nachhaltige Reduktion der Mitarbeiterabwanderung.

**Offene Kommunikation:** Stellt einen möglichst offenen Informationsfluss sicher und kombiniert persönliche Formate mit der Massenkommunikation über Slack, Teams, email und Vergleichbares. Mach dich als CEO quer über die Organisation für den persönlichen Austausch verfügbar: All-Hands-Meetings, Split-Level-Meetings mit einzelnen Teams, gemischte Lunches ... Das Spektrum möglicher Formate ist groß. Meine Lieblingsformate waren die Pizza-Dinners mit unterschiedlichsten Teamkombinationen quer durch das Unternehmen sowie All-Hands-Meetings, in denen erst an alle kommuniziert wurde, gefolgt von einer offenen Fragen- und Diskussionsrunde und einem Feierabendbier, bei dem dann alle locker zusammenkamen. Videobotschaften und Team-Emails sind auch gut, ihnen fehlt jedoch das interaktive Moment.

**Flexible Arbeitsstrukturen** sind heute zum Standard geworden. Mobiles Arbeiten, Home Office, freier Urlaub ... Alle diese Modelle zeigen vor allem eins: Euer Vertrauen in eure Kollegen. Ihr wisst, dass alle im Team ihr Bestes geben, egal wann und von wo. Wichtig bei der Einführung dieser Modelle: Sie müssen auch von euch authentisch gelebt werden. Walk the talk. Nichts ist schlimmer, als wenn ihr freien

Urlaub propagiert, es dann aber ausgiebig kommentiert, wenn tatsächlich mal jemand einen Tag frei nimmt. Wenn euch dieses Vertrauen noch schwerfällt, bleibt lieber bei klassischen Arbeitsstrukturen. Dann weiß jeder, woran er oder sie ist.

**Räume und Ausstattung.** Ein gutes, cooles Office ist Gold wert. Und es muss auch nicht teuer sein. Kreativität und Individualität schlagen architektonischen Perfektionismus. Wichtiger ist es, dass eure Arbeitsräume die verschiedenen Arbeitsweisen eures Teams reflektieren und viel Raum für Teamarbeit geben.

**Gutes Equipement** ist eigentlich ein No Brainer! Ein schlechter Rechner oder ein Drucker, der ständig zickt, kostet innerhalb weniger Tage mehr Effizienz, als es kosten würde, einen neuen Rechner zu kaufen. Leider schickt die fehlende Effizienz keine Rechnung. Die kommt dann erst später, wenn die Mitarbeiter frustriert das Unternehmen verlassen. Gerade in Zeiten von mobilem Arbeiten und Home Office wird die Ausstattung mit Computer und Smartphone schnell zur Glaubensfrage: Wie viel Individualität wird zugelassen? Wie modern sind wir? Und wie viel Wertschätzung zeigen wir?

---

**Selbstreflektion**

▶ Wie gut sind eure Kultur und Struktur synchronisiert?
▶ Unterstützen eure Gehälter die Zusammenarbeit, sind sie wertschätzend?
▶ Welche Bedeutung haben interdisziplinäre Teams? Was wäre da möglich?
▶ Wie und mit welchen Formaten könnt ihr die Kommunikation verbessern?
▶ Was sagen eure Räume und die Arbeitsausstattung über eure Kultur?

---

## Kulturcontrolling und Evolution

Die Entwicklung eurer Kultur ist ein langfristiger dynamischer Prozess. Wenn ihr stark wachst, verändert sich euer Unternehmen ständig. Und wenn ihr euch weiterentwickelt, spiegelt sich das auch in der Kultur wider. Checkt regelmäßig, ob eure Kultur noch so gelebt wird, wie ihr euch das wünscht und passt sie wenn nötig an eure Entwicklung an.

**Growth Leader Live: Weiterentwicklung der Kultur**

Wenn man ein Unternehmen langfristig aufbauen will, sind Werte wichtig. Ich versuche das spürbar zu machen: Wofür stehen wir und was erwarte ich? Werte sind eine Konsensfrage. Mit einem Team von 10 bis 12 Leuten versuche ich, die richtigen Lösungen in dem Moment zu finden, in dem sie gebraucht werden. Gemeinsam sortieren wir dann die Fragen aus: Wie gehen wir mit Corona um? Wie gehen wir mit unseren Kunden um? Wie gehen wir mit Härtefällen unter den Mitarbeitern um? Langfristig baust du nur etwas auf, wenn du partnerschaftlich herangehst. Sonst verlierst du die Leute.

*Philipp Westermeyer, OMR/Ramp 106*

## Wachstumskultur: Die unsichtbare Macht

**Kulturcontrolling.** Es lohnt sich, ein explizites Kulturcontrolling zu etablieren. Frei nach Peter Drucker *„Was du nicht misst, lenkst du nicht"*. Definiert KPI, an denen ihr die Wirkung eurer Kulturveränderung erkennt. Interne KPI sind z. B. die Zufriedenheit eurer Kollegen, die Anzahl proaktiver Bewerbungen pro freie Position, die Anzahl der Bewerbungen aus Mitarbeiterempfehlungen oder die Kündigungsrate. Eure Kulturveränderung sollte sich aber auch in einer steigenden Kundenzufriedenheit und Empfehlungsrate zeigen. Denn eine echte Wachstumskultur begeistert auch eure Kunden.

Führt diese Kennzahlen genauso systematisch zusammen wie eure wirtschaftlichen Kennzahlen und kommuniziert sie auch genauso regelmäßig gegenüber dem gesamten Team. Damit signalisiert ihr: Kulturentwicklung passiert bei uns nicht unkontrolliert, sondern wird aktiv gesteuert. Wir übernehmen Verantwortung für die Entwicklung unserer Kultur und legen über ihre Entwicklung jederzeit Rechenschaft ab.

**Pulscheck.** Das direkteste Kulturcontrolling sind regelmäßige Pulschecks. Dazu gehören Kulturumfragen, wie die, mit der ihr diesen Prozess gestartet habt. Die umfangreichsten Rückmeldungen bekommt ihr aus persönlichen Gesprächen. Einen hervorragenden Kultur-Check erhältst du, wenn du mit neuen Kollegen nach ihrem ersten Onboarding-Monat sprichst. Wie bist du hier angekommen? Was hast du getan, um Teil des Teams zu werden? Was fällt dir an unserer Kultur im Vergleich zu den Kulturen, die du bisher erlebt hast, auf? Und dann die AWA-Fragen: Was sollen wir aufhören, was weitermachen und was anfangen?

**Exit-Gespräch.** Der zweite Zeitpunkt für eine besonders ehrliche und offene Reflektion eurer Unternehmenskultur ist das Exit-Gespräch mit Kollegen, die das Unternehmen verlassen. Nimm dir dafür persönlich Zeit, es lohnt sich! Du erfährst nicht nur viel, sondern zeigst auch deine Wertschätzung und schaffst eine Bindung, die über das Unternehmen hinweg trägt. Auch Meetings mit Menschen quer durch das Team und offene Q&A-Formate helfen euch zu verstehen, wie eure Kultur gelebt wird und wo es Bedarf zum Nachsteuern gibt.

**Selbstreflektion.** Zum Kulturcontrolling gehört schließlich auch immer die Reflektion deines eigenen Verhaltens: Lebst du die Kultur? Wie authentisch erlebt dich dein Team? Wie beeinflusst dein Verhalten die Kultur? Hol dir auch dazu Feedback aus dem Team. Das hilft dir beim Wachsen und gibt ein starkes Signal der radikalen Aufrichtigkeit.

Das Kulturcontrolling und die weitere Kulturentwicklung sollten schließlich Standard-Agendapunkte eurer vierteljährlichen Offsites sein. Nehmt euch Zeit für die Reflektion und Weiterentwicklung und kommuniziert die Ergebnisse offen an euer Team.

---

### Selbstreflektion

- Wie macht ihr die Entwicklung eurer Kultur messbar? Welche KPI nutzt ihr?
- Wie holst du dir Feedback zur Entwicklung eurer Kultur? Wie gibst du dieses Feedback in den laufenden Kulturprozess?
- Wie macht ihr eure Kultur zum festen Agendapunkt des Führungsteams?

# Check-out

Eure Wachstumskultur ist das ultimative Instrument deiner Insitutionalisierung und das mächtigste eurer Führungsinstrumente.

**Die unsichtbare Macht.** Eure Unternehmenskultur definiert über ihre Werte und Tugenden, wie sich euer Team verhält, wenn es nicht konkret gesteuert wird. Eine starke Kultur macht euch resilient. Sie verbindet in einzigartiger Weise Stabilität und Dynamik: Gemeinsam getragene Grundregeln stabilisieren, die flexible Anpassung an die Situation dynamisiert.

**Als Growth Leader schaffst du eine Wachstumskultur.** Eure Kultur wird maßgeblich durch dein Verhalten und deine Werte definiert. Du als Gründer und CEO bist die Kultur. Nichts skaliert dich besser als eure Kultur, im Guten wie im Schlechten. Wenn du den Weg vom Gründer zum Growth Leader gehst, wird aus einer Start-up-Kultur eine nachhaltige Wachstumskultur. Eine Kultur, die das Wachstum aller Menschen im Traumteam fördert und damit das Wachstum des gesamten Unternehmens.

**Ihr lebt die 8 Tugenden einer Wachstumskultur.** Wie jedes Unternehmen habt ihr eure eigenen Werte. Was euch mit anderen Wachstumsführern eint, sind die 8 Tugenden einer Wachstumskultur: Respekt & Wertschätzung, tiefe Verbundenheit, demütige Ambition, fokussierte Disziplin, radikale Aufrichtigkeit, Eigenverantwortung, konstantes Lernen und authentische Vielfalt. Jede dieser Tugenden entwickelt ihr über vielfältige Ansätze. Vor allem aber lebt ihr als Führungsteam diese Tugenden vor. Tag für Tag, ohne Kompromisse.

**Auf dem Weg zur Wachstumskultur überlasst ihr nichts dem Zufall.** Viele Kulturen entstehen einfach so. Leider geht das nicht immer gut. Daher gestaltet ihr eure Kultur sehr bewusst. Euer Startpunkt ist das Verständnis der aktuellen Kultur und ihrer Herausforderungen. Ihr überlegt gemeinsam, welche Werte ihr bereits lebt und welche ihr noch braucht, um euren großen Traum zu realisieren. Damit definiert ihr eure Zielkultur. Dann geht es an die Realisierung. Ihr lebt die neue Kultur mit eurem täglichen Tun vor. Ihr schafft ein Team, das die Kultur begeistert mitträgt und passt dafür alle Personalprozesse an. Und ihr synchronisiert eure Strukturen mit eurer Zielkultur. Schließlich geht ihr von der Transformation zur laufenden Evolution über. Denn eure Wachstumskultur ist wir ihr: Sie bleibt nie stehen.

**Eure Wachstumskultur trägt euch in die Zukunft.** Kulturgestaltung ist ein umfangreicher und zeitintensiver Prozess. Aber der Zeiteinsatz lohnt sich. Unternehmen mit einer Wachstumskultur performen nachweislich besser als der Wettbewerb. Noch viel wichtiger aber: Ihr schafft ein Unternehmen, in dem ihr gemeinsam mit viel Spaß über euch hinauswachst. Und du gewinnst deine unternehmerische Freiheit. Allein schon dafür lohnt sich die Transformation.

## Wachstumskultur: Die unsichtbare Macht

### Deine Rolle als CEO

- Du bist der Chief of Culture! Du musst diesen Prozess steuern. Lass dich vom Führungs- und vom Personalteam unterstützen, aber delegiere die Aufgabe nicht.
- Die Kultur deines Unternehmens ist dein Spiegelbild. Einen Kulturwandel kannst du nur anstoßen, wenn du deine eigenen Werte und Verhaltensweisen reflektierst und anpasst.
- Hol dir vom Team umfassendes Feedback zur bestehenden Kultur. Höre gut zu und sei offen für Probleme und Lösungsvorschläge.
- Lebe die Kultur authentisch vor. Handeln zählt mehr als Worte. Nutze jede Möglichkeit, um mit dem Team über die Werte und Tugenden eurer Kultur zu sprechen. Macht eure Werte mit Bildern und Geschichten erlebbar.
- Fördere kulturtreues Verhalten über positives Feedback. Feiert Menschen, die besonders positiv auffallen, sanktioniert abweichendes Verhalten eindeutig und klar. Menschen, die eure Werte konsistent verletzen, müssen das Unternehmen verlassen.
- Verankere die Kulturentwicklung als ständige Aufgabe im Führungsteam. Entwickelt Kultur-KPI und messt sie genauso sorgfältig wie eure finanziellen und operativen KPI. Messen heißt steuern.

### Reflektion & Aktion

Du weißt jetzt, wo die Reise hingehen sollte. Sicher gehen dir viele neue Gedanken durch den Kopf. Versuche diese als Basis für euren Aktionsplan zu reflektieren:

- Wie hat sich deine Wahrnehmung auf das Thema Kultur im Allgemeinen und eure Kultur im Speziellen verändert?
- Wie wirst du das Thema Kulturentwicklung vorantreiben? Wie gehst du an die Entwicklung und Verankerung eurer Werte?
- Welche drei Tugenden sind heute bereits besonders gut ausgeprägt? Feiert euch dafür!
- Welche drei Tugenden sind eure größten Baustellen? Woran spürt ihr das? Was wird möglich, wenn ihr diese Probleme löst?
- Wie willst du den Kulturwandel vorleben? Welche drei Verhaltensweisen willst du ab morgen anpassen?
- Wie gut unterstützen die Personalprozesse eure Kultur? Wo sind Lücken?
- Wo kollidieren Struktur und Kultur? Welche drei Anpassungen wollt ihr vornehmen?
- Mit welchen KPI verfolgt ihr künftig die Entwicklung eurer Kultur?

Diskutiert diese Punkte gemeinsam im Führungsteam. Schaut euch nochmal die Aufbruchssignale an. Und setzt dann euren Kulturentwicklungsprozess auf, angefangen mit der Analyse eurer aktuellen Kultur.

Kommuniziert euer Vorhaben und das geplante Timing frühzeitig an das Team. Damit signalisiert ihr, dass ihr euren Kollegen zugehört habt und ihr euch verpflichtet, gemeinsam mit ihnen an der Kultur zu arbeiten. Gehe als Gründer und CEO explizit in die Verantwortung. Stellt bereits die KPI vor, an denen ihr den Erfolg eurer Kulturoffensive messen wollt. Macht dem Team aber auch klar, dass nur die ersten Schritte fest terminiert werden können und dass ihr eine großartige Kultur nur gemeinsam schaffen könnt.

Und schon hält euch nichts mehr auf dem Weg zu euer ganz besonderen Wachstumskultur auf. Viel Erfolg!

# IM HÖHENFLUG ANKOMMEN

## Im Höhenflug ankommen

Du bist einen weiten Weg gekommen und hast viel gelernt. Du bist über dich hinausgewachsen und hast eine neue Balance erreicht. Du hast gelernt, die Menschen und eure Teams zu führen und ihr Wachstum anzustoßen. Jeder übernimmt Verantwortung, du teilst dir die Führung mit einem starken Führungsteam. Gemeinsam mit eurem Team bringst du euren großen Traum zum Leben und schaffst eine Wachstumskultur, die alle begeistert. Kollegen und Kunden.

Die Flügel der Führung sind kräftig geworden. Damit kommt ihr in den Höhenflug. Wie ein Adler in der Thermik.

Die aufsteigenden warmen Luftschichten der Thermik tragen den Adler immer höher und weiter. Mit seinem Gefieder nimmt ein Adler auch die kleinsten Druck- und Aufwindveränderungen wahr. Noch während der Adler im Aufwind gleitet, sucht er bereits den nächsten. Wenn er ihn gefunden hat, genügen wenige, kräftige Flügelschläge, um ihn weiter nach oben zu bringen. Damit können Adler fast ohne Kraftaufwand große Höhen erreichen. Majestätisch, wundervoll. Nichts strahlt so viel Kraft und Ruhe aus wie ein Adler, der seine Runden dreht.

Aber selbst in größter Höhe erkennen Adler alle relevanten Details. Zeigt sich ein Beutetier, sind sie blitzschnell wieder auf dem Boden. Fokussiert erreichen sie ihr Ziel. Adler vereinen den großen Überblick mit einem scharfen Blick für das Wesentliche.

Der Adler in der Thermik ist ein wunderbares Bild für deine Rolle im Höhenflug. Du hast fliegen gelernt. Die Flügel der Führung tragen dich und dein Team: Menschenführung, Teamführung, euer großer Traum und eure Wachstumskultur.

Deine Aufgaben im Höhenflug: Die Veränderungen der Thermik wahrnehmen, das Unternehmen immer wieder neu ausrichten und blitzschnell auf neue Chancen reagieren. Du stellst sicher, dass euer Unternehmen ein intuitives Gefühl selbst für die kleinsten Veränderungen entwickelt, die euren Erfolg treiben. Du unterstützt eure Organisation im ständigen Wandel, der mit eurem Wachstum zu neuen Höhen einhergeht. Und du identifizierst mit scharfem Blick das Futter für das weitere Wachstum.

Als CEO im Höhenflug bist du Chef-Innovator, Organisationsentwickler und Kulturwächter.

- ▶ **Chef-Innovator.** Du beobachtest das Umfeld und den Markt, identifizierst neue Wachstumsfelder und stellst sicher, dass neue Wachstumsinitiativen ohne Verzug umgesetzt werden.

- ▶ **Organisationsentwickler.** Du stellst sicher, dass die Organisation immer wieder an das Wachstum anpasst wird. Und du gibst dem Team das Vertrauen, das es braucht, um den ständigen Wandel angstfrei zu bewältigen.

- ▶ **Kulturwächter.** Du stärkst eure Wachstumskultur. Besonders achtest du darauf, dass eure demütige Ambition und das kontinuierliche Lernen erhalten bleiben. Denn nichts bremst euer Wachstum schneller aus, als Selbstzufriedenheit und Stagnation.

## Im Höhenflug ankommen

Mit all dem stellst du sicher, dass ihr immer weiter über euch hinauswachsen könnt.

Mit dem Höhenflug kommt für dich eine neue Leichtigkeit. Denn deine Aufgaben im Höhenflug sind tief in deinem Unternehmergeist verankert: Chancen identifizieren, neue Geschäftsfelder entwickeln, Wandel vorantreiben. Und was einem liegt, fällt einem leicht. Das ist der große Lohn für den Weg vom Gründer zum CEO. Wenn du ihn vollständig gehst, kommst du an einem Punkt, indem du wieder voll und ganz auf deine tiefsten Stärken zurückgreifen kannst.

Jetzt gewinnst du echte unternehmerische Freiheit.

Du bist der Adler auf der Thermik. Klar, gelassen und kraftvoll. Und wie ein Adler fliegst du immer höher.

Ich wünsche dir von Herzen, dass dich dieses wunderbare Zielbild durch deine ganze Reise trägt. Deine Reise vom Gründer zum CEO.

# GROWTH LEADER UND IHRE UNTERNEHMEN

### Growth Leader und ihre Unternehmen

Theoretisch ist das praktisch! Wie viele Führungsansätze scheitern an der Realität. Umso wichtiger war es, die Überlegungen dieses Buchs einem umfassenden Realitätscheck zu unterziehen: Sechzehn Gespräche mit Growth Leadern, die erfolgreich Unternehmen aufbauen oder in sie investieren. Sie bestätigten mit ihren Erfahrungen und ihrem Mindset die wesentliche These dieses Buchs: Ein echter Growth Leader hat einen großen Traum, ein offenes Herz, einen starken Rücken und einen unstillbaren Lernwillen. Es waren allesamt wunderbare, unglaublich reflektierte Gespräche mit echten Vorbildern.

## Erfolgreich durchgestartet

Die Unternehmer dieser Gruppe haben bereits ihre erste Wachstumsphase hinter sich. Ihre Teams haben zwischen 60 und 120 Mitarbeiter. Die Führungsstrukturen stehen und werden von einer starken Kultur gestützt. Die Unternehmen sind bereit für weiteres Wachstum.

### Dominik Haupt, Gründer und Co-CEO von Norisk Group

Dominik Haupt hat die eCommerce- und Onlinemarketing-Agentur Norisk 2010 gemeinsam mit Christian Elsner gegründet. Die Norisk Group hat heute 80 Mitarbeiter und ist sowohl organisch als auch anorganisch über die Akquisition der Agenturen Digitaldrang und Biering Online gewachsen. Dominik und Christian haben sich bereits frühzeitig mit der Übergabe von Verantwortung an das Team und der Schaffung einer wertschätzenden Unternehmenskultur auseinandergesetzt. Das sehen auch die Kollegen so: *„Tolle Agentur mit starken Werten und gesunder Atmosphäre"*[40].

### Manuel Hinz, Gründer und Co-CEO von CrossEngage

Manuel Hinz und Markus Wübben haben die Customer-Data-Plattform CrossEngage 2015 gegründet. Im September 2020 kam der Zusammenschluss mit der Customer-Prediction-Plattform GPredictive. Das neue Unternehmen unter der Dachmarke CrossEngage hat jetzt 60 Mitarbeiter und wird von Manuel gemeinsam mit dem GPredictive Gründer Björn Goerke geführt. Manuel hat sich auf seiner Reise von Gründer zum CEO intensiv mit allen Führungsthemen auseinandergesetzt und auch selber eine Coaching-Ausbildung gemacht. Die Kollegen lieben es: *„Coole Arbeitsumgebung trifft auf coole und kluge Leute"*.

## Alexander Mahr und Jan Sedlacek, Gründer und Co-CEOs von Stryber

Jan Sedlacek und Alexander Mahr haben den Corporate Venture Builder Stryber 2016 gegründet und führen ihn gemeinsam als Co-CEOs. Das Wachstum ist rasant. Heute arbeiten bereits 100 Menschen an der Entwicklung neuer Ventures für Corporate-Kunden. Alexander und Jan haben die Kultur ihres Unternehmens von Anfang an aktiv gestaltet. Sie führen über Werte und Prinzipien und legen höchsten Wert auf die aktive Gestaltung ihrer Unternehmenskultur. Das Team findet: *„High performance, team work and fun. Fast growing company with many opportunities"*.

## Maria Sievert, Gründerin und Geschäftsführerin von inveox

Maria Sievert gründete inveox 2017 zusammen mit Dominik Sievert. Heute leitet sie bei inveox alle Aspekte der Unternehmensentwicklung und -führung. inveox verbessert die Sicherheit und Zuverlässigkeit von Krebsdiagnosen, steigert gleichzeitig die Effizienz und Rentabilität der Labore und erschließt das Potenzial der personalisierten Diagnostik auf Basis von Big Data und KI. Seit der Unternehmensgründung gewann die Alumna von TUM und Manage&More eine Reihe namhafter Auszeichnungen und wurde von ZEIT und Edition F zu einer der „25 Frauen, die die Welt verändern" ernannt. Zudem ist Maria Finalistin des Awards „Digital Startup of the Year 2020" des Bundesministeriums für Wirtschaft und Energie, des EIT Women Leadership and Entrepreneurship Award 2019 und des World Health Summit Award 2018.

## Philipp Westermeyer, Serial Founder und CEO von OMR/Ramp106

Wer kennt Philipp Westermeyer nicht? Den umtriebigen Gründer von Ramp106, der Mutterfirma der OMR. Ramp 106 ist bereits die dritte Gründung von Philipp, aber die erste, die er nicht verkaufen will. Hier verwirklicht er seinen großen Traum: Ein mittelständiges Medienunternehmen und echtes Familienunternehmen zu bauen. Gemeinsam mit einem Team von 120 starken Charakteren. Denn darin sieht Philipp einen wesentlichen Erfolgshebel: Die richtigen Menschen finden, sie laufen lassen und ihnen als Sparringspartner und Ideengeber zur Seite zu stehen. Die Wahrnehmung der Mitarbeiter *„Super Arbeitsklima mit einem außergewöhnlichen Team (...). Ich bin happy"*.

Growth Leader und ihre Unternehmen

### Lutz Wiechert, Gründer von Feld M

Lutz Wiechert hat die Marketing Analytic-Beratung Feld M 1999 gegründet. Heute arbeiten rund 60 Mitarbeiter bei Feld M. Das Motto von Feld M: „People First", die Kollegen stehen im Vordergrund. Lutz wollte nie das Zentrum der Führung sein. Er selbst kann es nicht ertragen, wenn ihm jemand sagt, was er tun soll. Und er geht davon aus, dass auch alle anderen Menschen so ticken. Das Ergebnis: Ein selbstbestimmtes und partizipativ geführtes Unternehmen. Und ein Unternehmen, das die Kunden lieben. Das Wachstum schöpft sich vor allem aus Empfehlungen begeisterter Kunden. *„Durch die gelebte shared leadership-Philosophie gibt es keine Führungskräfte, die Kollegen handeln eigenverantwortlich und teilen sich Führungsverantwortung."*

## Auf in den Höhenflug

Die folgenden Unternehmer sind bereits einen Schritt weiter. Sie haben nachhaltig wachstumsstarke Unternehmen mit 250 bis 450 Mitarbeitern aufgebaut. Sie haben eine klare Vision und tragfähige Strukturen. Führung findet im Führungsteam statt. Nun gilt es, die Wachstumskultur auch mit der neuen Größe zu erhalten.

### Christoph Behn, Gründer von Kartenmacherei und Better Ventures

Christoph Behn hat die Kartenmacherei 2010 zusammen mit seiner Frau Jennifer und seinem Bruder Steffen Behn gegründet. Die Kartenmacherei macht genau das, was der Name sagt: Wunderschöne Grußkarten direkt aus dem Internet. Mit einem Umsatz von knapp 50 Mio. € und 280 Mitarbeitern ist die Kartenmacherei schon lange kein Startup mehr. Und das alles ohne externe Investoren. 2020 hat Christoph nach langer Vorbereitung die Führung abgegeben, um sich künftig vor allem um den Venture-Fonds der Familie zu kümmern: Better Ventures. Auch hier ist der Name Programm: Ventures unterstützen, die die Welt besser machen. Die Kultur bei der Kartenmacherei reflektiert die Grundhaltung: *„Kann mir kein besseres Wirkungs-Umfeld wünschen. Agile, dynamische und menschliche Kultur – ambitioniert und geerdet!"*

### Gero Decker, Gründer und CEO von Signavio

Gero Decker hat Signavio 2009 zusammen mit drei Kommilitonen vom Hasso-Plattner-Institut gegründet. Die Vision: Business Process Management für alle. Ganz bewusst wurde Signavio in den ersten Jahren ohne externe Finanzierung aufgebaut. Das Ziel: Die eigene Unabhängigkeit bewahren. Erst 2015 holten sich die Gründer mit dem legendären Wachstumsfinanzierer Summit Partners einen externen Partner zur Finanzierung der Expansion. In der letzten Finanzierungsrunde 2019 wurde Signavio mit 350 Mio. € bewertet. Signavio beschäftigt weltweltweit rund

450 Mitarbeiter. Gero ist auf dieser Reise vom Gründer zum CEO einen weiten Weg gegangen. Oder wie es das Handelsblatt formuliert: *„Aus dem zögerlichen Gründer des B2B-Softwareunternehmens Signavio ist ein wagemutiger Unternehmer geworden".*

### Klaus Eberhardt, Gründer von iteratec

iteratec ist ein Senior unter den Growth Leadern. Bereits 1996 gründeten Klaus Eberhardt und Mark Goerke das innovative Softwareentwicklungsunternehmen. iteratec macht nicht nur herausragende, komplexe Softwareprojekte, sondern zeichnet sich vor allem durch eine ganze besondere menschenzentrierte Unternehmenskultur aus. Die Mission: Die Kunden und das Team jeden Tag ein Stück besser machen. Growth Leadership im allerbesten Sinne. Mit dieser Haltung ist iteratec auf inzwischen 370 begeisterte Kollegen angewachsen. Die ganz besondere Wertschätzung des Teams zeigt sich auch in der Nachfolgeregelung, die Klaus Eberhardt und Mark Goerke seit 2018 umsetzen: Ihre Anteile gehen sukzessive in eine Genossenschaft über, die allen Kollegen gehört. *„Unternehmerisches Denken und Handeln lohnt sich"* oder *„Fair, spannend mit überragender Firmenkultur"* sagen die Kollegen über iteratec.

### Fabian Spielberger, Serial Founder und CEO von Pepper.com

Fabian Spielberger hat Pepper.com 2014 zusammen mit Paul Nikkel gegründet. Mit Marken wie mydealz oder hotukdeals ist Pepper.com die weltweit größte Shopping Community. 250 Mitarbeiter arbeiten verteilt auf 6 internationale Büros und managen 12 Netzwerke auf 4 Kontinenten. Daneben ist Fabian Mitgründer des Cashback-Anbieters Shoop und des Reiseportals Urlaubspiraten. Die Mission all seiner Unternehmen ist das Geld-Sparen. Seine Unternehmen sind ohne externe Finanzierung gewachsen. Inkrementelles, nachhaltiges Wachstum stand für Fabian immer im Vordergrund. Einer der wichtigen Werte ist „Do more with less". Die wertorientierte Führung reflektiert sich auch in der Bewertung der Kollegen: *„Das letzte Startup in Berlin, 100% Eigentum bei den Gründern, es geht wirklich um die Mission und nicht um Profitmaximierung".*

### Fritz Trott, Gründer und CEO von Zenjob

Fritz Trott hat die Studentenjob-Vermittlung Zenjob 2015 gemeinsam mit Cihan Aksakal und Frederik Fahning gegründet. Inzwischen hat Zenjob 250 Mitarbeiter und ist deutschlandweit aktiv. Die Vision von Zenjob ist es, Menschen und Unternehmen eine faire Gestaltung des Arbeitslebens zu ermöglichen. Fritz Trott hat bereits vor Zenjob verschiedene Startups (mit-)aufgebaut, unter anderem bei Rocket Internet. Zenjob ist das erste seiner Startups, das er von Anfang an und mit einer starken Mission aufbaut. Fritz setzt sich intensiv mit Führungsthemen auseinander und wurde von Peers mehrfach als ausgesprochener Growth Leader genannt. Eine Bewertung aus dem Team: *„Super Team, interessante Aufgaben, viel Verantwortung".*

Growth Leader und ihre Unternehmen

# Die Adlerperspektive

Als Investoren und Mentoren begleiten die Menschen der dritten Gruppe viele Gründer und haben einen klaren Blick darauf, was echte Growth Leader ausmacht und wie diese ihr Unternehmen zum Fliegen bringen.

### Christoph Braun, Founding Partner von Acton Capital

Christoph Braun investiert seit 1999 gemeinsam mit seinen Partnern in Startups. Acton Capital Partners wurde 2008 gegründet. Insgesamt hat Acton mehr als 600 Mio. € investiert. Damit wurde das Wachstum von über 85 Unternehmen angestoßen, mehr als 40 Exits wurden bisher realisiert. Zu den bekanntesten Investments gehören Etsy, MyTheresa, Momox, Mambu, Hometogo, Zenjob, Finanzcheck und Zooplus. Actons Motto „Sustainable growth, driven by reason" zeigt das ausgeprägte Commitment zur nachhaltigen Entwicklung echter Wachstumsführer. Das sind die Werte, die auch jedes Gespräch mit Christoph, einem echten Growth Leader, durchdringen.

### Martin Giese, Managing Director von Xpreneurs, Investor und Autor von „Startup-Finanzierung"

Martin Giese ist Managing Director des XPRENEURS Incubators der UnternehmerTUM in München. XPRENEURS begleitet technologiegetriebene Startups von der ersten Idee bis zum marktreifen Geschäftsmodell. Als Mentor, Investor und Mitarbeiter beschäftigt sich Martin bereits seit 20 Jahren mit Startups. Aktuell ist er in 12 Startups investiert. Seine Spezialthemen sind Finanzierung, Verhandlungen und die Schärfung von Geschäftsmodellen für technologiegetriebene Innovationen. Als Dozent lehrt er Kurse zu den Themen Verhandlungsmanagement, M&A-Verhandlungen, Leadership, Startup-Finanzierung und Business Modell Incubation am CDTM in München, an der TU München, der Frankfurt School of Management and Finance und der Universität Passau. 2020 veröffentlichte er gemeinsam mit Nicolai Højer Nielsen das Kompendium „Startup-Finanzierung".

### Florian Heinemann, Investor und Gründungspartner von Project A

Florian Heinemann hat den Frühphasen- und Wachstumsinvestor Project A 2012 zusammen mit Uwe Horstmann, Thies Sander und Christian Weiß gegründet. Er ist für die Bereiche Marketing, CRM und Business Intelligence zuständig. Project A verwaltet heute ein Gesamtkapital in Höhe von 460 Mio. Als „Operational VC" begleitet Project A seine Investments intensiv beim Aufbau der Geschäfte. Florian ist 1999 als Mitgründer von JustBooks in die Startup-Welt gestartet. Vor Project A war er Managing Director bei Rocket Internet. Als VC und Angel Investor hat Florian inzwischen über 80 Startups und ihre Gründerteams auf dem Weg in den Höhenflug begleitet, u. a. Zalando, Audiobene, Home24, CrossEngage, Eyeota, kfzteile24, Lampenwelt, Opinary und Onlineprinters. Nicht nur als aktiver Investor ist Florian sehr geschätzt, sondern auch als Gründer, der viel Wert auf starke Werte und eine gute Unternehmenskultur legt: *„Project A is a great company to work at. It's fast paced, competitive, always changing. The culture is what makes this company enjoyable".*

### Dorothee Seedorf, Advisor, ehemals kfzteile24, Project A, Zalando

Dorothee Seedorf ist heute Advisor und unterstützt Firmen und ihre Investoren bei der digitalen Transformation und der Entwicklung digitaler Marketing- und Wachstumsstrategien. 2019-2020 war sie Geschäftsführerin (CMO) bei kfzteile24. Zuvor hatte sie als CMO von Project A diverse Startups auf den Weg gebracht oder Private Equity-Unternehmen dabei geholfen, bestehende Portfolio-Unternehmen in die professionelle Digitalisierung zu führen. Unter anderem war sie Interims-CMO von Pets Deli, Treatwell und Contorion. Dorothee sah ihre Rollen niemals nur eindimensional von der fachlichen Seite. Ihre persönliche Mission ist es, ihre Teams in die Verantwortung zu bringen und sie damit unabhängig zu machen.

### Tim Schumacher, TS Ventures, Gründer und ex-CEO von Sedo

Tim Schumacher ist ein Internetgründer der ersten Generation. Im Jahr 2000 gründete er gemeinsam mit Ulrich Priesner, Marius Würzner und Ulrich Essmann Sedo.com, eine Handelsplattform für Domains. Schon 2001 beteiligte sich United Internet an Sedo. Seine eigenen Anteile verkaufte Tim 2011 an United Internet und investiert seither als Angel Investor in zahlreiche Startups. Tims Suchprofil: *„In erster Linie suche ich engagierte und leidenschaftliche Gründerteams, die das, was sie tun, wirklich leben und lieben. Also keine 'Söldner', die irgendeinen Trend suchen, um damit (...) schnell reich zu werden, sondern wirkliche Persönlichkeiten, die für ein Thema brennen."*[41] Besonders am Herzen liegen ihm Impact-Startups wie Sirplus, Zolar und Ecosia. Seine Investments begleitet Tim engagiert und hilft ihnen damit, einen guten Start zu bekommen. Zu seinen Investments gehören ferner eyeo (Adblock Plus), Aklamio, Home.HT, Urban Sports Club, Usercentrics und Joblift. Im März 2020 wurde Tim vom Bundesverband Deutscher Startups e. V. als „Bester Investor" mit dem „German Startup Award" ausgezeichnet. Wohlverdient!

# DANKSAGUNG

Kein Buch entsteht für sich alleine, im stillen Kämmerlein. Um wirklich zu reifen, braucht es viele Anregungen und Impulse. Ich danke allen, die mich auf dieser Reise unterstützt und bestärkt haben.

Zunächst gilt mein Dank den 17 Growth Leadern: Alexander Mahr, Christoph Behn, Christoph Braun, Dominik Haupt, Dorothee Seedorf, Gero Decker, Fabian Spielberger, Florian Heinemann, Fritz Trott, Jan Sedlacek, Klaus Eberhart, Lutz Wichert, Manuel Hinz, Maria Sievert, Martin Giese, Philipp Westermeyer, Tim Schumacher. Vielen Dank für eure Zeit und vor allem eure unglaublich inspirierenden Gedanken und Erfahrungen rund um die Führung von Wachstumsunternehmen. Es ist eindrucksvoll zu erleben, wie sehr ihr darum ringt, wirklich gute Unternehmen zu schaffen. Unternehmen, in denen jeder wächst und die damit über sich hinauswachsen. Ihr seid echte Vorbilder!

Dorothee, Hannes, Seline, Oliver und Julius: Euch danke ich für das Lesen der verschiedenen Kapitel und die guten kritischen Anregungen, die mir geholfen haben, dieses Buch zu dem zu machen, was es jetzt ist. Radikale Aufrichtigkeit im besten Sinne.

Mein Dank gilt auch dem Verlag Vahlen, allen voran meinem Lektor Hermann Schenk. Die Zusammenarbeit war eine große Freude und Inspiration. Ich habe hier einen Verlag erlebt, der wirklich versteht, was seine Autoren bewegt und der intensiv mit ihnen daran arbeitet, die Inhalte mit einer guten, individuellen Gestaltung des Buchs zum Leben zu bringen. Ein Traumverlag für Traumautoren. Danke auch an das Design-Team von Zeichen und Wunder für das fabelhafte Cover dieses Buchs.

Ein ganz spezieller Dank gilt meiner lieben Freundin Stefanie Kühn, ohne deren saftigen Tritt in den Hintern dieses Buch irgendwie im Eigenverlag erschienen wäre.

Und natürlich gilt mein ganz großer Dank meiner Familie: Meinem Mann Georg und meinen Kindern Henry, Jakob und Jasper. Danke für eure Geduld, wenn ich auch im schönsten Sommerwetter hinterm Rechner saß. Und danke für den Ansporn und das Mitfiebern.

München, Dezember 2020

# TIPPS ZUR VERTIEFUNG

### Gründer oder CEO?

Adizes, I. (2017). *Managing Corporate Lifecycles*. Adizes Institute Publications. USA.

Catlin, K. & Matthews, J. (2001). *Leading at the Speed of Growth*. Wiley. New York, USA.

Lidow, D. (2014): *Startup Leadership*. Jossey-Bass. San Francisco/USA.

### Selbstführung

Barsh, J. (2014). *Centered Leadership*. Currency. Australia

Colonna, J. (2019). *Reboot*. Harper Business. New York, USA.

Goldsmith, M. (2013). *What got you here won't get you there*. Profile Books Ltd. London.

Peltin, S. & Rippel, J. (2015). *Sink, Float or Swim*. Redline. München.

Walker, M. (2018). *Das große Buch vom Schlaf*. Goldmann Verlag. München.

### Menschenführung

Brown, B. (2018). *Dare to lead*. Vermilion. London/UK.

Pink, D. (2010). *Drive*. Riverhead Books. New York/USA.

Schmidt, E.; Rosenberg, J.; Eagle, A. (2019). *Trillion Dollar Coach*. Harper Business. New York, USA.

Scott, K. (2019): *Radical Candor* (vollständig überarbeitete und aktualisierte Ausgabe). Pan Books. London, UK

Stanier, M. B. (2018). *The Coaching Habit*. Vahlen München.

Whitmore, J. (2020). *Coaching for Performance* (5. Auflage). Nicholas Brealey Publishing. London/Boston.

Willink, J. & Babin, L. (2018). *Extreme Ownership*. Redline. München.

## Tipps zur Vertiefung

### Teamführung

Doerr, J. (2018): *OKR: Objectives & Key Results*. Vahlen. München.

Hansen, M. (2018). *Great at Work*. Simon + Schuster. London.

Hawkins, P. (2017). *Leadership Team Coaching* (3. Aufl.). Kogan Page. London/UK.

Lencioni, P. (2014): *Die fünf Dysfunktionen eines Teams*. Wiley-VCH. Weinheim.

McChrystal, S. A. & Collins, T. (2020): *Team of Teams*. Vahlen. München.

Sprenger, R.K. (2020). *Die Magie des Konflikts*. DVA. Stuttgart

Wageman, R. et al. (2008). *Senior Leadership Teams*. Harvard Business Review Press. Watertown/Mass., USA.

### Großer Traum

Miller, D. (2020). *Storybrand*. Vahlen. München.

Sinek, S. (2019). *Das unendliche Spiel*. Redline. München.

Snabe, J.H. & Trolle, M. (2020). *Dreams and Details*. Spintype. Frederiksberg/Dänemark.

### Wachstumskultur

Collins, J. (2001). *Good to Great*. Random House Business. New York/USA.

Coyle, D. (2018). *The Culture Code*. Bantam Books. New York/USA.

Dalio, R. (2019). *Die Prinzipien des Erfolgs* (4. Auflage). FinanzBuch Verlag. München.

Janssen, B. (2016). *Die stille Revolution*. Ariston. München.

Horowitz, B. (2019). *What You Do Is Who You Are*. William Collins. Glasgow/UK.

Zak, P. J. (2017): *Trust Factor*. Amacom. New York/USA.

# QUELLEN

Die meisten der Bücher lese ich digital. Ich finde es wunderbar, meine gesamte Leadership-Bibliothek auf meinem iPad bei mir zu haben. Das hat jedoch auch eine Downside. Eine Seitenangabe ergibt nur wenig Sinn. Ich gebe sie daher nur an, wenn mir das Buch physisch vorlag.

## Anmerkungen

1. Zitat aus der Reboot Podcast Episode #130 – When Your Company Grows You – with David Hieatt. https://www.reboot.io/episode/130-when-your-company-grows-you-with-david-hieatt/
2. vgl. u.a. Zook, C. & Allen, J. (2016): *The Founder's Mentality*. Harvard Business Review Press. Watertown/Mass., USA.; Lee, M. l. et al. (2016): *Founder CEOs and Innovation: Evidence from S&P 500 Firms*. Paper; Fahlenbrach, R. (2009): *Founder-CEOs, Investment Decisions, and Stock Market Performance*. In: The Journal of Financial and Quantitative Analysis, Vol. 44, No. 2, S. 439-466.
3. vgl. Horowitz, B. (2019). *Why we prefer founding CEOs*. Blogartikel auf https://a16z.com/2010/04/28/why-we-prefer-founding-ceos/
4. vgl. Wassermann, N. (2008). *The Founder's Dilemma*. In: Harvard Business Review 02/2008.
5. vgl. Wassermann, N. (2008). *The Founder's Dilemma*. In Harvard Business Review 02/2008.
6. vgl. Horowitz, B. (2019): *Why we prefer founding CEOs*. Blogartikel auf https://a16z.com/2010/04/28/why-we-prefer-founding-ceos/
7. vgl. https://velocitysq.com/2019/08/13/how-getting-your-culture-and-values-right-means-taking-some-tough-decisions/, Lidow, D. (2014): *Startup Leadership*. Jossey-Bass. San Francisco/USA.
8. vgl. Collins, J. (2020). *Der Weg zu den Besten* (2. Auflage). Campus Verlag. Frankfurt; Collins, J. (2012) *Oben Bleiben. Immer*, Campus Verlag. Frankfurt; Collins, J. (2011). *Great by Choice*. Harper Business. New York/USA.
9. Zitat aus der Reboot Podcast Episode #130 – When Your Company Grows You – with David Hieatt. https://www.reboot.io/episode/130-when-your-company-grows-you-with-david-hieatt/
10. Frei nach Barsh, J. (2014). *Centered Leadership*. Currency. Australia.
11. vgl. Goldsmith, M. (2013). *What got you here won't get you there*. Profile Books Ltd. London.
12. https://www.onpulson.de/lexikon/fuehrung/
13. Schmidt, E.; Rosenberg, J.; Eagle, A. (2019). *Trillion Dollar Coach*. Harper Business. New York/USA. Eigene Übersetzung.
14. vgl. Pink, D. (2010). *Drive*. Riverhead Books. New York/USA.
15. vgl. Lencioni, P. (2014): *Die fünf Dysfunktionen eines Teams*. Wiley-VCH. Weinheim.

## Quellen

16. vgl. Willink, J. & Babin, L. (2018). *Extreme Ownership*. Redline. München. Kapitel Dezentrales Kommando. „Innere Führung"; Zentrale Dienstverordnung der Bundeswehr 10/1.
17. vgl. Whitmore, J. (2020). *Coaching for Performance* (5. Auflage). Nicholas Brealey Publishing. London/Boston.
18. vgl. Schmidt, E.; Rosenberg, J.; Eagle, A. (2019). *Trillion Dollar Coach*. Harper Business. New York/USA.
19. Zitat aus der Reboot Podcast Episode #130 – When Your Company Grows You – with David Hieatt.
20. vgl. Sher, R. (2014). *Mighty Midsize Companies*. Bibliomotion. Boston/USA.
21. vgl. Hawkins, P. (2017). *Leadership Team Coaching* (3. Aufl.). Kogan Page. London/UK. S. 234 ff.
22. vgl. Hawkins, P. (2017). *Leadership Team Coaching* (3. Aufl.). Kogan Page. London/UK. S. 25, eigene Übersetzung
23. vgl. Sher, R. (2014). *Mighty Midsize Companies*. Bibliomotion. Boston/USA.
24. vgl. Dalio, R. (2019). *Die Prinzipien des Erfolgs* (4. Auflage). FinanzBuch Verlag. München.
25. vgl. Hawkins, P. (2017). *Leadership Team Coaching* (3. Aufl.). Kogan Page. London/UK. S. 310 ff.
26. Den Belbin Teamrollen Test findet ihr z. B. unter: www.weiss-entwicklung.ch/wp-content/uploads/2018/07/Belbin-Teamrollen.pdf
27. vgl. Doerr, J. (2018): *OKR: Objectives & Key Results*. Vahlen. München.
28. vgl. Schmidt, Eric; Rosenberg, Jonathan; Eagle, Alan (2019): *Trillion Dollar Coach*. London.
29. Sinek, S. (2019). *The Infinite Game*. Portfolio Penguin. London/UK. Eigene Übersetzung.
30. Collins, J. (2001). *Good to Great*. Random House Business. New York/USA; Collins, J. (2009). *How the mighty fail*. JimCollins. USA.
31. Collins, J. (2001). *Good to Great*. Random House Business. New York/USA.
32. Snabe, J.H. & Trolle, M. (2020). *Dreams and Details*. Spintype. Frederiksberg/Dänemark.
33. vgl. Scott, K. (2019): *Radical Candor* (vollständig überarbeitete und aktualisierte Ausgabe). Pan Books. London/UK
34. Schmidt, E.; Rosenberg, J.; Eagle, A. (2019). *Trillion Dollar Coach*. Harper Business. New York/USA.
35. vgl. Janssen, B. (2016). *Die stille Revolution*. Ariston München.
36. vgl. Interview in werteundwandel.de
37. https://www.der-upstalsboom-weg.de/der-upstalsboom-weg/die-geschichte/
38. vgl. Horowitz, B. (2019). *What You Do Is Who You Are*. William Collins. Glasgow/UK.
39. vgl. Dixon, M. (2018). *Reinventing Customer Service*, in Harvard Business Review, November– December 2018, S. 82–90.
40. Dieses und die folgenden Zitate entstammen Mitarbeiterbewertungen der jeweiligen Unternehmen aus Kununu oder Glassdoor.
41. https://www.deutsche-startups.de/2019/01/15/investments-tim-schumacher/

# STICHWORTVERZEICHNIS

**Symbole**
360-Grad-Feedback 55

**A**
Ambition 214
Arbeitsprinzipien 145
Aufbruch 27
Aufrichtigkeit 221
Authentizität 229
Autonomie 91

**B**
Backlog-Management 151
Baustellenbegehung 143
Bedeutung 90
Bedürfnisse 90
Belbin-Teamrollen 146
Besetzungsprozess 137
Bewerbungsprozess 241
Beziehungen 210
Briefing 101
Bucket List 62
Burnout-Kultur 74

**C**
CEO 17
Coach 45
Coaching 110

**D**
Demut 214
Detailorientierung 218
Direkte Führung 23
Diskurs 94
Disziplin 217
Dokumentation 159
Durchstarten 28

**E**
Ehrlichkeit 221
Eigenverantwortung 219
Emotionen 229
Energiebooster 77
Energielecks 77

Energiemanagement 77
Engagement 91
Entwicklungsplan 79
Entwicklungstage 81
Ergebnisorientierung 217
Erschöpfung 74
Experienced Hires 228

**F**
Fairness 207
Feedback 106
Feedforward 107
Fokus 217
Führen mit Auftrag 100, 101
Führungsteam 43, 124, 128

**G**
Gallup Strength Finder 58
Gehaltsstrukturen 243
Glaubenssätze 69
Großer Traum 24, 38, 60
GROW 111
Growth Leader 37
Gründer 16

**H**
Höhenflug 34

**I**
Institutionalisierung 24

**K**
Kick-off 139
Konflikte 164
Konflikteskalation 171
Konfliktklärung 167
Konfliktklärungsgespräch 167
Konfliktmanagement 164
Konfliktstile 165
Konzeption 133
Kooperation 151
Kulturcheck 236
Kulturcontrolling 245
Kulturentwicklung 232

# Stichwortverzeichnis

Kulturführung 232
Kulturwandel 233

**L**

Lead User 228
Lebensbereiche 63
Lernende Organisation 227

**M**

Meetingkultur 157
Meetings 153
Meetingstruktur 153
Meisterschaft 91
Menschenführung 24
Mentor 45
Mission 188
Monatliches Führungsteam-Meeting 155
Motivation 91
Myers Briggs Type Indicator (MBTI) 58

**O**

Offenes Herz 39
OKR 151
Onboarding 241

**P**

Persönlichkeitsprofile 58
Pseudoteam 128
Psychologische Sicherheit 223

**R**

Rechenschaft 95
Recruiting 240
Resilienz 40, 73
Respekt 207
Retrospektiven 160
Ruinöse Empathie 223

**S**

SBID 108
Schattenseiten 66
Selbstführung 23, 51
Selbstreflektion 41
Sicherheit 90
Signaturstärken 57
Sinn 91
„SPITZE"-Prinzipien 169
Stärkenanalysen 58
Starker Rücken 40, 72
Streitkultur 164
Strukturen 243

**T**

Team-Budgets 220
Teamcharta 142
Teamentwicklung 130
Teamführung 24, 123
Teammandat 142
Teammission 147
Team of Teams 212
Teamprozesse 132
Teamrollen 146
Teamstruktur 134
Teamuhr 130
Thomas-Killmann-Modell 165
Transparenz 221, 223
Traumkollegen 186
Traumkunden 179
Traumteam 178
Tugenden 202
Turbulenzen 31

**U**

Unternehmenskultur 232
Unternehmergeist 19

**V**

Verantwortung 99
Verbundenheit 90
Verpflichtung 95
Vertrauenspyramide 93
Vielfalt 229
Vierteljährliches Strategie-Offsite 155
Vision 190

**W**

Wachstums-Backlog 152
Wachstumsführer 38
Wachstumshebel 34, 143
Wachstumskultur 24
Wachstums-Mindset 41
Werte 60, 201, 237
Wertebeschreibung 238
Werteentwicklung 238
Wertschätzung 207
Wertversprechen 185
Wöchentliche Arbeitsmeetings 155

**Z**

Zielkultur 237
Zielorientierung 96
Zuhören 97
Zukunftslegende 190